智能制造高技能人才培养规划丛书

西门子S7-1200 PLC 编程技术

工控帮教研组 / 编著

電子工業出版社
Publishing House of Electronics Industry
北京•BEIJING

内 容 简 介

S7-1200 系列 PLC 是西门子公司近年推出的小型 PLC 的核心产品，采用模块化和紧凑型设计，可执行快速、高度精确的自动化任务，因其卓越的产品性能，因此获得了越来越多用户的认可。

本书共分三个部分，包含基础篇、进阶篇、案例篇，由浅入深地介绍了西门子 S7-1200 系列 PLC 及西门子博途（TIA）软件的应用技术：基础篇讲解了西门子 S7-1200 系列 PLC 的硬件结构、选型、编程，以及博途（TIA）软件的使用、程序结构和编程指令；进阶篇讲解了西门子 S7-1200 系列 PLC 在博途软件中的运动控制、PID、通信等应用技术；案例篇讲解了数控加工智能制造项目。

本书结合当前国家智能制造的发展方向，将西门子 PLC 编程技术与生产实践相结合，通过细致的理论讲授，丰富的工程案例，帮助读者达到学以致用的目的，符合当前职业教育的特点，特别适合西门子 PLC 的初学者，也可作为高等院校相关专业及企业相应岗位的教材。

图书在版编目（CIP）数据

西门子 S7-1200 PLC 编程技术 / 工控帮教研组编著. —北京：电子工业出版社，2021.3
（智能制造高技能人才培养规划丛书）
ISBN 978-7-121-40587-7

Ⅰ. ①西…　Ⅱ. ①工…　Ⅲ. ①PLC 技术－程序设计－教材　Ⅳ. ①TM571.61

中国版本图书馆 CIP 数据核字（2021）第 029966 号

策划编辑：张　楠
责任编辑：王凌燕
印　　刷：北京捷迅佳彩印刷有限公司
装　　订：北京捷迅佳彩印刷有限公司
出版发行：电子工业出版社
　　　　　北京市海淀区万寿路 173 信箱　邮编：100036
开　　本：787×1092　1/16　印张：16　　字数：410 千字
版　　次：2021 年 3 月第 1 版
印　　次：2024 年 1 月第 4 次印刷
定　　价：69.00 元

凡所购买电子工业出版社图书有缺损问题，请向购买书店调换。若书店售缺，请与本社发行部联系，联系及邮购电话：（010）88254888，88258888。

质量投诉请发邮件至 zlts@phei.com.cn，盗版侵权举报请发邮件至 dbqq@phei.com.cn。

本书咨询联系方式：（010）88254579。

本书编委会

主　编：余德泉

副主编：张　敏　黄锦杰　徐家龙

前 言
PREFACE

随着“工业互联网”概念的提出，中国制造业向智能制造方向转型已成为普遍共识并积极落实。工业机器人是智能制造业最具代表性的装备。

当前，工业机器人替代人工作业已成为制造业的发展趋势。工业机器人作为“制造业皇冠顶端的明珠”，将大力推动工业自动化、工业数字化、工业智能化早日实现，并为智能制造奠定基础。智能制造产业链涵盖智能装备（工业机器人、数控机床、服务机器人、其他自动化装备）、工业物联网（机器视觉、传感器、RFID、工业以太网）、工业软件（ERP/ MES/DCS等）、3D 打印及将上述环节有机结合起来的自动化系统集成和生产线集成等。

工业机器人是连接自动化和信息化的重要载体。围绕汽车、机械、电子、危险品制造、化工、轻工等应用需求，工业机器人将成为智能制造中智能装备的普及性产品。

智能装备应用技术的普及和发展是我国智能制造推进的重要内容。工业机器人应用技术是一个复杂的系统工程。工业机器人不是买来就能使用的，需要对其进行规划、集成，即把工业机器人本体与控制软件、应用软件、周边的电气设备等结合起来组成一个完整的工作站后方可使用。工业机器人通过在数字工厂中的推广应用，不断提高智能水平，不仅能替代人的体力劳动，而且能替代人的部分脑力劳动。因此，在以工业机器人应用为主线构造智能制造与数字车间的过程中，对关键技术的运用和推广就显得尤为重要。这些关键技术包括工业机器人与自动化生产线的布局设计、工业机器人与自动化上下料技术、工业机器人与自动化精准定位技术、工业机器人与自动化装配技术、工业机器人与自动化作业规划及示教技术、工业机器人与自动化生产线协同工作技术、工业机器人与自动化车间集成技术等。通过组建工业机器人的自动化生产线，利用机械手、自动化控制设备来推动企业技术向机器化、自动化、集成化、生态化、智能化方向发展，实现数字车间制造过程中产品流、信息流、能量流的智能化。

近年来，虽然多种因素推动着我国工业机器人在自动化工厂中的广泛使用，但是一个越来越重要的问题清晰地摆在我们面前，那就是工业机器人的使用和集成技术方面的人才严重匮乏，甚至阻碍了该行业的快速发展。哈尔滨工业大学工业机器人研究所所长、长江学者孙立宁教授指出：“按照目前中国工业机器人安装数量的增长速度，对工业机器人人才的需求早已处于干渴状态。”目前，国内仅有少数本科院校开设工业机器人的相关专业，普遍没有完善的工业机器人相关课程体系及实训工作站。因此，老师和学员都无法得到科学培养，不能满足产业快速发展的需要。

工控帮教研组结合自身多年的工业机器人集成应用和教学经验，以及对工业机器人集成应用企业的深度了解，在细致分析工业机器人集成企业的职业岗位群和岗位能力矩阵的基础上，整合工业机器人相关企业的应用工程师和工业机器人职业教育方面的专家学者，编写了

“智能制造高技能人才培养规划丛书”。按照智能制造产业链和发展顺序，“智能制造高技能人才培养规划丛书”分为专业基础教材、专业核心教材和专业拓展教材三类。

- 专业基础教材涉及的内容包括触摸屏编程技术、电气控制与 PLC 技术、液压与气动技术、金属材料与机械基础、EPLAN 电气制图技术、电工与电子技术等。
- 专业核心教材涉及的内容包括工业机器人技术基础、工业机器人现场编程技术、工业机器人离线编程技术、工业组态与现场总线技术、工业机器人与 PLC 系统集成技术、基于 SolidWorks 的工业机器人夹具和方案设计、工业机器人维修与维护、西门子 S7-200 SMART PLC 编程技术等。
- 专业拓展教材涉及的内容包括工业机器人的焊接技术与焊接工艺、机器视觉原理与应用技术、传感器技术、智能制造与自动化生产线技术、生产自动化管理技术（MES 系统）等。

本书内容力求源于企业、源于实际，但因编著者水平有限，错漏之处在所难免，欢迎读者关注微信公众号 GKYXT1508 进行交流。

工控帮教研组

目录
CONTENTS

基 础 篇

进 阶 篇

案　例　篇

PART
基础篇

第 1 章

西门子 PLC 产品概述

学习内容

了解 PLC 的应用常识，了解博途、西门子 PLC 的基本特点。

可编程序控制器（Programmable Controller，PC）早期主要应用于开关量的逻辑控制，因此也称 PLC（Programmable Logic Controller），即可编程序逻辑控制器。可编程序控制器是以微处理器为基础，综合了计算机技术、自动控制技术和通信技术而发展起来的一种通用的工业自动控制装置，具有体积小、编程简单、功能强、抗干扰能力强、可靠性高、灵活通用与维护方便等优点，在冶金、化工、交通、电力等工业控制领域获得了广泛的应用，成为现代工业控制的四大支柱（可编程序控制器技术、机器人技术、CAD/CAM 技术和数控技术）之一。为了避免与个人计算机（Personal Computer）的简称 PC 混淆，本书中可编程序控制器均简称为 PLC。

1.1 PLC 介绍

在 PLC 问世以前，工业控制领域是以继电器控制占主导地位的。这种由继电器构成的控制系统存在明显的缺点：体积大、耗电多、可靠性差、寿命短、运行速度慢，尤其是对生产工艺多变的系统适应性更差。如果生产任务和工艺发生变化，就必须重新设计并改变硬件结构，不仅影响了产品更新换代的周期，而且对于比较复杂的控制系统来说，设计制造困难、可靠性不高，查找和排除故障也往往是费时和困难的。

1968 年，美国通用汽车公司根据市场形势与生产发展的需要，提出了“多品种、小批量、不断翻新汽车品牌型号”的战略。为了尽可能地减少重新设计和重新接线的工作，降低成本、缩短周期，提出了研制新型逻辑顺序控制装置来取代继电器控制装置。通用汽车公司对该新型控制装置的研制提出了以下 10 项技术指标要求：编程方便，现场可修改程序；维修方便，采用模块化结构；可靠性高于继电器控制装置；体积小于继电器控制装置；数据可直接送入管理计算机；成本可与继电器控制装置竞争；可直接用 115V 交流输入；输出为 115V、2A 以上，能直接驱动电磁阀、接触器等；通用性强，易于扩展；用户程序存储器容量可扩展到 4KB。

这 10 项技术指标也就是当今可编程序控制器最基本的功能。1969 年，美国数字设备公司（DEC）研制出了第一台 PLC，将其应用于美国通用汽车公司自动装配生产线上，并取得了极大的成功。

PLC 产生初期，由于价格高于继电器控制装置，使其应用受到限制。但近年来，随着 PLC 性能价格比的不断提高，PLC 的应用面越来越广，其主要原因是，一方面，由于微处理器芯片及有关元器件的价格大大下降，使 PLC 的成本下降；另一方面，PLC 的功能大大增强，使其能解决复杂的计算和通信问题。目前，PLC 已广泛应用于工业控制的各个领域，包括从单机自动化到工厂自动化，从机器人、柔性制造系统到工业局部网络。

从功能来分，PLC 的应用领域主要有以下几方面。

1．开关量逻辑控制

开关量逻辑控制是 PLC 最基本、最广泛的应用领域，完全取代了传统继电接触器等顺序控制装置。开关量逻辑控制可以代替继电器完成组合逻辑控制、定时与顺序逻辑控制，既可用于单机控制，又可用于多机群控、生产线的自动控制。PLC 广泛应用于电力、机械制造、钢铁、石油、化工、采矿、汽车、造纸、纺织等各行各业，如机床电气控制、包装机械的控制、输送带与电梯的控制、汽车装配生产线及自动生产线中各种泵和电磁阀的控制等。

2．运动控制

PLC 利用配合使用的专用智能模块，可以对步进电动机或伺服电动机的单轴或多轴系统实现位置控制。在多数情况下，PLC 把描述目标位置的数据传送给模块，模块驱动轴系统到目标位置。当每个轴转动时，位置控制模块使其保持适当的速度和加速度，确保运动平滑。例如，对具有多轴的机器人进行控制，可自动地处理它的机械运动。随着工厂自动化网络的形成，机器人的使用领域越来越广。

3．过程控制

过程控制是指对温度、压力、流量等连续变化的模拟量实现的闭环控制。现在的 PLC 一般都有 PID 闭环控制功能。当控制过程中某一个输出变量出现偏差时，PLC 按照 PID 控制算法计算出正确的输出，使输出变量保持在设定值上。PLC 的过程控制功能已经广泛应用于化工、机械、轻工、冶金、电力、建材等行业。

4．机械加工机床的数字控制

PLC 和计算机数控（CNC）装置组合成一体，可以实现数值控制，组成数控机床。PLC 具有数字运算、数据传送、转换、排序、查表和位操作等功能，可以完成数据的采集、分析和处理。预计今后几年，CNC 系统将变成以 PLC 为主体的控制和管理系统。

5．通信、网络化

近年来，随着计算机网络和计算机控制技术的发展，工厂自动化（FA）网络系统正在兴起。通过该网络系统，PLC 可与远程 IO 进行通信，多台 PLC 之间及 PLC 和其他智能设备（如计算机、变频器、数控装置等）之间也可相互交换数字信息，形成一个统一的整体，实现分散控制或集中控制。近年来开发的 PLC 都增强了通信功能，即使是小型 PLC，也具备了 PLC 与主计算机通信联网的功能。

1.2 西门子 LOGO 系列

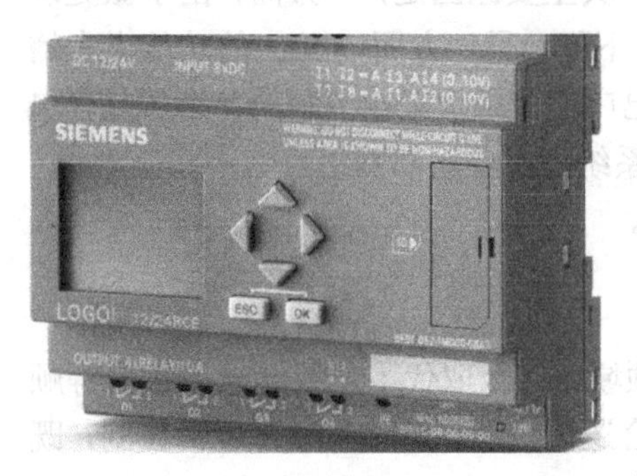

图 1-1

LOGO 是西门子公司研制的通用逻辑模块，集成了控制器、操作面板和带背景灯的显示面板、电源、扩展模块接口、依照设备系列而定的卡或电缆的接口，如图 1-1 所示。

LOGO 0BA7 集成的组件有 SD 卡的接口、可选文本显示器（TD）模块的接口、以太网通信接口、PE 端子(用于接地)、两个 LED(用于指示以太网通信状态)。LOGO 0BA7 的结构如图 1-2 所示。

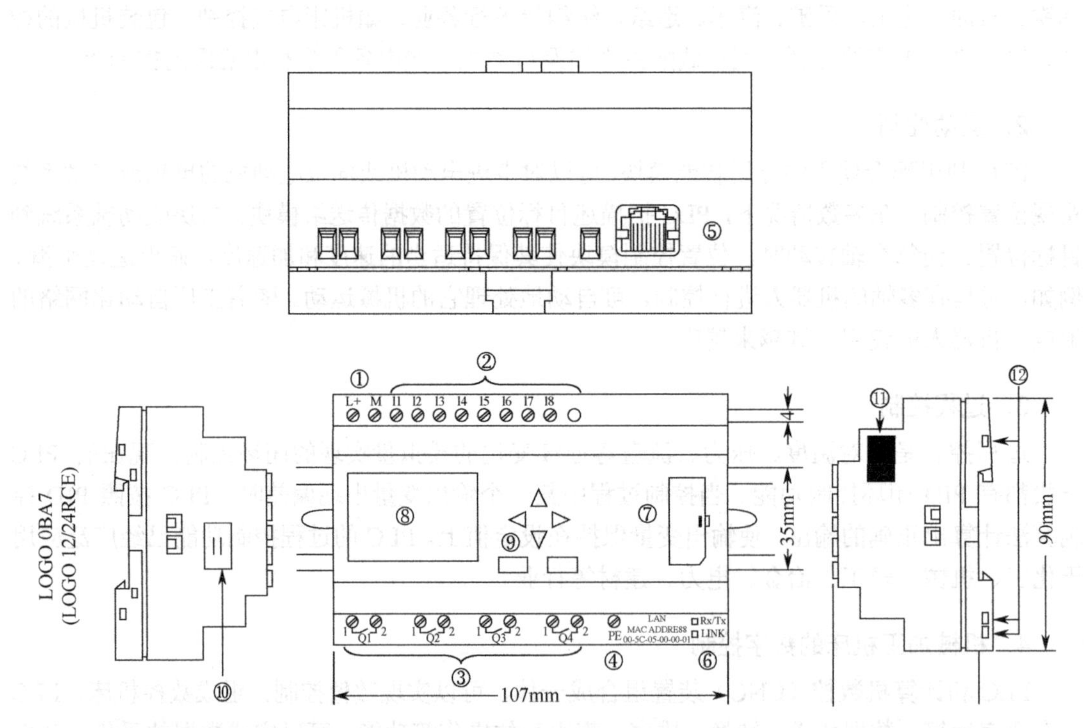

①电源；②输入；③输出；④PE 端子，用于接地；⑤RJ45 插座，用于连接到以太网（10/100MB/s）；⑥以太网通信状态 LED；⑦带盖板的 SD 卡槽；⑧LCD；⑨ 控制面板；⑩LOGO TD 电缆连接器；⑪扩展接口；⑫机械编码插座。

图 1-2

LOGO 主机模块包括 0BA0～0BA7。0BA7 供电电压有 12/24V 和 115～240V 两种，带有集成时钟、以太网口和显示屏，如表 1-1 所示。

表 1-1

符　号	名　称	供电电压	输　入	输　出
（0BA7）	LOGO 12/24RCE	12/24V DC	8 个数字量	4 个继电器（10A）
	LOGO 230RCE	115～240V AC/DC	8 个数字量	4 个继电器（10A）

使用 LOGO 建立电路程序，可以通过连接功能块和连接器来建立电路逻辑，如图 1-3 所示。

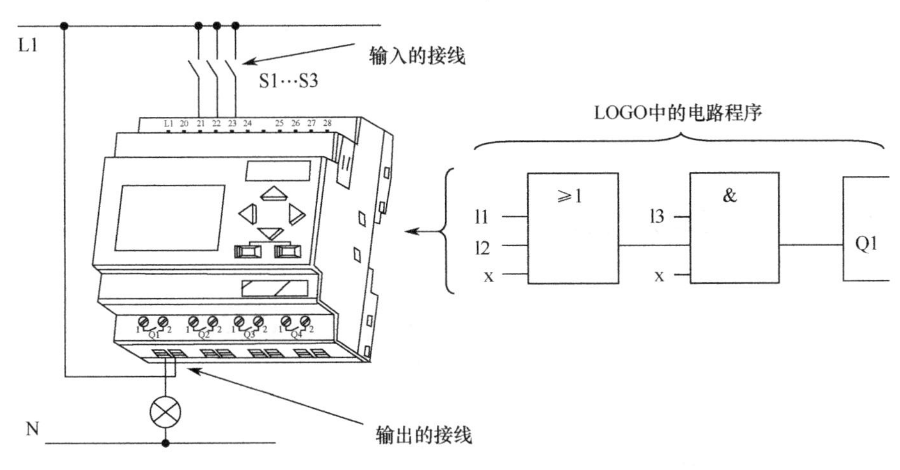

图 1-3

LOGO TD 是 LOGO 主机模块专用的显示屏，如图 1-4 所示。它具备 4 个可编程的光标键、4 个可编程的功能键、一个 ESC 和一个 OK 按钮。可以使用配套的 LOGO TD 电缆将位于 LOGO TD 右侧的通信接口与位于 LOGO 主机模块左侧的对应接口连接起来。

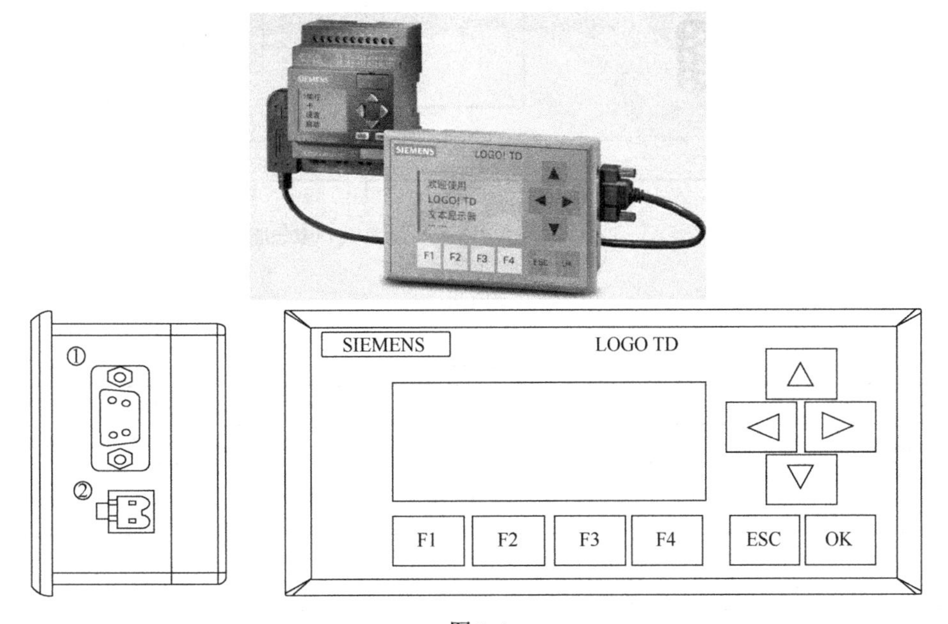

图 1-4

LOGO 可以使用 LOGO Soft Comfort 软件编程。编程界面如图 1-5 所示。

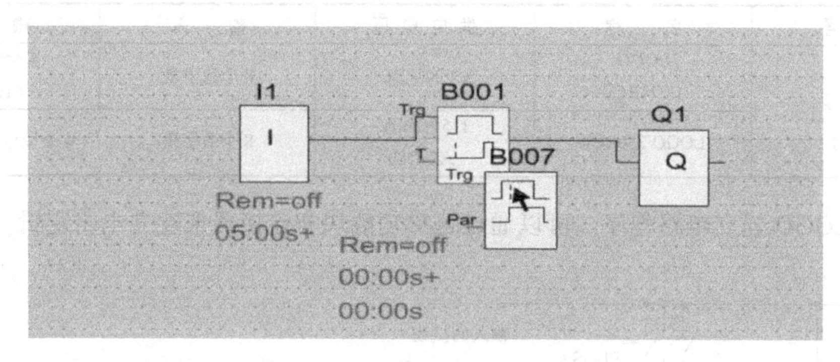

图 1-5

1.3 西门子 S7-200 PLC

S7-200 CPU 的外形如图 1-6 所示。它包括 CPU221、CPU222、CPU224、CPU224XP、CPU226 型号，都带有 RS485 通信口，如表 1-2 所示。

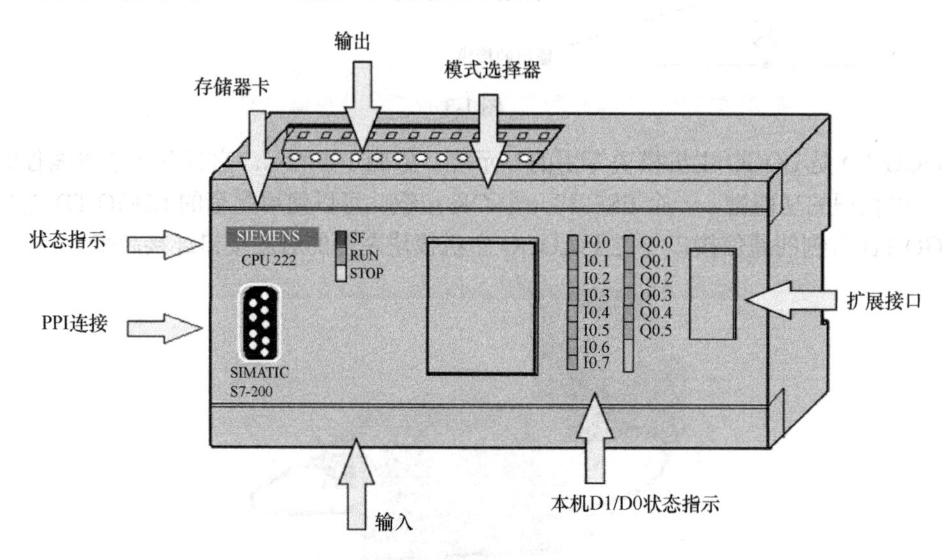

图 1-6

表 1-2

特性		CPU221	CPU222	CPU224	CPU224XP	CPU226
外形尺寸/mm		90×80×62	90×80×62	120.5×80×62	140×80×62	190×80×62
程序存储器	可在运行模式下编辑	4096 字节	4096 字节	8192 字节	12 288 字节	16 384 字节
	不可在运行模式下编辑	4096 字节	4096 字节	12 288 字节	16 384 字节	24 576 字节
数据存储区		2048 字节	2048 字节	8192 字节	10 240 字节	10 240 字节

（续表）

特　　性		CPU221	CPU222	CPU224	CPU224XP	CPU226
掉电保持时间		50 小时	50 小时	100 小时	100 小时	100 小时
本机 I/O	数字量	6 入/4 出	8 入/6 出	14 入/10 出	14 入/10 出	24 入/16 出
	模拟量	—	—	—	2 入/1 出	—
扩展模块数量		0 个模块	2 个模块	7 个模块	7 个模块	7 个模块
高速计数器	单相	4 路 30kHz	4 路 30kHz	6 路 30kHz	4 路 30kHz 2 路 200kHz	6 路 30kHz
	双相	2 路 20kHz	2 路 20kHz	4 路 20kHz	3 路 20kHz 1 路 100kHz	4 路 20kHz
脉冲输出（DC）		2 路 20kHz	2 路 20kHz	2 路 20kHz	2 路 100kHz	2 路 20kHz
模拟电位器		1	1	2	2	2
实时时钟		配时钟卡	配时钟卡	内置	内置	内置
通信口		1 个 RS485	1 个 RS485	1 个 RS485	2 个 RS485	2 个 RS485
浮点数运算		有				
I/O 映像区		256（128 入/128 出）				
布尔指令执行速度		0.22μs/指令				

TD 200 是可编程控制器 S7-200 系列的常用文本显示器。TD 200（Text Display 200）可以用来显示信息，在信息中可以内嵌数据，数据既可以显示，也可以由操作人员设置。TD 200 只是一个文本显示器，不需组态和编程，所有组态信息全部存放在 CPU S7-200 中。TD 200 外形如图 1-7 所示。

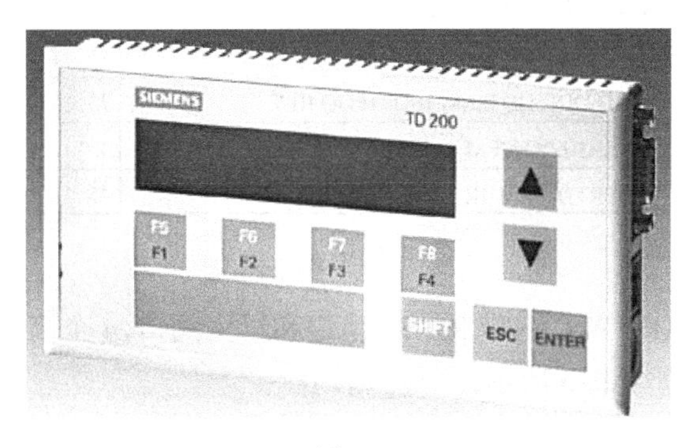

图 1-7

其他显示屏型号有 TD 200C、TP 170 micro、TP 070、OP 77B、TP 170A、TP 170B（单色/彩色）、OP 170B。

1.4　西门子 S7-200 SMART PLC

西门子 S7-200 SMART 是 S7-200 的加强版，与西门子 S7-200 相比，在性能上，硬件配置和软件组态都有提高，如图 1-8 所示。

图 1-8

西门子 S7-200 SMART CPU 包括标准型 SR20、SR30、SR40、SR60、ST40、ST60，经济型 CR40，如图 1-9 所示。

		宽度*A*/mm	宽度*B*/mm
S7-200 SMART 模块	CPU SR20、CPU ST20和CPU CR20s	90	45
	CPU SR30、CPU ST30和CPU CR30s	110	55
	CPU SR40、CPU ST40和CPU CR40s	125	62.5
	CPU SR60、CPU ST60和CPU CR60s	175	37.5
扩展模块	EM 4AI、EM 8AI、EM 2AQ、EM 4AQ、EM 8DI、EM 16DI、EM 8DQ和EM 8DQ RLY、EM 16DQ RLY、EM 16DQ晶体管	45	22.5
	EM 8DI/8DQ和EM 8DI/8DQ RLY	45	22.5
	EM 16DI/16DQ和EM 16DI/16DQ RLY	70	35
	EM 2AI/1AQ和EM 4AI/2AQ	45	22.5
	EM 2RTD、EM 4RTD	45	22.5

图 1-9

西门子 S7-200 SMART PLC 自带 RS485 串口和以太网口，4 个高速计数器，ST40 和 ST60 有 3 个高速脉冲输出，如表 1-3 所示。

表 1-3

型　号	CR40	SR20	SR40	SR60	ST40	ST60
产品						
高速计数器	4 路 30kHz	4 路 60kHz				
高速脉冲输出	—				3 路 100kHz	
通信端口（个）	2	2～3				
最大开关量 I/O（个）	40	148	168	188	168	188
最大模拟量 I/O（个）	—	24				

STEP7-Micro/WIN SMART 是 S7-200 SMART PLC 的编程软件，提供 3 种程序编辑器

（LAD、FBD 和 STL）。编程软件界面如图 1-10 所示。

图 1-10

SMART 700 IE V3 和 SMART 1000 IE V3 有 7 寸、10 寸两种尺寸，集成以太网口可与 S7-200 SMART PLC 进行通信，隔离串口（RS422/485 自适应切换）可连接西门子、三菱、施耐德、欧姆龙及台达部分系列 PLC，支持 Modbus RTU 协议，如图 1-11 所示。

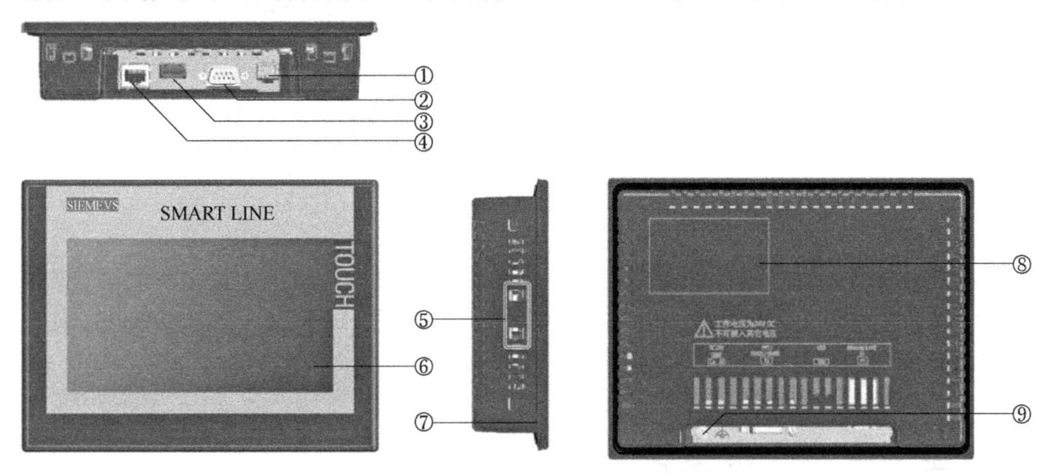

①电源连接；②RS422/485 端口；③USB 端口；④以太网端口；⑤安装夹凹槽；
⑥显示屏/触摸屏；⑦安装密封垫；⑧铭牌；⑨功能接地的接线端。

图 1-11

WinCC flexible SMART V3 用于西门子 S7-200 SMART 触摸屏编程，支持报警、配方、曲线等多种功能，编程界面如图 1-12 所示。

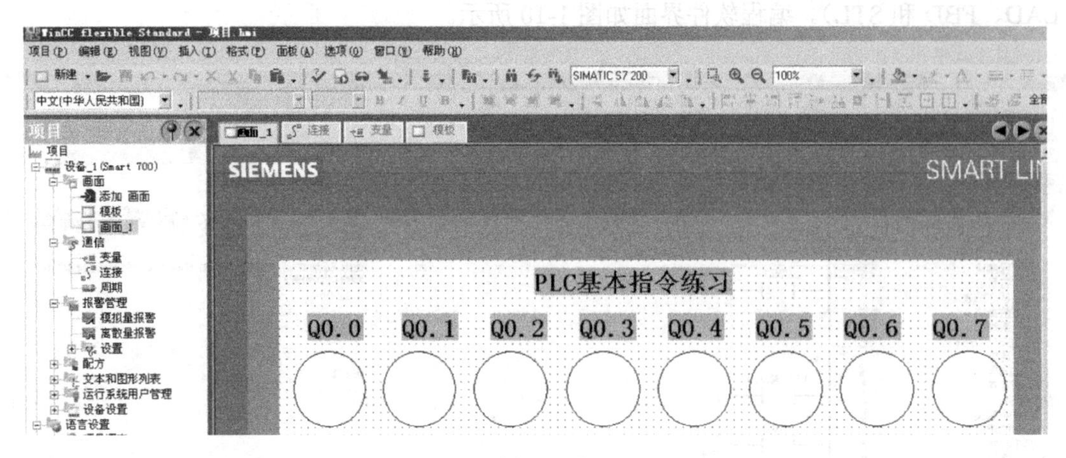

图 1-12

1.5 西门子 S7-300 PLC

西门子 S7-300 PLC 采用模块化结构，具备高速（0.6～0.1μs）的指令运算速度，最多可以扩展至 4 个机架 32 个模块，如图 1-13 所示。

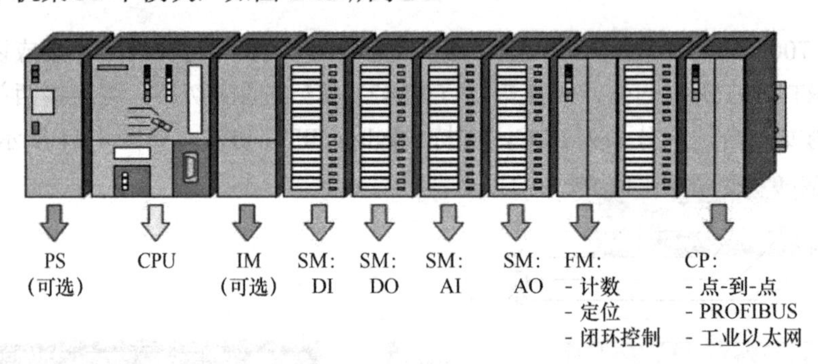

图 1-13

除了电源模块、CPU 模块和接口模块外，S7-300 CPU 一个机架上最多只能再安装 8 个信号模块或功能模块。CPU314/315/315-2DP 最多可扩展至 4 个机架。IM360/IM361 接口模块将 S7-300 背板总线从一个机架连接到下一个机架。

1.6 西门子 S7-400 PLC

西门子 S7-400 PLC 有更高的处理速度和高确定性的响应时间，能够确保制造业高速加工中的短机器循环周期。

在 S7-400 PLC 机架扩展中，IM460-0 和 IM461-1 是配对使用的发送接口模块和接收接口模块，属于集中式扩展，最大距离为 3m。IM460-0 有两个接口 C1 和 C2，每个接口最多可以连接 4 个扩展机架，模块最多可以扩展 8 个机架。同时，IM460-0 发送接口模块将 P 总线和 K 总线传输到扩展机架，有 3 个`LED（用于故障指示）、两个接口，通过 468-1 连接电缆连接扩展模块。

带两个 DP 接口的 CPU 如图 1-14 所示。

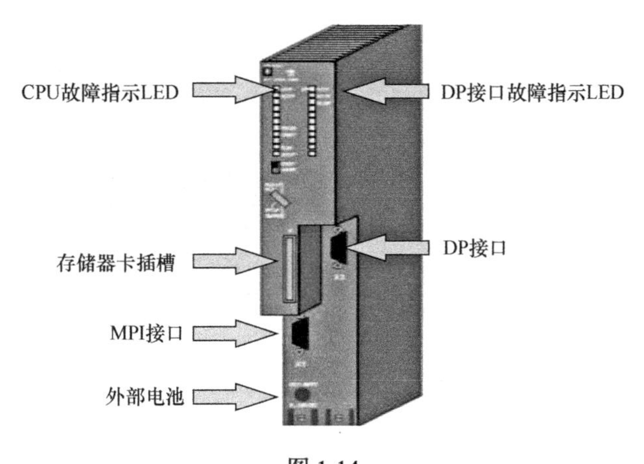

图 1-14

STEP7 V5.5 是西门子 S7-300、S7-400、ET200 的编程软件，可以使用多种编程语言，采用 FB、FC、DB 结构化编程方法，如图 1-15 所示。

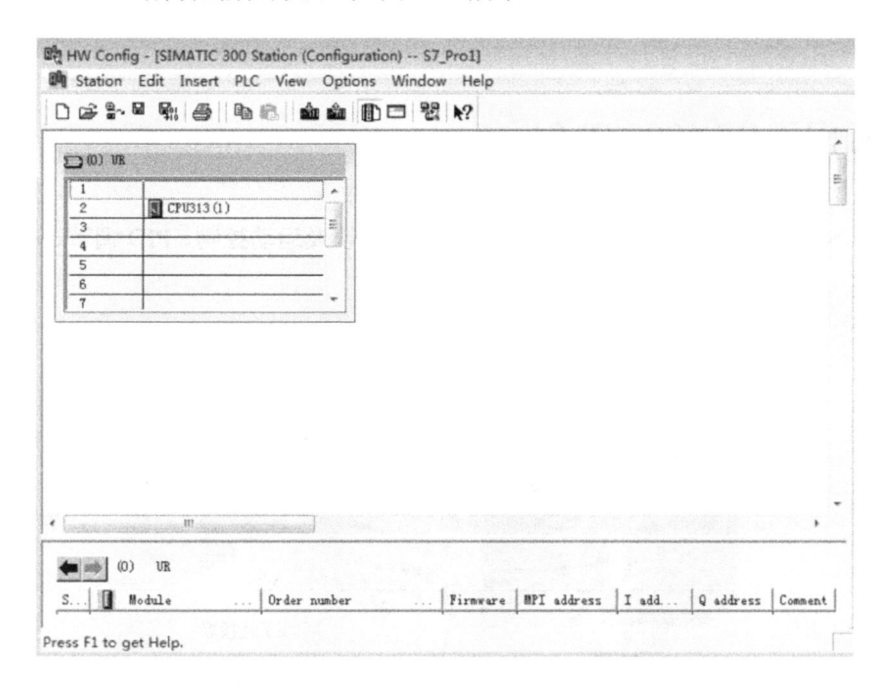

图 1-15

WinCC Flexible 2008 是西门子触摸屏编程软件，可以使用的面板有 OP 73、OP 77A、OP 77B、TP 170micro、TP 170A、TP 170B、OP 170B、OP 73micro、TP 177micro、TP 177A、TP 177B、OP 177B、TP 270、OP 270、TP 277、OP 277、MP 270B、MP 370、MP 377。移动

SIMATIC HMI：Mobile Panel 170、Mobile Panel 277、Mobile Panel 277F IWLAN、Mobile Panel 277 IWLAN、OP 77B、Mobile Panel 170 等。

编程界面如图 1-16 所示。

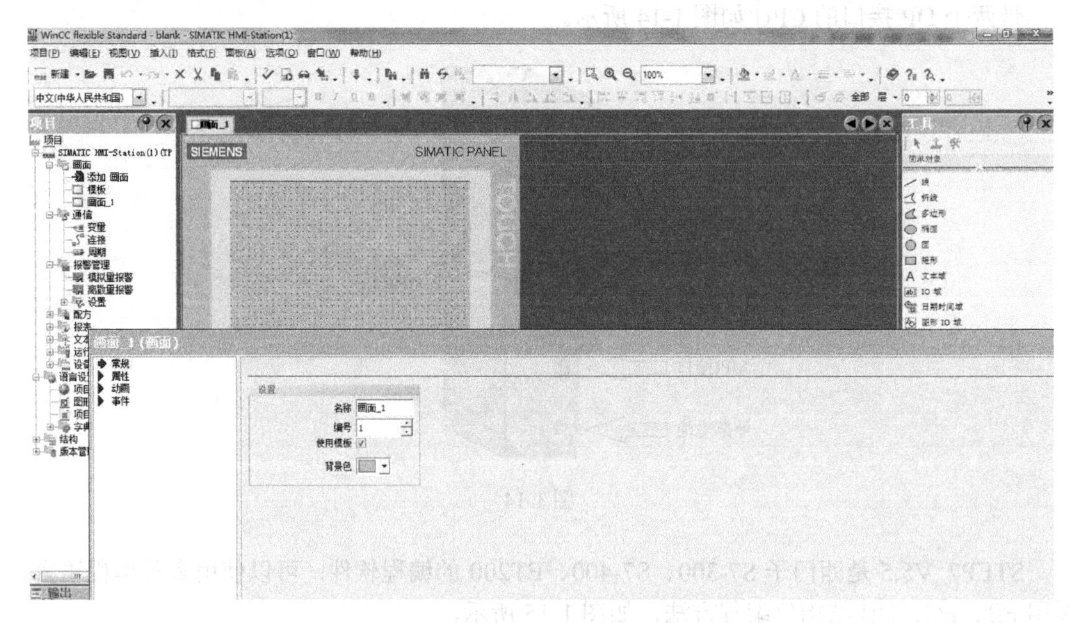

图 1-16

1.7 西门子 S7-1200 PLC

西门子 S7-1200 PLC 具有集成 PROFINET 接口，以及运动控制、PID 调节、高速计数等强大的功能，如图 1-17 所示。

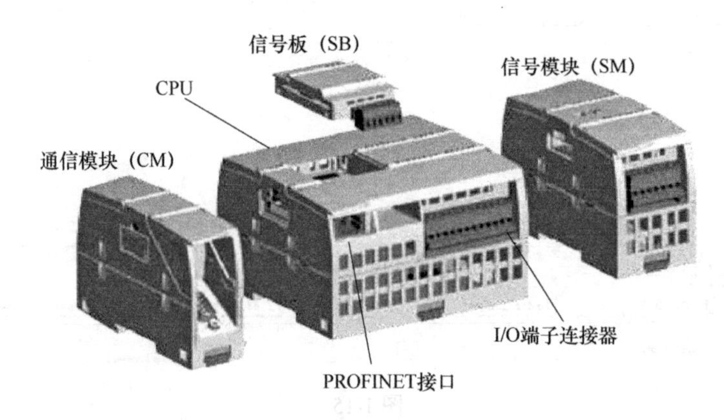

图 1-17

西门子 S7-1200 CPU 型号有 CPU 1211C、CPU 1212C、CPU 1214C、CPU 1215C、CPU1217C 及安全型 CPU、户外型 CPU，如表 1-4 所示。

表 1-4

型　号		CUP 1211C	CUP 1212C	CUP 1214C	CUP 1215C	CUP 1217C
外观						
3 CUPs		DC/DC/DC，AC/DC/RLY，DC/DC/PLY				DC/DC/DC
物理尺寸/mm		90×100×75		110×100×75	130×100×75	150×100×75
用户存储器	工作存储器	50KB	75KB	100KB	125KB	150KB
	装载存储器	1KB	1KB	4KB	4KB	4KB
	保持性存储器	10KB	10KB	10KB	10KB	10KB
本体集成 I/O	数字量	6 点输入/4 点输出	8 点输入/6 点输出	14 点输入/10 点输出	14 点输入/10 点输出	
	模拟量	2 路输入	2 路输入	2 路输入	2 路输入/2 路输出	
过程映像大小		1024 字节输入（I）和 1024 字节输出（Q）				
位存储器（M）		4096 字节		8192 字节		
信号模块扩展		无	2	8		
信号板		1				
最大本地 I/O—数字量/个		14	82	284		
最大本地 I/O—模拟量/个		3	19	67	69	
通信模块		3（左侧扩展）				
高速计数器 • 单相 • 正交相应		3 路 • 3 个，100kHz • 3 个，80kHz	5 路 • 3 个，100kHz 1 个，30kHz • 3 个，80kHz 1 个，20kHz	6 路 • 3 个，100kHz 3 个，30kHz • 3 个，80kHz 3 个，20kHz	6 路 • 3 个，100kHz 3 个，30kHz • 3 个，80kHz 3 个，20kHz	6 路 • 4 个，1MHz 2 个，100kHz • 3 个，1MHz 3 个，100kHz
脉冲输出		最多 4 路，CPU 本体 100kHz，通过信号板可输出 200kHz（CPU1217 最多支持 1MHz）				
存储卡		SIMATIC 存储卡（选件）				
实时时钟保持时间		通常为 20 天，40℃时最少 12 天				
PROFINET		1 个以太网通信端口，支持 PROFINET 通信		2 个以太网端口，支持 PROFINET 通信		
实数数学运算执行速度		2.3μs/指令				
布尔运算执行速度		0.08μs/指令				

S7-1200 PLC 最多有 4 个高速脉冲输出和 6 个高速计数器。

CPU 1215C DC/DC/DC 接线图如图 1-18 所示，输入可以是源型也可以是漏型，晶体管输出则是源型输出。

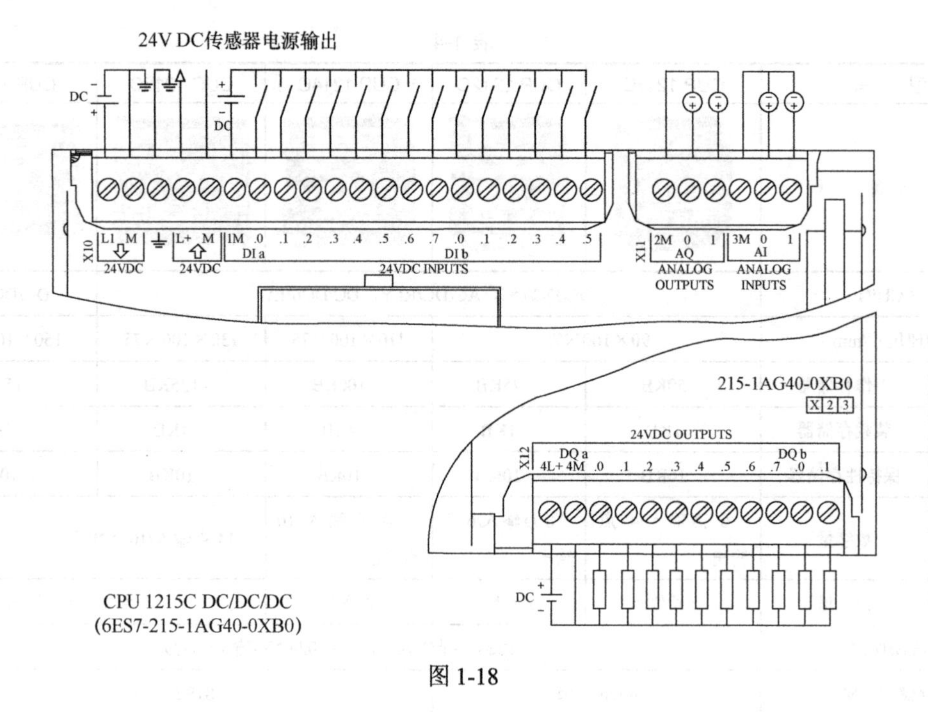

图 1-18

1.8 西门子 S7-1500 PLC

西门子 S7-1500 PLC 自带面板支持诊断、初始调试和维护（变量状态、IP 地址分配、备份、趋势图显示、读取程序循环时间、支持自定义页面、支持多语言）。

（1）标准型 CPU、工艺型 CPU、ODK-CPU、紧凑型 CPU 比较如表 1-5 所示。

表 1-5

型 号	模块化设计			紧凑型设计
	标准型 CPU	工艺型 CPU	ODK-CPU	紧凑型 CPU
CPU 类型	CPU 1511（F），CPU 1513（F），CPU 1515（F），CPU 1516（F），CPU 1517（F），CPU 1518（F）	CUP 1511T（F），CPU 1515T（F），CPU 1517T（F）	1518（F）-4 PN/DP ODK	CPU 1511C，CPU 1512C
IEC 语言	√			
C/C++语言	—		√	—
集成 I/O	—			√
PROFINET 接口/端口（最大）	1/2～3/4		3/4	1/2
位处理速度	1～60ns	2～60ns	1ns	48～60ns

（续表）

型　号	模块化设计			紧凑型设计
	标准型 CPU	工艺型 CPU	ODK-CPU	紧凑型 CPU
通信选项	OPC UA，PROFINET（包括 PROFIsafe**，PROFIenergy 和 PROFIdrive），PROFIBUS***，TCP/IP，PtP，Modbus RTU 和 Modbus TCP			
程序内存	150KB～6MB	225KB～3MB	4MB	175～250KB
数据内存	1～20MB	1～8MB	20MB 额外 20MB 用于 ODK 应用	1MB
集成系统诊断	√			
故障安全	√			—
运动控制	•外部编码器，输出凸轮，测量输入 •速度和位置轴 •相对同步 •集成 PID 控制 •高速计数，PWM，PTO 输出 （通过工艺模块）	•外部编码器，输出凸轮，测量输入 •速度和位置轴 •相对同步 •集成 PID 控制 •高速计数，PWM，PTO 输出 （通过工艺模块） •绝对同步，凸轮同步	•外部编码器，输出凸轮，测量输入 •速度和位置轴 •相对同步 •集成 PID 控制 •高速计数，PWM，PTO 输出 （通过工艺模块）	•外部编码器，输出凸轮，测量输入 •速度和位置轴 •相对同步 •集成 PID 控制 •高速计数，PWM，PTO 输出
安全集成	专有知识产权保护（防拷贝），访问保护，VPN 和防火墙（通过 CP1543-1）			

（2）高防护 CPU、分布式 CPU、开放式 CPU 和软控制器比较如表 1-6 所示。

表 1-6

型　号	模块化设计			基于 PLC 的控制器
	高防护 CPU	分布式 CPU	开放式 CPU	软控制器
CPU 类型	CPU 1516PRO（F）-2 PN	CPU 1510SP（F），CPU 1512SP（F）	CPU 1515SP PC（F）	CPU 1505SP（F），CPU 1507S（F）
LAD，FBD, STL，SCL，GRAPH	√			
C/C++语言	—		√	
集成 IO	—			
PROFINET 接口/端口（最大）	2/4	3/1	1/2	1/2～1/1
位处理速度	10ns	48～72ns	10ns	1～10ns

（续表）

型　号	模块化设计			基于 PLC 的控制器
	高防护 CPU	分布式 CPU	开放式 CPU	软控制器
通信选项	OPC UA, PROFINET（包括 PROFIsafe**， PROFIenergy 和 PROFIdrive）, Modbus TCP	OPC UA, PROFINET（包括 PROFIsafe, PROFIenergy 和 PROFIdrive）, PROFIBUS *, TCPI/IP, PtP, Modbus RTU 和 Modbus TCP		
集成工作存储器（用于程序）	1 MB	100～200 KB	1MB	1～5MB
集成工作存储器（用于数据）	5MB	750 KB～1 MB	5MB，额外 10MB 用于 ODK 应用	5～20MB，额外 10～20MB 用于 ODK 应用
集成系统诊断	√			
Fail-safe	√			
运动控制	•外部编码器，输出凸轮，测量输入 •速度和位置轴 •相对同步 •集成 PID 控制 •高速计数，PWM，PTO 输出 （通过工艺模块）	•外部编码器，输出凸轮，测量输入 •速度和位置轴 •相对同步 •集成 PID 控制 •高速计数，PWM，PTO 输出 （通过工艺模块）	•外部编码器，输出凸轮，测量输入 •速度和位置轴 •相对同步 •集成 PID 控制 •高速计数，PWM，PTO 输出 （通过工艺模块）	•外部编码器，输出凸轮，测量输入 •速度和位置轴 •相对同步 •集成 PID 控制 •高速计数，PWM，PTO 输出 （通过工艺模块）
安全集成	专有知识产权保护（防拷贝），访问保护，VPN 和防火墙（通过 CP1543-1）			

（3）操作设备 KP400 Comfort（左侧）和 KTP400 Comfort（右侧）的正视图如图 1-19 所示。

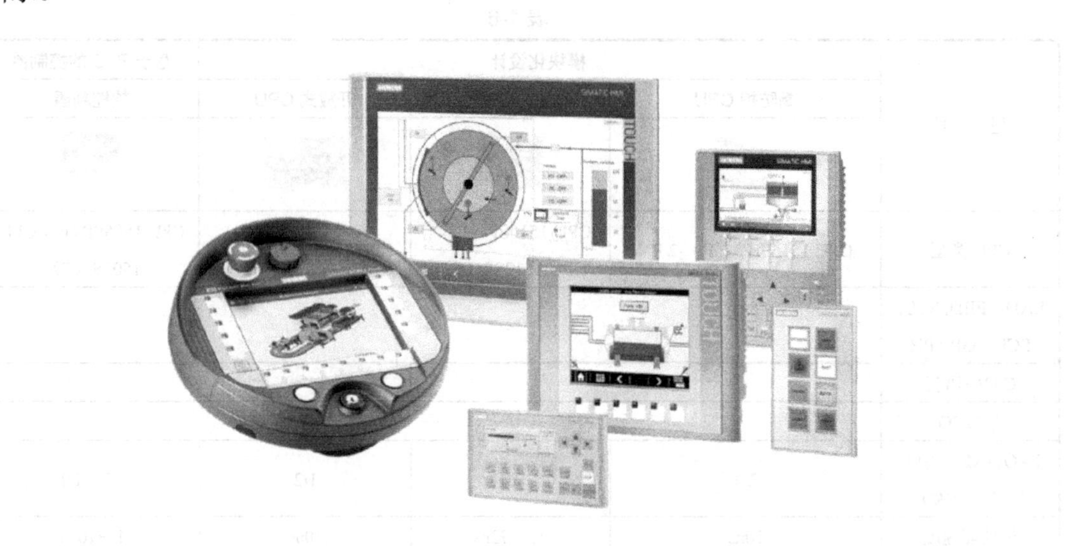

图 1-19

Comfort V1 设备 KP400 和 KTP400 Comfort 的接口如图 1-20 所示。

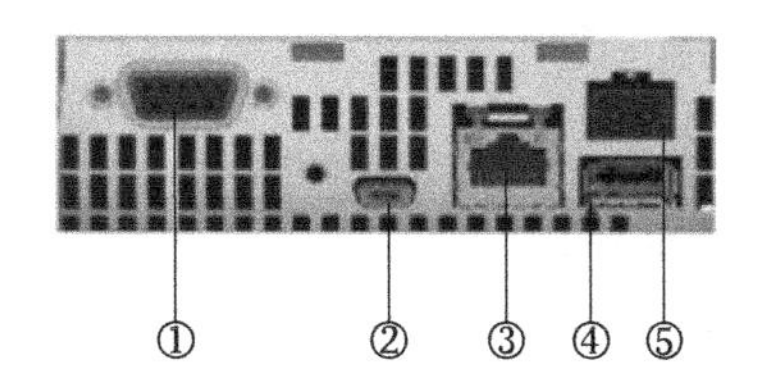

①X2 PROFIBUS（SUB-D RS422/485）；②A 型 X61 USB；③X60 USB 迷你 B 型；
④X80 电源接口；⑤X1 PROFINET（LAN），10/100MB。

图 1-20

1.9　西门子 ET 200

ET 200 的种类有 SIMATIC ET 200SP、SIMATIC ET 200S、SIMATIC ET 200MP、SIMATIC ET 200M、SIMATIC ET 200pro 54、SIMATIC ET 200eco、SIMATIC ET 200AL 及相关 IO 模块和工艺模块，型号如图 1-21 所示。

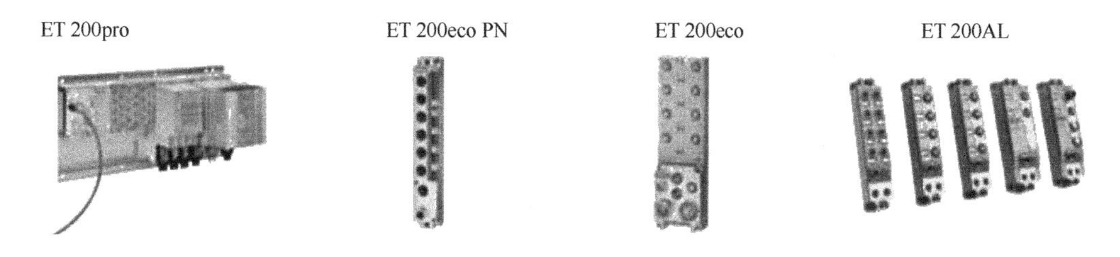

图 1-21

ET 200 分布式系统中各个组件和相应的分布式设备，通过开放的 PROFINET 和 PROFIBUS 通信标准和上层的可编程控制器（PLC）实现快速的数据交换，如图 1-22 所示。

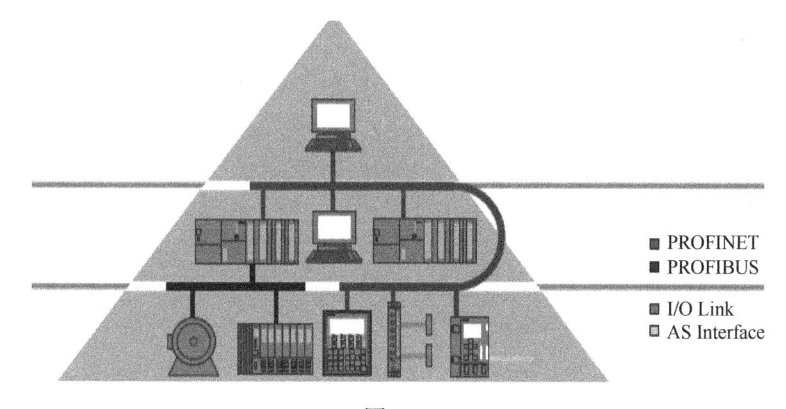

图 1-22

本章练习

西门子 PLC 的触摸屏有哪些系列？

第 2 章

硬件和安装

学习内容

了解 S7-1200 PLC 的硬件组成和 S7-1200 PLC 的安装，了解 S7-1200 设备的基础应用特性。

2.1 S7-1200 PLC 的硬件组成与安装

2.1.1 S7-1200 PLC 的硬件组成

S7-1200 PLC 如图 2-1 所示。该系列 PLC 的主要特点如下：

（1）可拓展模块的数目得到提升，最多可以拓展 11 个模块（具体数目根据 CPU 的型号而不同），其中在 PLC 主体左侧最多可以拓展 3 个通信模块，右侧最多可以拓展 8 个 SM 模块（I/O 模块）。

（2）RJ45 接口成为标配，使得编程和调试更加方便，其中 RJ45 接口可直接用作 PROFINET。

（3）在 PLC 本体上新添加了一个板卡拓展接口，该接口可以连接信号板（Signal Board，SB）、通信板（Communication Board，CB）、电池板（Battery Board，BB）。

（4）在 PLC 上可以选择插入一张 SD 卡。该卡有 3 种用途：一是用于传递程序；二是用于传递固件升级包；三是为其 CPU 的内部载入内存（Load Memory）拓展。当然如果没有插入 SD 卡，PLC 依然可以使用。

（5）使用 TIA 博途软件编程，可以应用一切软件专为本设备设计的新功能。

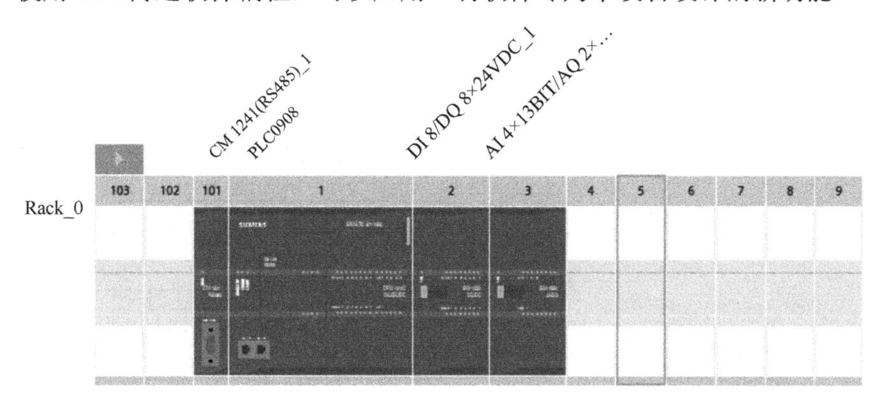

图 2-1

1. CPU 的硬件

S7-1200 CPU 由微处理器、集成电源模块、输入电路、输出电路组成。S7-1200 CPU 集成了一个 PROFINET 网络通信接口，如图 2-2 所示。

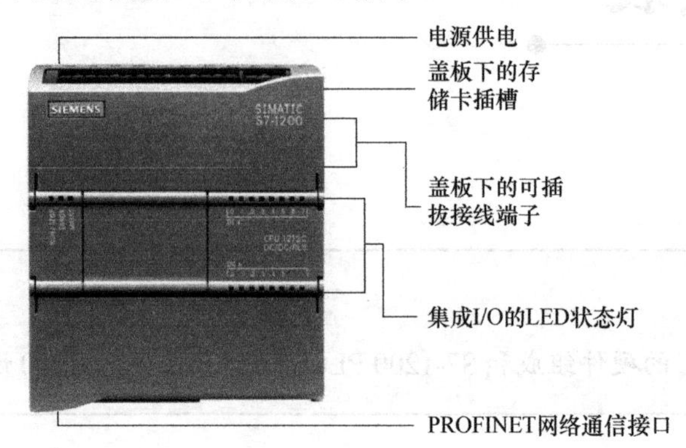

图 2-2

对 CPU 的 3 种版本说明如表 2-1 所示。

表 2-1

版　本	电 源 电 压	DI：输入电压	DO：输出电压	DO：输出电流
DC/DC/DC	DC 24V	DC 24V	DC 24V	0.5A，MOSFET
DC/DC/Relay	DC 24V	DC 24V	DC 5～30V AC 5～250V	2A，DC30W/ AC200W
AC/DC/Relay	AC 85～264V	DC 24V	DC 5～30V AC 5～250V	2A，DC30W/ AC200W

CPU 1214C AC/DC/Relay 的外部接线图如图 2-3 所示。

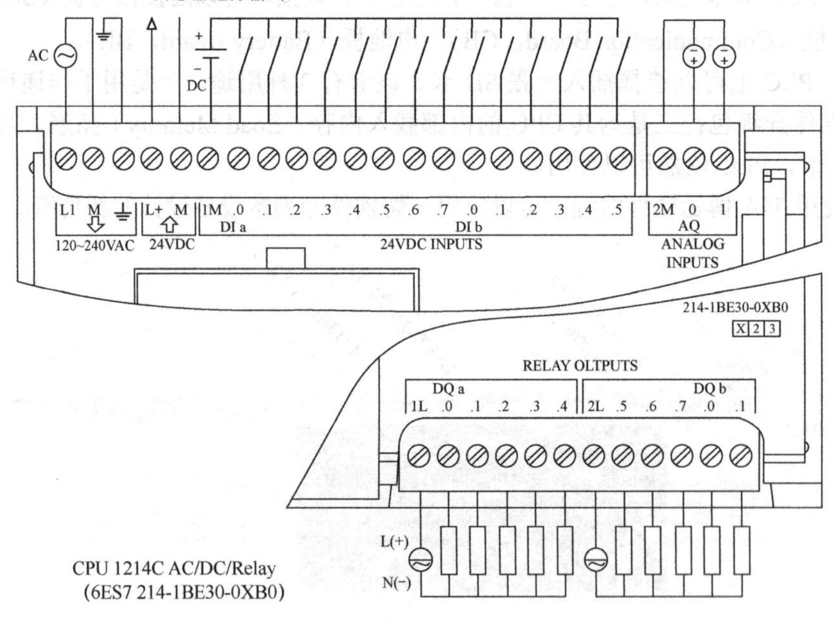

图 2-3

CPU 1214C DC/DC/DC 的外部接线图如图 2-4 所示。

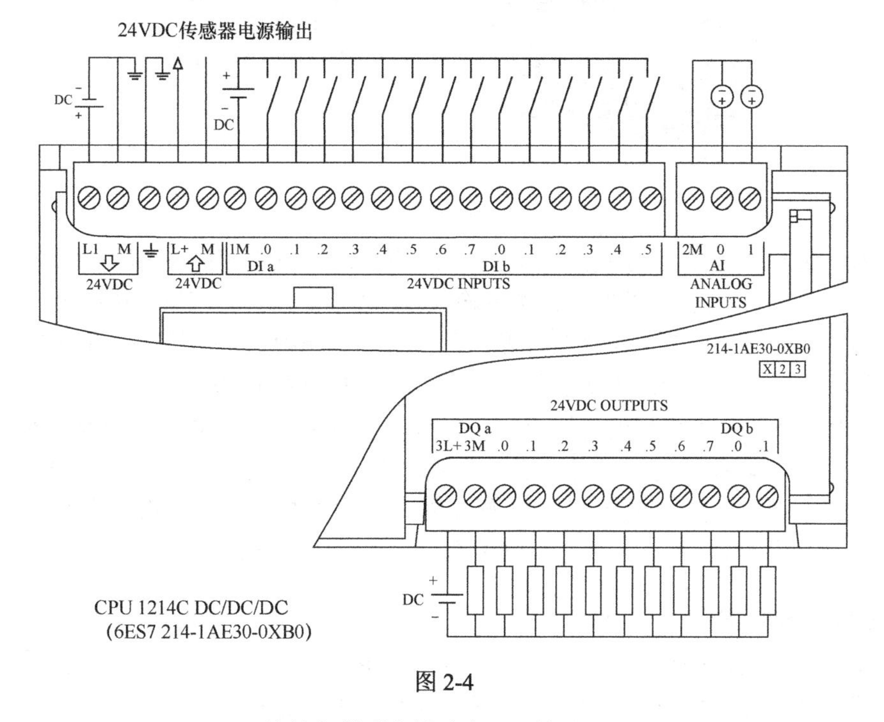

图 2-4

CPU 1214C DC/DC/Relay 的外部接线图如图 2-5 所示。

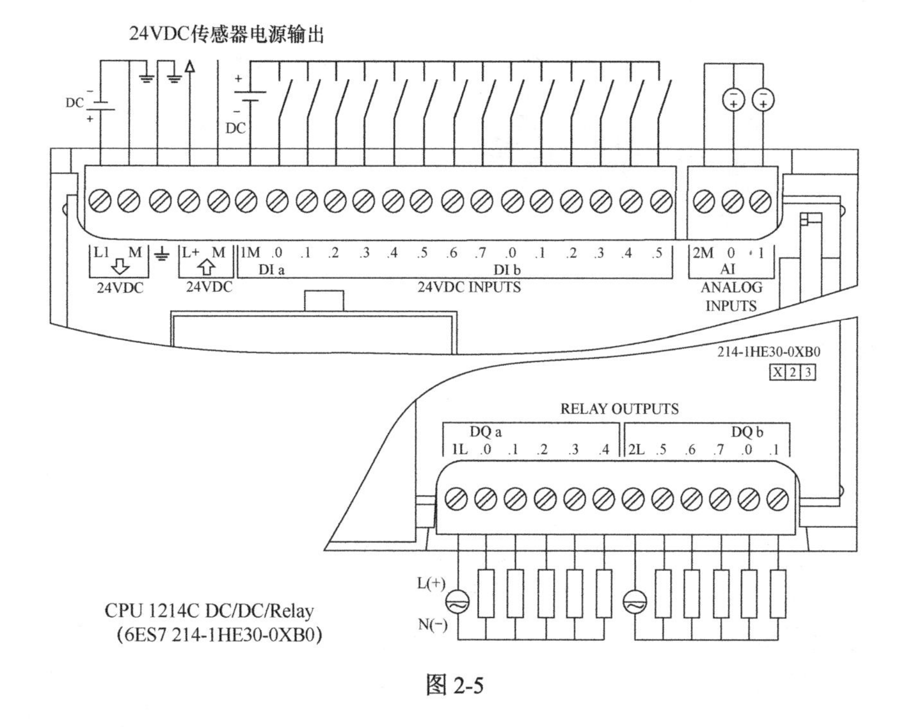

图 2-5

2．信号模块的硬件

信号模块可以增加 CPU 的功能，连接在 CPU 的右侧，如图 2-6 所示。

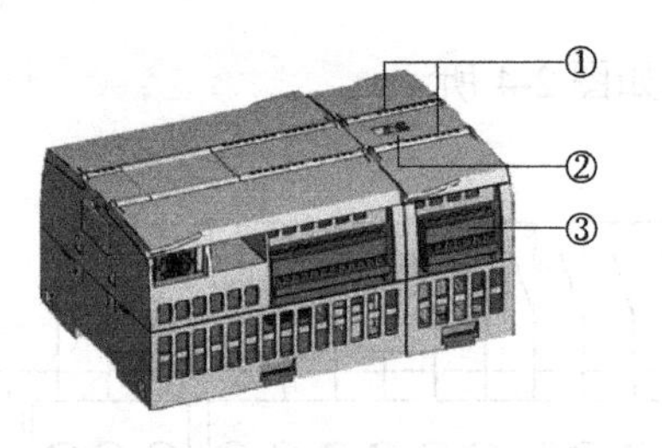

① 信号模块I/O的状态LED；
② 总线连接器；
③ 可拆卸用户接线连接器。

图 2-6

（1）数字量 I/O：可以选用 8 点、16 点和 32 点的数字量 I/O 模块来满足不同的控制需要。

（2）模拟量 I/O：在工业控制中，某些输入量（温度、压力、流量、转速等）是模拟量，某些执行机构（如电动调节阀和变频器等）要求 PLC 输出模拟量信号，而有些 PLC 的 CPU 只能处理数字量。模拟量 I/O 模块的任务就是实现 A/D 转换和 D/A 转换。模拟量首先被传感器和变频器转换为标准量程的电压或电流，如 4～20mA、1～5V、0～10V，PLC 用模拟量输入模块的 A/D 转换器将它们转换成数字量。带正负号的电流或电压在 A/D 转换后用二进制补码来表示。模拟量输出模块的 D/A 转换器将 PLC 中的数字量转换为模拟电压或电流，再去控制执行机构。A/D 和 D/A 的二进制位数反映了它们的分辨率，位数越多，分辨率越高。

3．信号板 SB（Signal Board）

通过信号板可以给 CPU 增加 I/O。SB 连接在 CPU 的前端，如图 2-7 和图 2-8 所示。

（1）具有 4 个数字量 I/O（2xDC 输入和 2xDC 输出）的 SB。

（2）具有 1 路模拟量输出的 SB。

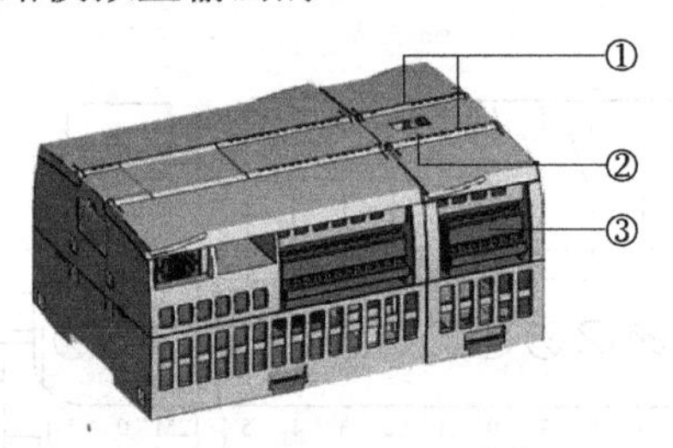

① 信号模块I/O的状态LED；
② 总线连接器；
③ 可拆卸用户接线连接器。

图 2-7

SB 1221 DI 4×24 VDC，200kHz

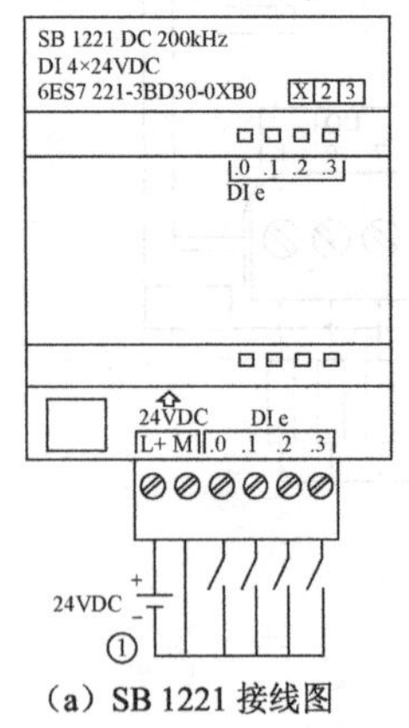

（a）SB 1221 接线图

SB 1222 DQ 4×24 VDC，200kHz

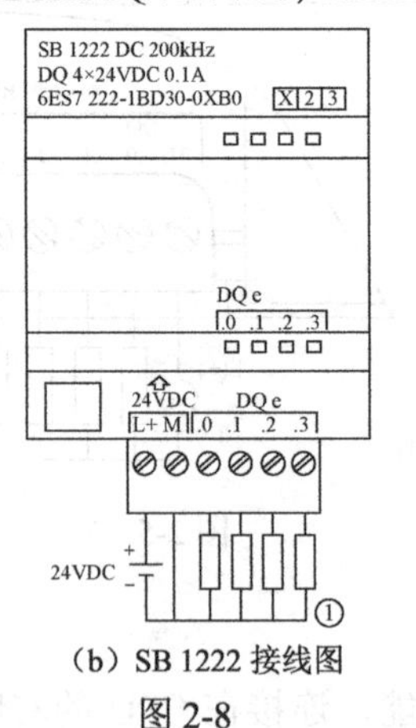

（b）SB 1222 接线图

SB 1223 DI 2×24 VDC/
DQ 2×24 VDC，200kHz

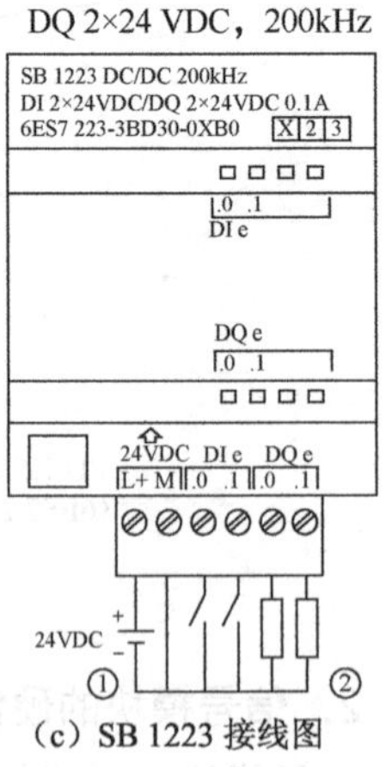

（c）SB 1223 接线图

图 2-8

4. 通信模块的硬件

S7-1200 提供了具备 RS485 和 RS232 两种接口的通信模块。每个 S7-1200 CPU 最多可以支持 3 个通信模块，都必须安装在 CPU 的左侧（或者通信模块的左侧）。

5. S7-1200 集成的 PROFINET 接口

实时工业以太网是现场总线发展的趋势，PROFINET 是基于工业以太网的现场总线，是开放式的工业以太网标准，它使工业以太网的应用扩展到了控制网络最底层的现场设备。

S7-1200 与编程计算机的通信如图 2-9 所示；S7-1200 与精简系列面板的通信如图 2-10 所示；利用工业以太网交换机 CSM 1277 进行多设备的连接如图 2-11 所示；在编程接口模式下利用 CM 1241 进行点对点连接如图 2-12 所示。

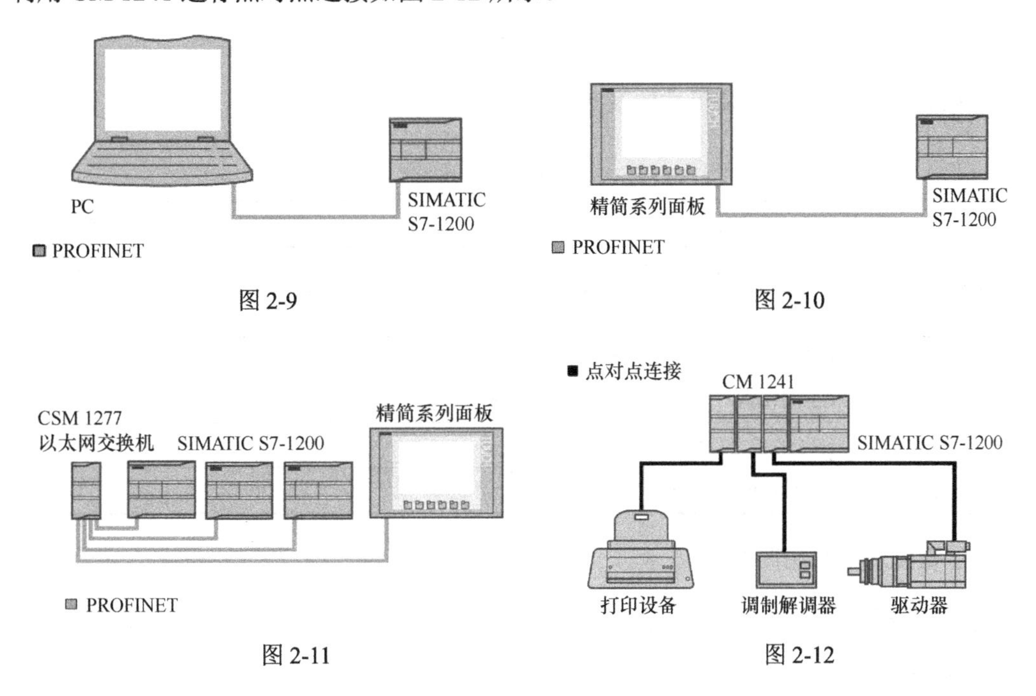

图 2-9　图 2-10

图 2-11　图 2-12

2.1.2　S7-1200 PLC 的装配

S7-1200 PLC 安装时要注意以下几点：

（1）可以将 S7-1200 PLC 安装在面板或标准导轨（35mm）上，并且可以水平或垂直安装 S7-1200 PLC。

（2）S7-1200 PLC 采用自然冷却方式，因此要确保其安装位置的上、下部分与邻近设备之间至少留出 25mm 的空间，并且 S7-1200 PLC 与控制柜外壳之间的距离至少为 25mm（安装深度）。

（3）当采用垂直安装方式时，其允许的最大环境温度要比水平安装方式低 10℃，此时要确保 CPU 被安装在最下面。

具体的安装尺寸如图 2-13 所示。

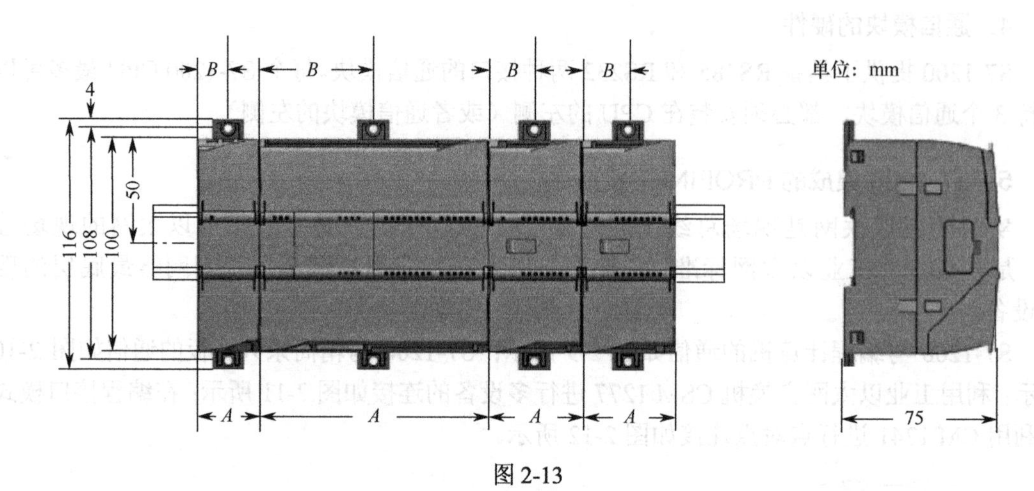

图 2-13

S7-1200 PLC 基本的安装尺寸如表 2-2 所示。

表 2-2

S7-1200 PLC 设备		宽度 *A*/mm	宽度 *B*/mm
CPU	CPU 1211C 和 CPU 1212C	90	45
	CPU 1214C	110	55
信号模块（SM）	8 点、16 点 DC 和继电器型（8I、16I、8Q、16Q、8I/8Q） 模拟量（4AI、8AI、4AI/4AQ、2AQ、4AQ）	45	22.5
	16I/16Q 继电器型（16I/16Q）	70	35
通信模块（CM）	CM 1241 RS232 和 CM 1241 RS485	30	15

CPU 安装示意图如图 2-14 所示。

安装

1. 移除背板总线盖板；
2. 插入SM到标准的安装导轨上；
3. 推动SM到毗邻模块；
4. 锁定标准导轨安装夹；
5. 推动用于连接总线连接器的闩至左侧，使总线插针连接到毗邻模块

移除

1. 推动闩到右侧，松开总线连接器的连接；
2. 向右沿着标准导轨移动SM；
3. 解锁标准导轨安装夹；
4. 从标准安装导轨上移除SM

图 2-14

图 2-14（续）

2.2 存储卡的安装与作用

2.2.1 存储卡用作程序卡

程序卡（Program Card）：此时的存储卡（见图 2-15）代替了 CPU 装载存储器（Load Memory）的作用，所有 CPU 的程序、硬件组态、强制变量表都被保存至此存储卡。CPU 运行时此卡必须留在 CPU 中，如果用户将此卡移除，则 CPU 的装载存储器将不会存储任何项目程序。

在使用存储卡之前，将卡上的写保护开关调离 LOCK 位置。如果用户希望将存储卡用作程序卡，可以按照如下步骤操作：

❶ 将一个空白卡插入读卡器。

❷ 在 STEP7 Basic 界面中选择 Project tree 选项，右键单击 SIMATIC Card Reader，在弹出的快捷菜单中选择 Properties 选项，在 Card Type 中选择 Program 选项。

❸ 将 CPU 断电。

❹ 将刚才设置过的存储卡插入 CPU。

❺ 将 CPU 上电。

❻ 将用户程序下载到 CPU。

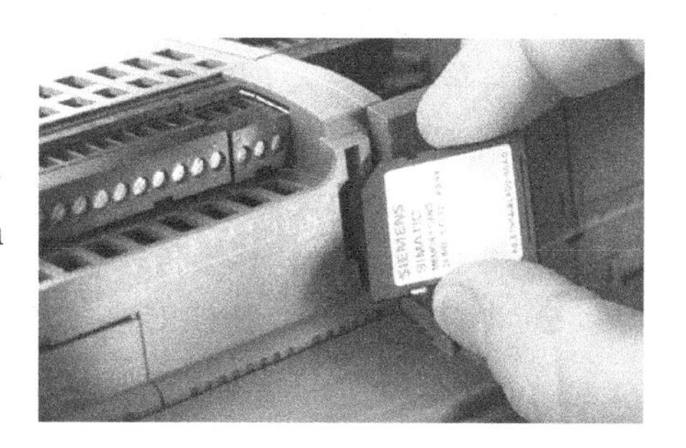

图 2-15

注意： 当 CPU 插入程序卡后，项目文件将被保存至存储卡，CPU 集成的装载存储器将被清空，此时如果用户移除存储卡，CPU 将无法运行。

2.2.2 存储卡用作传输卡

传输卡（Transfer Card）：存储卡被当作传输卡时用于将自身存储的程序传输至 CPU 的装载存储器中，当传输完毕后，此卡必须被移除。用户可以不使用编程软件，仅通过存储卡将某个项目传输至多个 CPU 中。

当存储卡被用作传输卡时，如果存储卡中存储的用户程序、硬件组态或强制变量表与 CPU 中的内容不符，CPU 将执行如下操作：

❶ 如果复制存储卡中的用户程序至 CPU，则 CPU 集成的装载存储器中的用户程序将被覆盖。

❷ 如果复制存储卡中的数据块至 CPU，则 CPU 集成的装载存储器中的数据块将被覆盖，并且所有的 M 存储器被清空。

❸ 如果复制存储卡中的系统数据至 CPU，则 CPU 集成的装载存储器中的系统数据及强制变量将被覆盖，并且所有的保持存储器（Retentive Memory）将被清空。

如果用户希望将存储卡用作传输卡，可以按照如下步骤操作：

❶ 将一个空白卡插入读卡器。

❷ 在 STEP7 Basic 界面下选择 Project tree 选项，右键单击 PLC，在弹出的右键快捷菜单中选择 Properties→STARTUP→+ Power- up mode· Warm restart-RUN 选项。

❸ 保存项目。

❹ 在 STEP7 Basic 界面下选择 Project tree 选项，右键单击 PLC，SIMATIC Card Reader 选项，在弹出的右键快捷菜单中选择 Properties，在 Card Type 中选择 Transfer 选项。

❺ 将离线项目中的 Program Blocks 拖曳到 Project tree 界面下的 SIMATIC Card Reader 中。

如果用户希望将传输卡中的用户项目传输到 CPU 中，可以按照如下步骤操作：

❶ 将 CPU 断电。

❷ 将传输卡插入 CPU 中。

❸ 将 CPU 上电，传输卡中的项目将被复制到 CPU 中，此时 CPU 处于维护状态（Maintenance Mode），黄色 LED 闪烁。

❹ 将 CPU 断电，移除传输卡。

❺ 将 CPU 上电，则 CPU 将切换至 RUN 模式。

本章练习

❶ S7-1200 PLC 有几种型号，输入/输出点数、扩展模块分别是多少？

❷ S7-1200 CPU 怎样接线？

❸ 存储卡的功能有哪些？

第 3 章

西门子 TIA 软件使用入门

学习内容

了解博途软件的特点，掌握博途软件的使用方法。

3.1 TIA 博途软件的特点

SIMATIC S7 产品体系中使用 PROFINET 网络达到了“一网到底”的便利。而在软件端，该产品体系也实现了统一。在使用传统软件设计该系统时，编辑 PLC 程序时需要一款软件，编辑 HMI 控制界面时需要另一款软件，配置现场设备（如变频器）时还需要一款软件，而各部分却需要紧密联系才能构成一个控制系统。如果使用一款统一的软件完成上述所有的工作，将非常有益于整个系统的构建工作。TIA 博途就是这样的一款软件，上述的所有 SIMATIC 产品都可以统一集成在该软件中进行相应的配置、编程和调试。TIA（Totally Integrated Automation）的意思是全集成自动化，此概念一直以来是西门子自动化技术和产品的发展理念。TIA 博途软件下的集成自动化大体在以下几个方向上体现了集成。

（1）各个设备的组态、配置和编程工作高度集成。这使得各部分在组态环节中出现的参数、变量及在编程过程中使用的参数和变量可以高度共享。

（2）各部分的数据集成并统一管理。这使得操作层、控制层和现场层之间对于所有变量和数据可以高度共享，成为一个整体。

（3）所有部件间的通信集成配置和管理。这使配置所有需要通信的部件更为高效，因为各部件的信息集中在一款软件中，工程师只需要组态出通信意向，软件在编译过程中可以自动匹配通信双方的相关协议和配置。

TIA 博途软件在高度集成这个大理念下制作完成。在具体使用上，结合 S7-1200/1500 PLC 的硬件平台，优化了很多功能，也新添加了很多实用功能，大体可以概括为以下几点。

（1）友好的界面。在 TIA 博途软件的界面上，以项目树为核心。项目中的所有文件通过树形逻辑结构合理整合在项目树中。单击项目树中的相应文件，可以在工作区打开该文件的编辑窗口，同时巡视窗口显示相应的属性信息。各个资源卡智能地根据编辑的文件选择当前所需的资源。每个窗口都可以固定位置，也可以游离到主窗口之外的任意位置，便于多屏编辑时使用。

（2）更加方便的帮助系统。软件不仅编辑了大量的帮助信息，还将这些信息有效编排和索引。同时，在进行编辑时，如果对某个按钮或属性值需要查询帮助，只需将鼠标放在其上方，便会显示一个概括的帮助信息。如果单击该帮助信息，会展开一个更详尽的帮助信息；如果再次单击其中的超链接，会进入帮助系统。这样的设计，使得程序的编辑可以高效进行。

（3）FB 块的调用和修改更加方便。当 FB 块的调用被建立或删除时，软件可以自行管理背景数据库的建立、删除和分配。当 FB 块被修改后，其对应的所有背景数据块也会自行更新。

（4）变量的内置 ID 机制。在标签表中，每一个变量除了绝对地址和符号地址以外，还对应有一个内置的 ID 号。这样，任意修改一个变量的绝对地址或符号地址都不会影响程序中相关变量的访问。

（5）与 Office 软件实现互联互通。在 TIA 博途软件中的所有表格都可以与 Excel 软件的表格之间实现复制、粘贴。

（6）SCL、Graph 语言的使用更加灵活。无须任何附加软件，可直接建立 SCL 语言和 Graph 语言编辑的程序块。

（7）优化的程序块功能更加强大。对于优化的 OB 块，对中断 OB 内的临时变量进行了重新梳理，使用更加便利。对于优化的 DB 块，CPU 访问数据更加快速，并可以在不改变原有数据的情况下向某 DB 块内添加新变量的功能（下载而不初始化 DB 块）。

（8）更加丰富的指令系统。重新规划了全新的指令系统，在经典 Step7 下很多库中的功能整合在指令中。在全新的指令体系下，增添了 IEC 标准指令、工艺指令和可内部转换类型的指令（如输入一个数学公式，可以直接得到计算结果，即使公式内变量类型不一致，也可以被隐形转换）。

（9）更加丰富的调试工具。在优化原有的调试功能外，还增加了很多新功能，如跟踪功能，可以基于某个 OB 块的循环周期采样记录某个变量的变化状况。

（10）HMI、PLC 之间资源的高度共享。PLC 中的变量可以直接拖到 HMI 界面上，软件自动将该变量添加到变量词典中。

（11）整合了 HMI 面板下的一些常用功能。例如，时间同步、在 HMI 上显示 CPU 诊断缓存等功能，不再需要烦琐的程序和设置来实现，可直接通过简单设置和相应控件完成。

（12）更好的程序保护措施。程序的加密功能更加强大（仅限 S7-1200/1500 PLC）。一段程序可以和 SD 卡上的序列号绑定，也可以与 CPU 序列号绑定。加密的程序即便整体复制，也无法在其他 PLC 上运行。

3.2 博途软件的下载

西门子博途 STEP 7 有基本版（Basic）和专业版（Professional）两个版本，WinCC 有基本版（Basic）、精简版（Comfort）、高级版（Advanced）、专业版（Professional）4 个版本，如图 3-1 所示。

博途软件的下载步骤如下：

（1）博途软件安装文件可以到西门子官网下载，百度搜索“西门子工业支持中心”，找到西门子自动化官网，进入全球技术资源库，如图 3-2 所示。

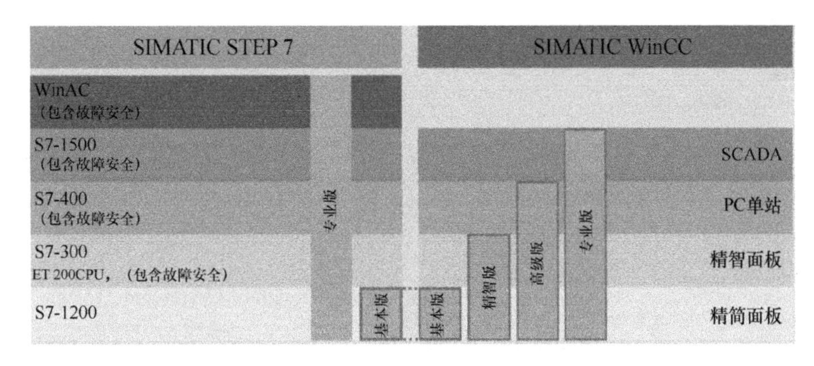

图 3-1

图 3-2

（2）在关键词中搜索“portal v15.1”，文档类型中选择“软件下载”，如图 3-3 所示。

图 3-3

（3）单击“SIMATIC STEP 7 和 WinCC V15.1 试用版下载”，如图 3-4 所示。

（4）进入软件下载页面后下拉找到安装文件。安装文件包含 STEP 7 Basic/Professional 和 WinCC Basic/Comfort/Advanced，如图 3-5 所示。

（5）软件包含 STEP 7 Basic/Professional 和 WinCC Professional，如图 3-6 所示。

（6）图 3-7 是博途仿真软件 STEP 7 PLCSIM。

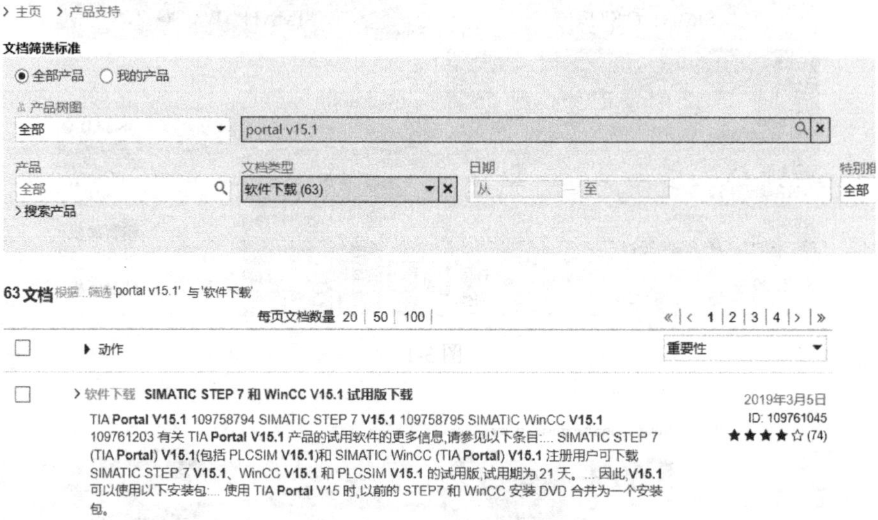

> 主页 > 产品支持

文档筛选标准

全部产品 我的产品

产品树图

全部 portal v15.1

产品 文档类型 日期 特别推

全部 软件下载 (63) 从 至 全部

> 搜索产品

63 文档 根据...筛选'portal v15.1' 与'软件下载'

每页文档数量 20 | 50 | 100 « | ‹ 1 | 2 | 3 | 4 | › | »

动作 重要性

> 软件下载 SIMATIC STEP 7 和 WinCC V15.1 试用版下载

2019年3月5日 ID: 109761045 ★★★★☆ (74)

TIA Portal V15.1 109758794 SIMATIC STEP 7 V15.1 109758795 SIMATIC WinCC V15.1 109761203 有关 TIA Portal V15.1 产品的试用软件的更多信息,请参见以下条目:... SIMATIC STEP 7 (TIA Portal) V15.1(包括 PLCSIM V15.1)和 SIMATIC WinCC (TIA Portal) V15.1 注册用户可下载 SIMATIC STEP 7 V15.1、WinCC V15.1 和 PLCSIM V15.1 的试用版,试用期为 21 天。... 因此,V15.1 可以使用以下安装包:... 使用 TIA Portal V15 时,以前的 STEP7 和 WinCC 安装 DVD 合并为一个安装包。

图 3-4

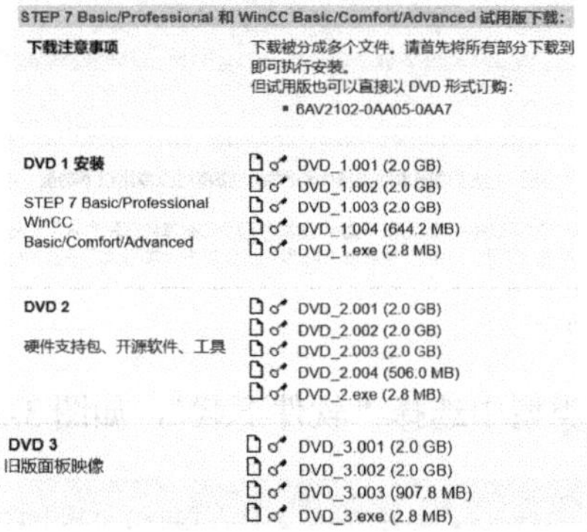

STEP 7 Basic/Professional 和 WinCC Basic/Comfort/Advanced 试用版下载:

下载注意事项	下载被分成多个文件。请首先将所有部分下载到即可执行安装。 但试用版也可以直接以 DVD 形式订购: • 6AV2102-0AA05-0AA7
DVD 1 安装 STEP 7 Basic/Professional WinCC Basic/Comfort/Advanced	DVD_1.001 (2.0 GB) DVD_1.002 (2.0 GB) DVD_1.003 (2.0 GB) DVD_1.004 (644.2 MB) DVD_1.exe (2.8 MB)
DVD 2 硬件支持包、开源软件、工具	DVD_2.001 (2.0 GB) DVD_2.002 (2.0 GB) DVD_2.003 (2.0 GB) DVD_2.004 (506.0 MB) DVD_2.exe (2.8 MB)
DVD 3 旧版面板映像	DVD_3.001 (2.0 GB) DVD_3.002 (2.0 GB) DVD_3.003 (907.8 MB) DVD_3.exe (2.8 MB)

图 3-5

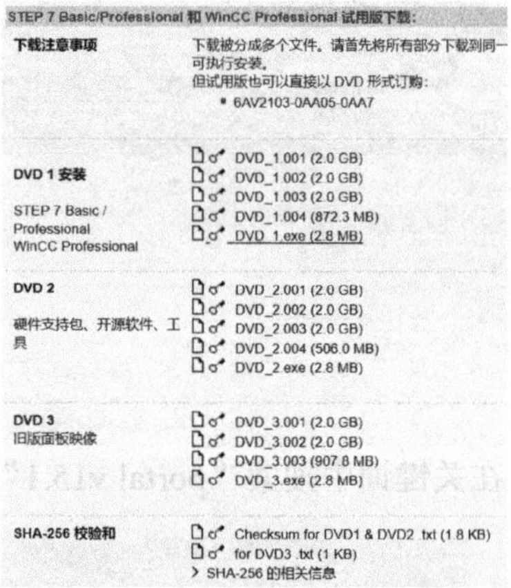

STEP 7 Basic/Professional 和 WinCC Professional 试用版下载:

下载注意事项	下载被分成多个文件。请首先将所有部分下载到同一可执行安装。 但试用版也可以直接以 DVD 形式订购: • 6AV2103-0AA05-0AA7
DVD 1 安装 STEP 7 Basic / Professional WinCC Professional	DVD_1.001 (2.0 GB) DVD_1.002 (2.0 GB) DVD_1.003 (2.0 GB) DVD_1.004 (872.3 MB) DVD_1.exe (2.8 MB)
DVD 2 硬件支持包、开源软件、工具	DVD_2.001 (2.0 GB) DVD_2.002 (2.0 GB) DVD_2.003 (2.0 GB) DVD_2.004 (506.0 MB) DVD_2.exe (2.8 MB)
DVD 3 旧版面板映像	DVD_3.001 (2.0 GB) DVD_3.002 (2.0 GB) DVD_3.003 (907.8 MB) DVD_3.exe (2.8 MB)
SHA-256 校验和	Checksum for DVD1 & DVD2 .txt (1.8 KB) for DVD3 .txt (1 KB) > SHA-256 的相关信息

图 3-6

STEP 7 PLCSIM 试用版下载:

DVD 1 安装 STEP 7 PLCSIM	SIMATIC_S7PLCSIM_V15_1.exe (1.5 GB)
SHA-256 校验和	SIMATIC_S7PLCSIM_V15_1.txt (1 KB) > SHA-256 的相关信息

图 3-7

3.3 操作系统的安装

1. 安装操作系统

安装博途软件前先要安装兼容博途软件的操作系统。博途 V15.1 兼容的操作系统如图 3-8 所示。

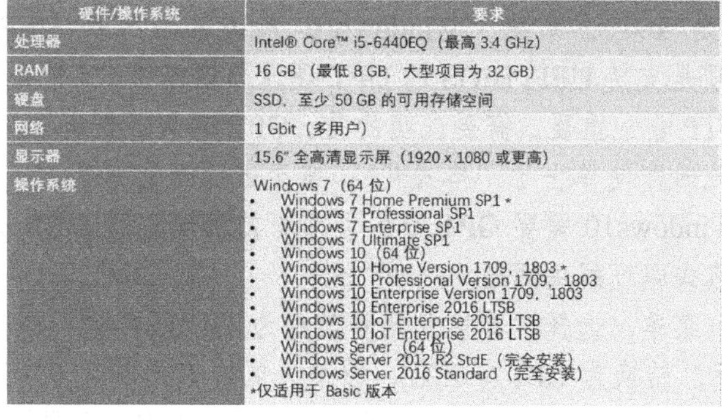

硬件/操作系统	要求
处理器	Intel® Core™ i5-6440EQ（最高 3.4 GHz）
RAM	16 GB （最低 8 GB，大型项目为 32 GB）
硬盘	SSD，至少 50 GB 的可用存储空间
网络	1 Gbit（多用户）
显示器	15.6" 全高清显示屏（1920 x 1080 或更高）
操作系统	Windows 7（64 位） • Windows 7 Home Premium SP1 * • Windows 7 Professional SP1 • Windows 7 Enterprise SP1 • Windows 7 Ultimate SP1 • Windows 10 （64 位） • Windows 10 Home Version 1709，1803 * • Windows 10 Professional Version 1709，1803 • Windows 10 Enterprise Version 1709，1803 • Windows 10 Enterprise 2016 LTSB • Windows 10 IoT Enterprise 2015 LTSB • Windows 10 IoT Enterprise 2016 LTSB • Windows Server （64 位） • Windows Server 2012 R2 StdE（完全安装） • Windows Server 2016 Standard（完全安装） *仅适用于 Basic 版本

图 3-8

安装操作系统的步骤如下：

❶ 安装微软官网原版纯净的操作系统，可以在微软官网下载。百度搜索“MSDN”，在操作系统目录下选择需要的操作系统，如图 3-9 所示。

❷ 选择需要的版本，用下载工具下载，如图 3-10 所示。

图 3-9

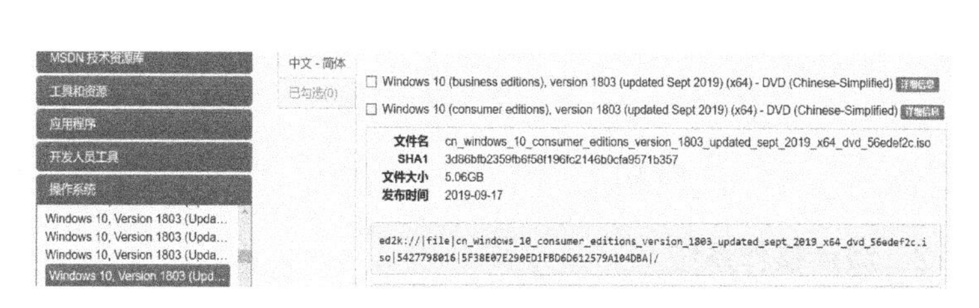

图 3-10

❸ 安装操作系统时可能会出现安装不成功或键盘失效的情况，可以多重启几次或使用恢复功能。恢复不了则需要使用 U 盘重装系统。安装时有可能出现报错，如图 3-11 所示。此时可以将硬盘上的所有分区都删除，重新格式化整个硬盘，然后重新分区，再进行安装。

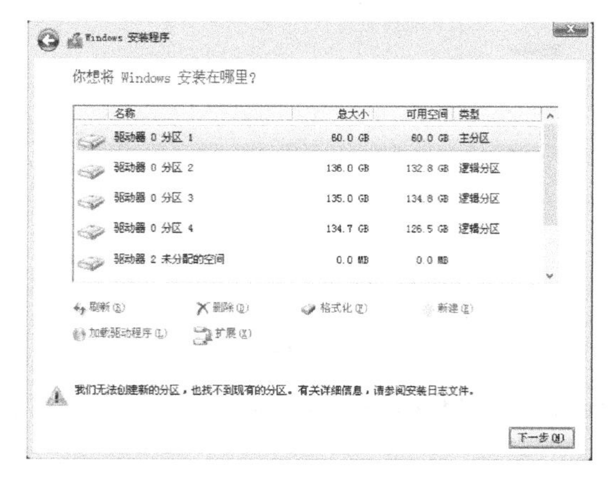

图 3-11

❹ 如果安装的是 x64 位系统，Windows10 系统采用的是 UEFI BIOS，想要安装 Windows10，磁盘必须是支持 UEFI BIOS 的 GPT 硬盘分区格式，不能采用传统的 MBR 分区格式，所以转换成 GTP 非常重要。需要说明的是，GPT 磁盘不兼容 32 位操作系统，只能安装 64 位操作系统。此时即使单击了“格式化”，甚至删除现有分区再新建也不能解决问题，这通常是由于安装 Windows10 需要 GPT 分区，而当前的硬盘是 MBR 分区，所以只需把磁盘分区转换成 GPT 格式即可解决问题。

❺ 单击“硬盘”菜单，选择“转换分区表类型为 GUID 格式”选项，按提示进行操作即可，如图 3-12 所示。转换为 GPT 分区后，继续分区格式化以后即可正常安装 Windows10 系统了，不会再出现“我们无法创建新的分区，也找不到现在的分区”提示。

❻ 安装完成后，可以按 Window+R 键运行命令，输入“winver”查看系统具体版本，如图 3-13 所示。

图 3-12

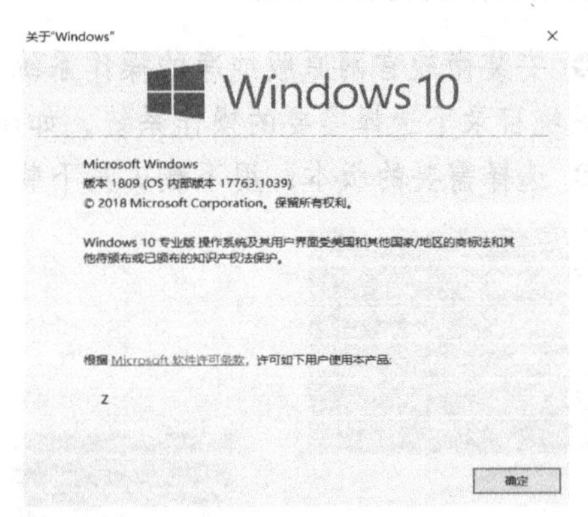

图 3-13

2. 激活操作系统

安装完成后需要激活操作系统，操作步骤如下：

❶ 在桌面左下角的“cortana”搜索框中输入“CMD”，待出现“命令提示符”工具时，单击右键，选择“以管理员身份运行”，如图 3-14 所示。

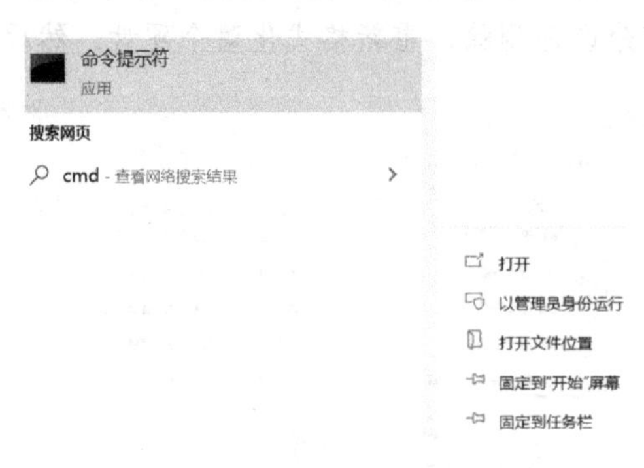

图 3-14

❷ 此时将以管理员身份打开 MSDOS 窗口，在此界面中依次输出以下命令：

slmgr.vbs /upk

❸ 复制以上命令，并在 MSDOS 窗口中单击右键以粘贴此命令，按回车键进行确定。

此时弹出窗口显示“已成功卸载了产品密钥”。

❹ 接着输入以下命令，弹出窗口将提示：“成功地安装了产品密钥”。

slmgr /ipk W269N-WFGWX-YVC9B-4J6C9-T83GX

❺ 继续输入以下命令，弹出窗口将提示：“密钥管理服务计算机名成功地设置为 zh.us.to”。

slmgr /skms zh.us.to

❻ 输入以下命令，此时弹出窗口提示：“成功地激活了产品”。

slmgr /ato

❼ 再次查看当前 Windows10 正式专业版系统的激活状态。右键单击“我的电脑”，选择“属性”查看计算机操作系统激活状态，如图 3-15 所示，表明已成功激活 Windows10 正式专业版系统。

❽ 刚安装完操作系统就安装博途软件时会提示未安装 NET 3.5。此时可在“控制面板”窗口选择“程序”→“程序和功能”→“启动或关闭 Windows 功能”，可以启用 NET 3.5，如图 3-16 所示。

图 3-15

图 3-16

3.4 博途软件的安装

❶ 打开下载文件，双击“TIA_Portal_STEP_7_Pro_WINCC_Adv_V15_1”解压并安装，如图 3-17 所示。

❷ 选择安装语言，如图 3-18 所示。

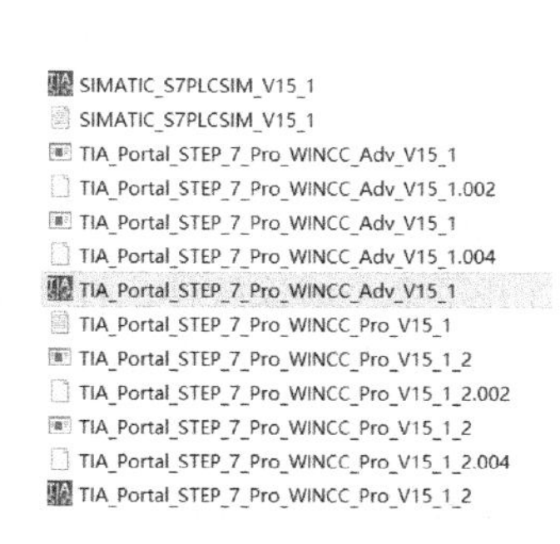

图 3-17

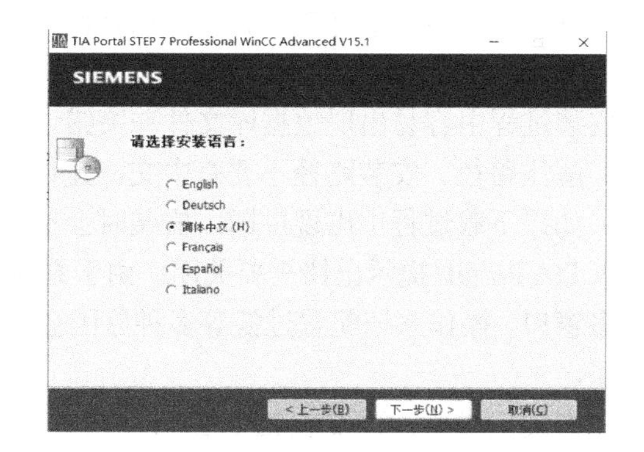

图 3-18

❸ 安装时多次提示重启计算机，在打开的注册表内查找“HKEY_LOCAL_MACHINE\System\CurrentControlSet\Control\Session Manager\”的值“PendingFileRenameOperations”，也可以通过查找方式找到该值并删除，如图 3-19 所示。

❹ 在“运行”对话框的“打开”文本框中输入“regedit”，单击“确定”按钮，进入注册表，如图 3-20 所示。

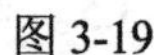
图 3-19

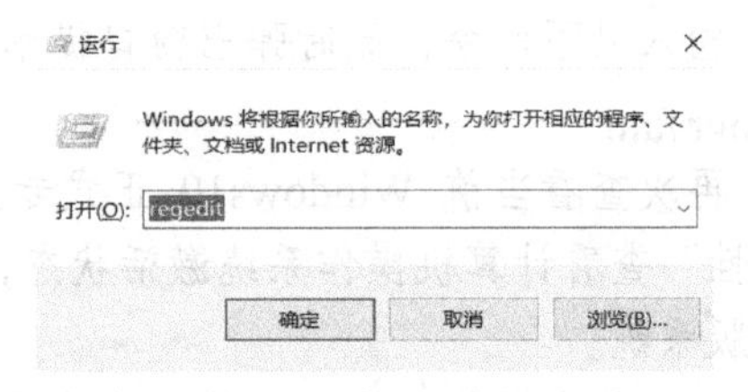

图 3-20

❺ 找到“PendingFileRenameOperations”文件并删除，如图 3-21 所示。

图 3-21

安装注意事项及软件可能出现的问题如下：

（1）操作系统要求原版操作系统，不能是 GHOST 版本，也不能是优化后的版本。如果不是原版操作系统，可以试着安装，有可能会在安装中报故障。

（2）安装时不能开杀毒软件、防火墙软件、防木马软件、优化软件等。

（3）由于博途软件非常庞大，其中包含许多数据库文件，如果计算机中含有许多第三方软件，安装过程中容易出现数据库文件冲突错误。

（4）解压路径、安装路径不要有中文，建议使用默认路径。

（5）如果下载过程中出现中断，安装时会提示安装文件损坏。

（6）TIA Portal 提示出错需要关闭。由于系统问题或打开了多个博途软件、打开了博途软件太多窗口、操作系统配置过低等多种原因会引起此提示，一般关掉软件重新打开就可以再使用了。

（7）安装完成后，再安装 PLC SIM 仿真软件、Startdrive 软件。如果多次提示重启，则删除注册表文件 PendingFileRenameOperations。

3.5 博途软件的授权

博途软件安装完成后，使用时会提示只有 21 天使用期限，所以要通过授权获取长期使用权限：先找到“TIA Portal v15/v15.1”并全选，然后安装长密钥，如图 3-22 所示。

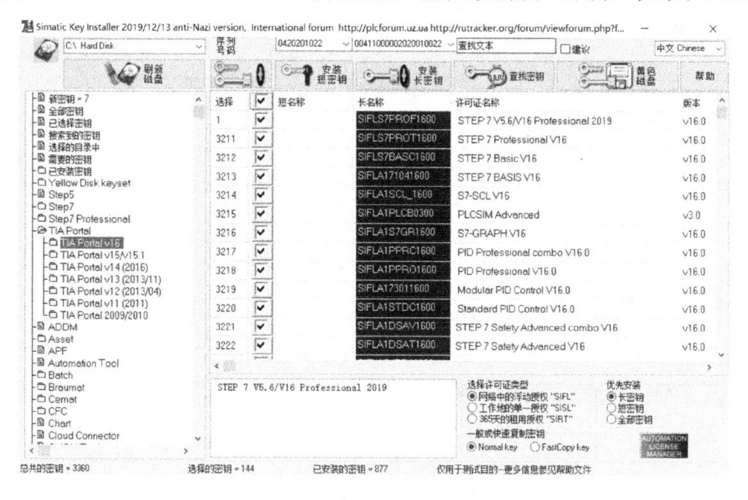

图 3-22

3.6 博途软件简介

（1）启动软件（能够将以前旧版本的软件移植成新版本），如图 3-23 所示。根据自己的需求创建新项目名称，更改保存目录，编写作者和项目的一些说明信息等。

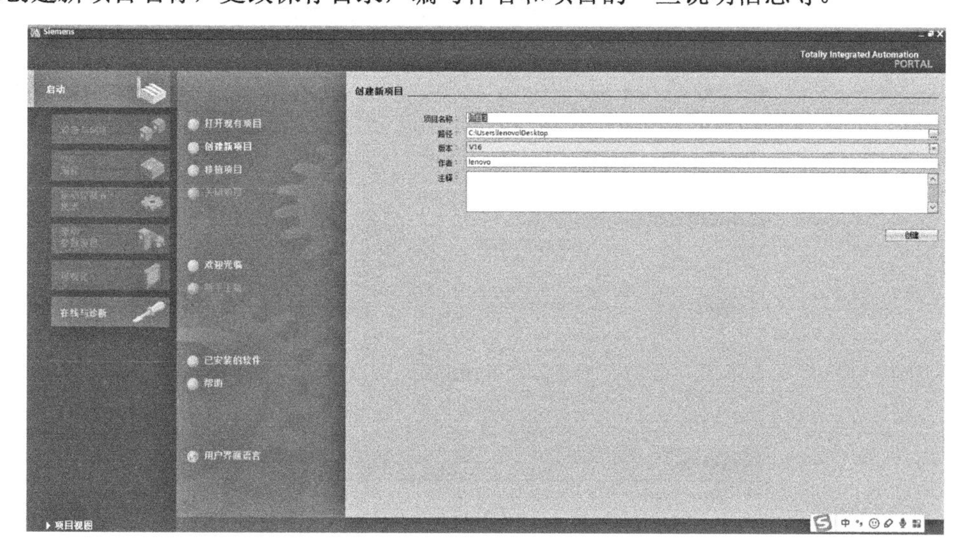

图 3-23

（2）视图可以切换，如图 3-24 所示。

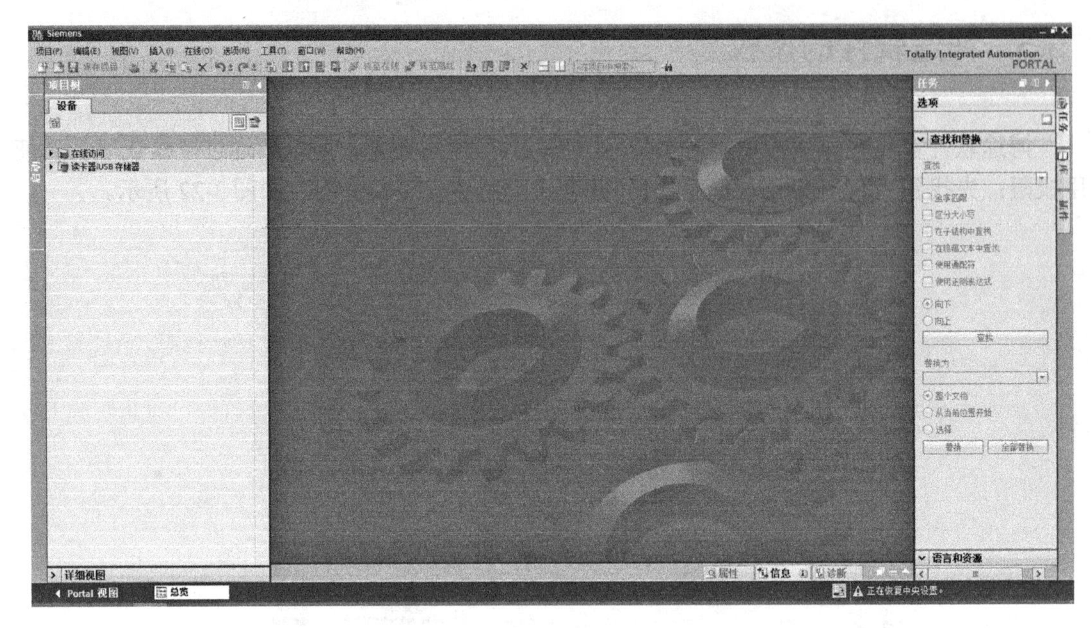

图 3-24

（3）配置控制器，所见即所得。TIA 博途是业内首个采用统一工程设计平台的自动化软件，适用于所有自动化任务。借助全新的工程技术软件平台，用户能够快速、直观地开发和调试自动化系统。与传统方法相比，它无须花费大量时间集成各个软件包，同时显著降低了成本。此外，TIA 博途作为一切未来工程软件组态包的基础，可对西门子全集成自动化中所涉及的所有自动化和驱动产品进行组态、编程和调试，如图 3-25 所示。

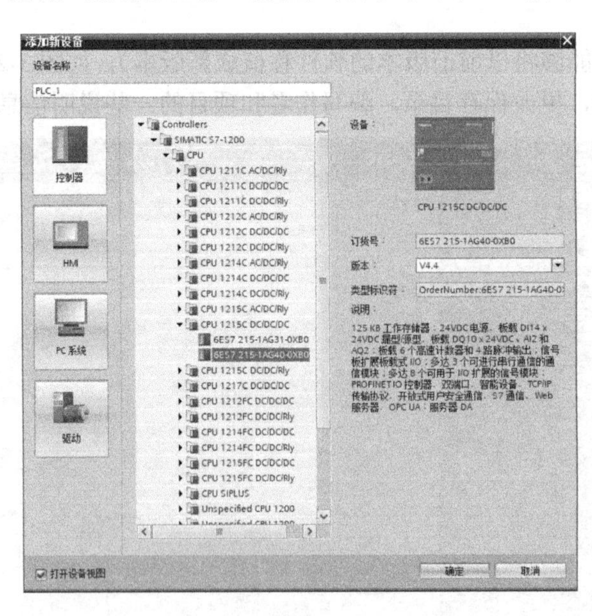

图 3-25

（4）系统设计、编程开发界面，简洁清晰，所见即所得。TIA 博途充分考虑编程人员的实际情况，以任务为导向，实现智能和直观的编程，为使用者提供了一个高度直观的图形窗口界面，通过单一屏幕就能对每个配置进行完整的命令、诊断、管理和维护，其与 Windows 最新版的操作系统结合得更加紧密，界面比以前更友好，从操作上来讲，将以往很多键盘上的操作移到了鼠标上，增加了很多拖曳的操作和更加直观的界面显示。

界面说明如图 3-26 所示。

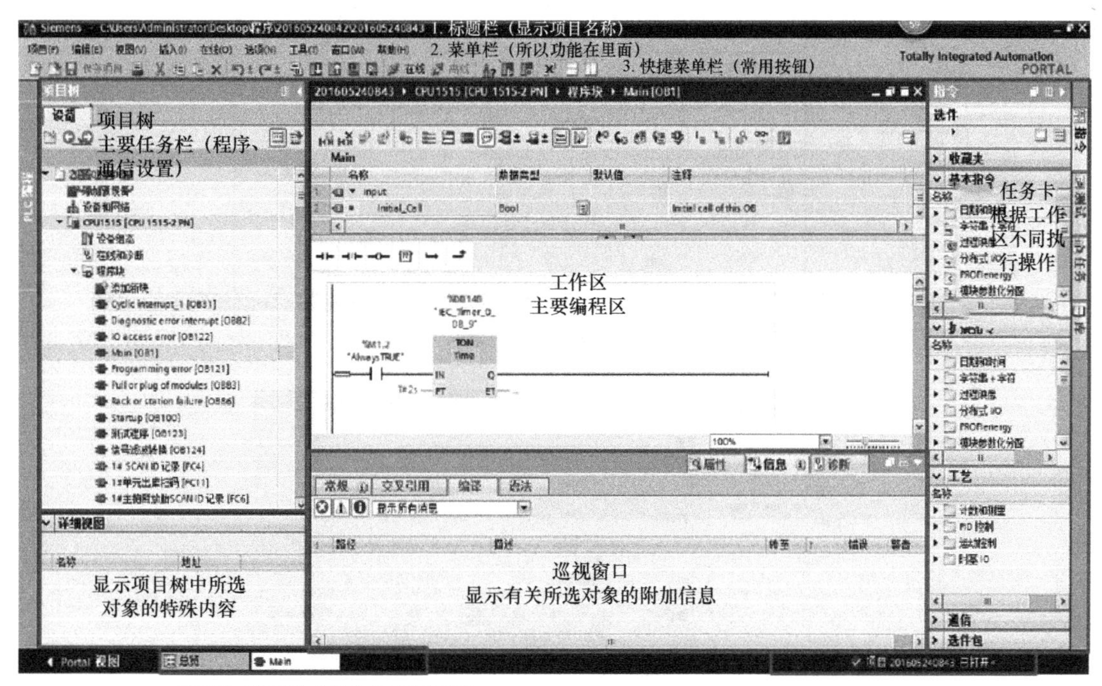

图 3-26

工具栏上的按钮如图 3-27 所示。

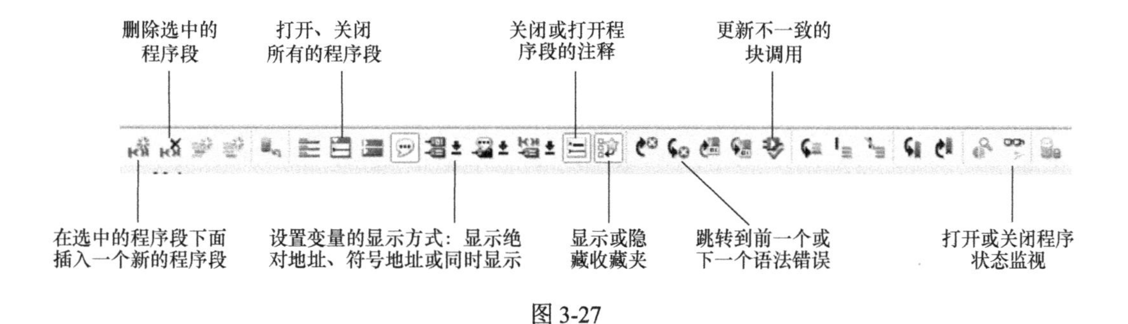

图 3-27

视图说明如图 3-28 所示。

程序编辑器参数设置如图 3-29 和图 3-30 所示。

（5）硬件组态界面方便快捷，选择好硬件型号直接拖曳，比以往版本要方便很多，如图 3-31 所示。使用传统的方法完成一个典型的项目往往需要以下步骤：

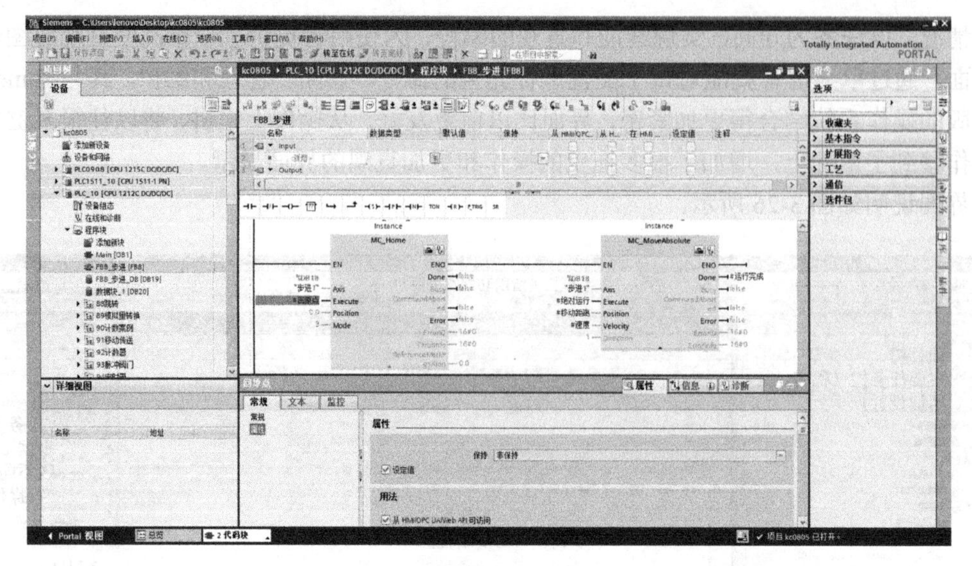

图 3-28

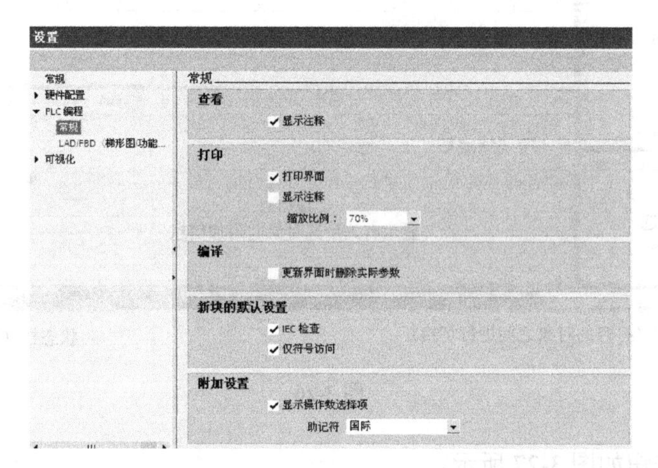

图 3-29

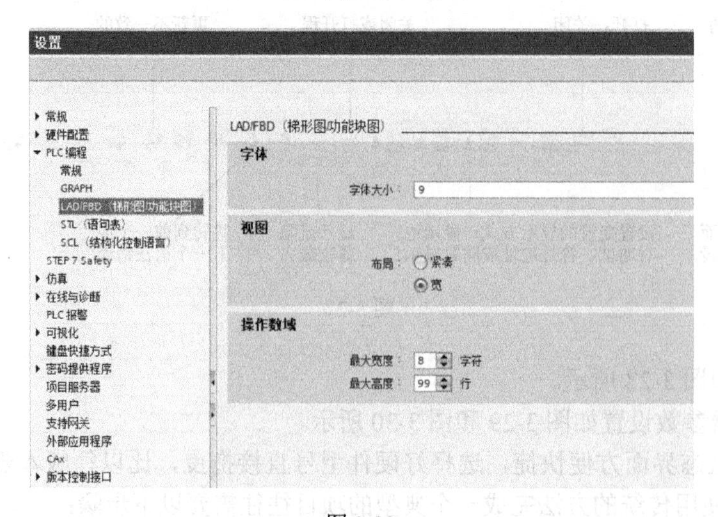

图 3-30

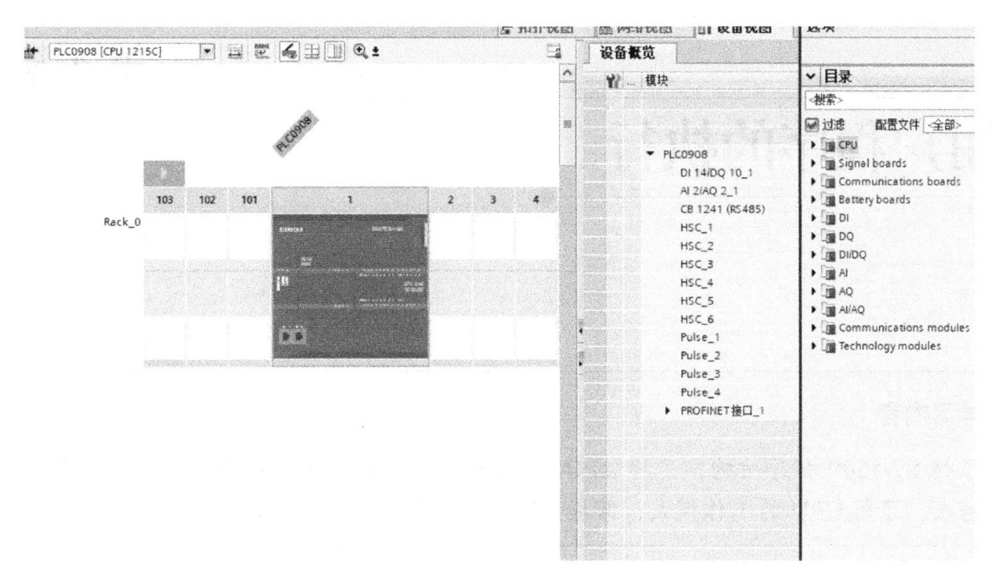

图 3-31

❶ 创建可编程控制器变量。
❷ 编写控制程序。
❸ 导出变量。
❹ 在人机界面中导入变量，随后创建操作画面，最后加入诊断功能。

在新的 TIA 博途软件中，只需加入控制变量，编写控制程序，以及创建人机界面的操作画面即可。其他的部分都将自动生成，统一的平台使得编程效率大幅提高，从而缩短了工程周期。

本章练习

❶ 博途软件编程界面分为哪些区域？各功能分别是什么？
❷ 博途软件有哪些特点？

第 4 章

用户程序的执行

学习内容

了解 S7-1200 程序结构，了解组织块、功能、功能块、数据块的特点，了解程序执行特点，了解 CPU 的工作模式，掌握 S7-1200 支持的数据类型。

4.1 执行用户程序

4.1.1 CPU 支持的代码块

CPU 支持以下类型的代码块，使用代码块可以创建有效的用户程序结构。

（1）组织块（OB）用于定义程序的结构。有些 OB 具有预定义的行为和启动事件，用户也可以创建具有自定义启动事件的 OB。

（2）功能（FC）和功能块（FB）包含与特定任务或参数组合相对应的程序代码。每个 FC 或 FB 都提供一组输入和输出参数，用于与调用块共享数据。FB 还使用相关联的数据块（称为背景数据块）来保存该 FB 调用实例的数据值。可多次调用 FB，每次调用都采用唯一的背景数据块。调用带有不同背景数据块的同一 FB 不会对其他任何背景数据块的数据值产生影响。

功能（FC）或功能块（FB）是指可从 OB 或其他 FC/FB 调用的程序代码块，可有以下嵌套深度：

① 16（从程序循环 OB 或启动 OB 开始）。

② 6（从任意中断事件 OB 开始）。

（3）数据块（DB）存储程序块可以使用的数据。用户程序的执行顺序：从一个或多个在进入 RUN 模式时运行一次的可选启动 OB 开始，执行一个或多个循环执行的程序循环 OB。OB 还可以与中断事件关联。该事件可以是标准事件或错误事件。当发生相应的标准事件或错误事件时，即会执行这些 OB。

FC 不与任何特定数据块（DB）相关联。FB 与 DB 直接相关并使用该 DB 传递参数及存储中间值和结果。用户程序、数据及组态的大小受 CPU 中可用装载存储器和工作存储器的限制，对各个 OB、FC、FB 和 DB 的数目没有特殊限制，但是块的总数限制在 1024 之内。每个扫描周期或扫描都包括写入输出、读取输入、执行用户程序指令及执行后台处理。

S7-1200 自动化解决方案可由配备 S7-1200 CPU 和附加模块的中央机架组成。“中央机架”表示 CPU 和关联模块采用导轨或面板式安装。只有在通电时才会对模块（SM、SB、BB、CB、CM 或 CP）进行检测和记录，不支持通电时在中央机架中插入或拔出模块（热插拔）。在 CPU 处于 RUN 模式时，插入或拔出存储卡会使 CPU 进入 STOP 模式，导致受控的设备或过程受损。在 CPU 通电时，在中央机架中插入或拔出模块（SM、SB、BB、CD、CM 或 CP）可能导致不可预知的行为，从而导致设备受损和/或人员受伤。在中央机架中插入或拔出模块前，请务必切断 CPU 和中央机架的电源，并遵守相应的安全预防措施。

可在 CPU 通电时插入或拔出 SIMATIC 存储卡。

在 CPU 处于 RUN 模式时，如果在分布式 I/O 机架（AS-i、PROFINET 或 PROFIBUS）中插入或拔出模块，则 CPU 将在诊断缓冲区中生成一个条目，若存在拔出或插入模块 OB，则执行该 OB，并且默认保持在 RUN 模式。

4.1.2 过程映像更新与过程映像分区

CPU 伴随扫描周期使用内部存储区（过程映像）对本地数字量和模拟量 I/O 点进行同步更新。过程映像包含物理输入和输出（CPU、信号板卡和信号模块上的物理 I/O 点）的快照。可组态在每个扫描周期或发生特定事件中断时在过程映像中对 I/O 点进行更新，也可对 I/O 点进行组态，使其排除在过程映像的更新之外。

例如，当发生如硬件中断这类事件时，过程可能只需要特定的数据值。通过为这些 I/O 点组态映像过程更新，使其与分配给硬件中断 OB 的分区相关联，就可避免在过程不需要持续更新时，CPU 在每个扫描周期中执行不必要的数据值更新。

对于需要在每个扫描周期进行更新的I/O点，CPU将在每个扫描周期期间执行以下任务：

（1）CPU 将过程映像输出区中的输出值写入物理输出。

（2）CPU 仅在用户程序执行前读取物理输入，并将输入值存储在过程映像输入区。此时，这些值便将在整个用户指令执行过程中保持一致。

（3）CPU 执行用户指令逻辑，并更新过程映像输出区中的输出值，而不是写入实际的物理输出。

该过程通过在给定周期内执行用户指令而提供一致的逻辑，防止物理输出点可能在过程映像输出区中多次改变状态而出现抖动。

为控制在每个扫描周期或在事件触发时是否自动更新 I/O 点，S7-1200 提供了 5 个过程映像分区。第一个过程映像分区为 PIP0，指定用于每个扫描周期都自动更新的 I/O 点，此为默认分配；其余 4 个分区 PIP1、PIP2、PIP3 和 PIP4 可用于将 I/O 点过程映像更新分配给不同的中断事件。

在设备组态中将 I/O 点分配给过程映像分区，并在创建中断 OB 或编辑 OB 属性时将过程映像分区分配给中断事件。

默认情况下，在设备视图中插入模块时，STEP 7 会将其 I/O 点过程映像更新为“自动更新”（Automatic Update）。对于组态为“自动更新”（Automatic Update）的 I/O 点，CPU 将在每个扫描周期自动处理模块和过程映像之间的数据交换。

将数字量点或模拟量点分配给过程映像分区，或者将 I/O 点排除在过程映像更新之外的操作步骤如下：

❶ 在设备组态中查看相应设备的“属性”（Properties）选项卡。

❷ 根据需要在“常规”（General）下展开选项，找出所需的 I/O 点。

❸ 选择“I/O 地址”（I/O Addresses）。

❹ 也可以从“组织块”（Organization Block）下拉列表中选择一个特定的 OB。

❺ 在“过程映像”（Process Image）下拉列表中将“自动更新”（Automatic Update）更改为“PIP1”“PIP2”“PIP3”“PIP4”或“无”（None）。选择“无”（None）表示只能通过立即指令对此 I/O 进行读/写。

如果要将这些点重新添加到过程映像自动更新中，需要将“过程映像”选项再次更改为“自动更新”（Automatic Update），如图 4-1 所示。

图 4-1

可以在指令执行时立即读取物理输入值和立即写入物理输出值。无论 I/O 点是否被组态为存储到过程映像中，立即读取功能都将访问物理输入的当前状态而不更新过程映像输入区。立即写入物理输出功能将同时更新过程映像输出区（如果相应 I/O 点组态为存储到过程映像中）和物理输出点。

如果想要程序不使用过程映像，直接从物理点立即访问 I/O 数据，则在 I/O 地址后加后缀“：P”。

如果将 I/O 分配给过程映像分区 PIP1～PIP4 中的一个，但未将 OB 分配给该分区，那么 CPU 决不会将 I/O 更新至过程映像，也不会通过过程映像更新 I/O。将 I/O 分配给未分配相应 OB 的 PIP，相当于将过程映像指定为“无”（None），可使用直接读指令从物理 I/O 中读取 I/O，或者使用直接写指令写入物理 I/O，CPU 不更新过程映像。

4.1.3 CPU 的工作模式

CPU 有 3 种工作模式：STOP 模式、STARTUP 模式和 RUN 模式。CPU 前面的状态 LED 指示当前工作模式。

（1）在 STOP 模式下，CPU 不执行程序，可以下载项目。

（2）在 STARTUP 模式下，执行一次启动 OB（如果存在）。在启动模式下，CPU 不会处理中断事件。

（3）在 RUN 模式下，程序循环 OB 重复执行。可能发生中断事件，并在 RUN 模式中的任意点执行相应的中断事件 OB；可在 RUN 模式下下载项目的某些部分。

CPU 支持通过暖启动进入 RUN 模式。暖启动不包括存储器复位。执行暖启动时，CPU 会初始化所有的非保持性系统和用户数据，并保留所有保持性用户数据。

存储器复位将清除所有工作存储器、保持性及非保持性存储区，将装载存储器复制到工作存储器并将输出设置为组态的“对 CPU STOP 的响应”（Reaction to CPU STOP）。

存储器复位不会清除诊断缓冲区，也不会清除永久保存的 IP 地址值。

可组态 CPU 中“上电后启动”（STARTUP after POWER ON）设置：该组态项出现在 CPU“设备组态”（Device Configuration）的“启动”（Startup）选项下。通电后，CPU 将执行一系列上电诊断检查和系统初始化操作。在系统初始化过程中，CPU 将删除所有非保持性位（M）存储器，并将所有非保持性 DB 的内容复位为装载存储器的初始值。CPU 将保留保持性位（M）存储器和保持性 DB 的内容，并进入相应的工作模式。检测到的某些错误会阻止 CPU 进入 RUN 模式。

CPU 支持以下组态选项：不重新启动（保持为 STOP 模式）、暖启动—RUN 模式、暖启动—断电前的操作模式，如图 4-2 所示。

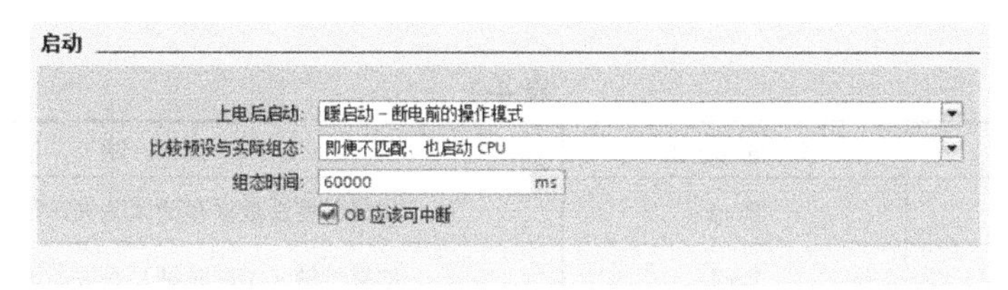

图 4-2

注意：可以使用编程软件在线工具中的 STOP 或 RUN 命令更改当前工作模式，也可在程序中包含 STP 指令，以使 CPU 切换到 STOP 模式。这样就可以根据程序逻辑停止程序的执行。

在 STOP 模式下，CPU 处理所有通信请求（如果适用）并执行自诊断。CPU 不执行用户程序，过程映像也不会自动更新。

在 STARTUP 和 RUN 模式下，CPU 执行如图 4-3 所示的任务。

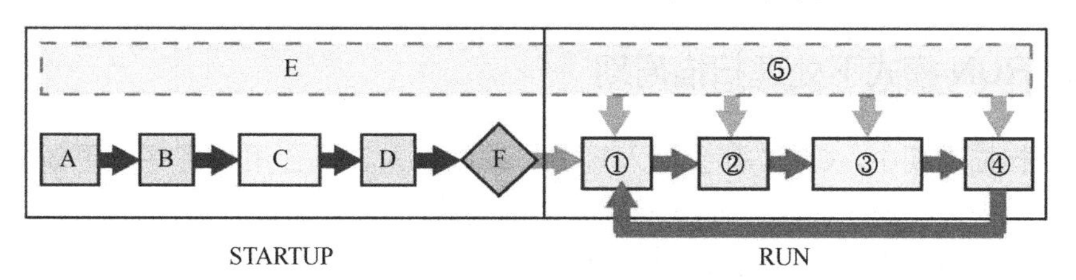

STARTUP	RUN
A. 清除 I（映像）存储区	① 将 Q 存储器写入物理输出
B. 根据组态情况将 Q 输出（映像）存储区初始化为零、上一值或替换值，并将 PB、PN 和 AS-i 输出设为零	② 将物理输入的状态复制到 I 存储器
C. 将非保持性 M 存储器和数据块初始化为初始值，并启用组态的循环中断事件和时钟事件。执行启动 OB	③ 执行程序循环 OB
D. 将物理输入的状态复制到 I 存储器	④ 执行自检诊断
E. 将所有中断事件存储到要在进入 RUN 模式后处理的队列中	⑤ 在扫描周期的任一阶
F. 启用 Q 存储器到物理输出的写入操作段处理中断和通信	

图 4-3

4.1.4 启动过程

只要工作模式从 STOP 切换到 RUN，CPU 就会清除过程映像输入、初始化过程映像输出并处理启动 OB。通过“启动 OB”中的指令对过程映像输入进行任何的读访问，都只会读取零值，而不是读取当前物理输入值。因此，要在 RUN 模式下读取物理输入的当前状态，必须执行立即读取操作，接着再执行启动 OB 及任何相关的 FC 和 FB。如果存在多个启动 OB，则按照 OB 编号依次执行各启动 OB，OB 编号最小的先执行。

每个启动 OB 都包含确定保持性数据和时钟有效性的启动信息，可以在启动 OB 中编写指令，以检查这些启动值，从而采取适当的措施。启动 OB 支持的启动位置如表 4-1 所示。

表 4-1

输　入	数 据 类 型	说　明
LostRetentive	Bool	如果保持性数据存储区丢失，则该位为真
LostRTC	Bool	如果时钟（实时时钟）丢失，则该位为真

在启动过程中，CPU 还会执行以下任务：

（1）在启动阶段，对中断进行排队但不加以处理。

（2）在启动阶段，不执行任何循环时间监视。

（3）在 STARTUP 模式下，可以更改 HSC（High-Speed Counter，高速计数器）、PWM（Pulse-Width Modulation，脉冲宽度调制）和 PtP（Point-to-Point Communication，点对点通信）模块的组态。

（4）只有在 RUN 模式下才会真正运行 HSC、PWM 和 PtP 模块。

执行完启动 OB 后，CPU 将进入 RUN 模式并在连续的扫描周期内处理控制任务。

4.1.5 在 RUN 模式下处理扫描周期

在每个扫描周期中，CPU 都会写入输出、读取输入、执行用户程序、更新通信模块及响应用户中断事件和通信请求。在扫描期间会定期处理通信请求。

以上操作（用户中断事件除外）按先后顺序定期进行处理。

对于已启用的用户中断事件，将根据优先级按其发生顺序进行处理。对于中断事件，如果适用的话，CPU 将读取输入、执行 OB，并使用关联的过程映像分区（PIP）写入输出。

系统要保证扫描周期在一定的时间段内（最大循环时间）完成，否则将生成时间错误事件。

在每个扫描周期的开始，从过程映像重新获取数字量及模拟量输出的当前值后，将其写入 CPU、SB 和 SM 模块上组态为自动 I/O 更新（默认组态）的物理输出。通过指令访问物理输出时，输出过程映像和物理输出本身都将被更新。

随后在该扫描周期中，读取 CPU、SB 和 SM 模块上组态为自动 I/O 更新（默认组态）的数字量及模拟量输入的当前值后，将这些值写入过程映像。通过指令访问物理输入时，指令将访问物理输入的值，但输入过程映像不会更新。

读取输入后，系统将从第一条指令开始执行用户程序，一直执行到最后一条指令。其中包括所有的程序循环 OB 及其所有关联的 FC 和 FB。程序循环 OB 根据 OB 编号依次执行，OB 编号最小的先执行。

在扫描期间会定期处理通信请求，这可能会中断用户程序的执行。自诊断检查包括定期检查系统和检查 I/O 模块的状态。中断可能发生在扫描周期的任何阶段，并且由事件驱动。事件发生时，CPU 将中断扫描循环，并调用被组态用于处理该事件的 OB。OB 处理完该事件后，CPU 从中断点继续执行用户程序。

4.2 数据类型

数据类型用于指定数据元素的大小及如何解释数据。每个指令参数至少支持一种数据类型。有些参数支持多种数据类型。将光标停在指令的参数域上方，便可看到给定参数所支持的数据类型。

形参是指指令上标记该指令要使用的数据位置的标识符（如 ADD 指令的 IN1 输入）。实参是指包含指令要使用的数据的存储单元（含“%”字符前缀）或常量（如%MD400"Number_of_Widgets"）。用户指定的实参的数据类型必须与指令指定的形参所支持的数据类型之一匹配。

指定实参时，必须指定变量（符号）或绝对（直接）存储器地址。变量将符号名（变量名）与数据类型、存储区、存储器偏移量和注释关联在一起，并且可以在 PLC 变量编辑器或块（OB、FC、FB 和 DB）的接口编辑器中进行创建。如果输入一个没有关联变量的绝对地址，则使用的地址大小必须与所支持的数据类型相匹配，而默认变量将在输入时创建。

String、Struct、Array 和 DTL 只可在块接口编辑器中使用，还可以为许多输入参数输入常数值。其他所有数据类型都可以在 PLC 变量编辑器和块接口编辑器中使用。

4.2.1 Bool、Byte、Word 和 DWord 数据类型

位和位序列数据类型如表 4-2 所示。

表 4-2

数据类型	位大小	数值类型	数值范围	常数示例	地址示例
Bool	1	布尔运算	FALSE或TRUE	TRUE、1	I1.0 Q0.1 M50.7 DB1.DBX2.3 Tag_name
		二进制	0或1	0,2#0	
		八进制	8#0或8#1	8#1	
		十六进制	16#或16#1	16#1	
Byte	8	二进制	2#0到2#11111111	2#00001111	IB2 MB10 DB1.DBB4 Tag_name
		无符号整数	0～255	15	
		八进制	8#0到8#377	8#17	
		十六进制	B#16#0到B#16#FF	B#16#F、16#F	

（续表）

数据类型	位大小	数值类型	数值范围	常数示例	地址示例
Word	16	二进制	2＃0到 2＃1111111111111111	2＃1111000011110000	MW10 DB1.0BW2 Tag_name
		无符号整数	0～65535	61680	
		八进制	8＃0到8＃177777	8＃170360	
		十六进制	W＃16＃0到W＃16＃FFFF、 16＃0到16＃FFFF	W＃16＃F0F0、16＃F0F0	
DWord	32	二进制	2＃0到 2＃111111111111111111111 11111111111	2＃111100001111111100001111	MD10 DB1.DBDB Tag_name
		无符号整数	0～4 294 967 295	15 793 935	

4.2.2 整型数据类型

整型数据类型（U=无符号，S=短，D=双）如表 4-3 所示。

表 4-3

数据类型	位大小	数值范围	常数示例	地址示例
USInt	8	0～255	78, 2#01001110	MBO. DB1.DBB4、Tag_name
SInt	8	-128～127	+50, 16#50	
UInt	16	0～65 535	65 295, 0	MW2. DB1 .DBW2、Tag_name
Int	16	-32 768～32 767	30 000, +30 000	
UDInt	32	0～4 294 967 295	4 042 322 160	MD6.DB1 .DBD8、Tag_name
DInt	32	-2 147 483 648～2 147 483 647	-2 131 754 992	

4.2.3 浮点型实数数据类型

如 ANSI/IEEE 754-1985 标准所述，实（或浮点）数以 32 位单精度数（Real）或 64 位双精度数（LReal）表示。单精度浮点数的精度最高为 6 位有效数字。双精度浮点数的精度最高为 15 位有效数字。

在输入浮点常数时，最多可以指定 6 位（Real）或 15 位（LReal）有效数字来保持精度。

浮点型实数数据类型（L=长浮点型）如表 4-4 所示。

表 4-4

数据类型	位大小	数值范围	常数示例	地址示例
Real	32	-3.402823e+38到-1.175 495e-38、±0、 +1.175495e-38到+3.402823e+38	123.456, -3.4, 1.0e-5	MD100、DB1.D BD8、Tag_ name

（续表）

数据类型	位大小	数值范围	常数示例	地址示例
LReal	64	−1.7976931348623158e+308到 −2.2250738585072014e−308、±0、 +2.2250738585072014e−308到 +1.79769313486231 58e+308	12345.123456789e40、 1.2E+40	DB_name.var_name 规则： • 不支持直接寻址； • 可在OB、FB或FC块接口数组中进行分配

计算涉及包含非常大和非常小数字的一长串数值时，计算结果可能不准确。如果数字相差 10 的 *x* 次方，其中 *x*>6（Real）或 15（LReal），则会发生上述情况。例如，（Real）：100000000+1=100000000。

4.2.4　时间和日期数据类型

时间和日期数据类型如表 4-5 所示。

表 4-5

数据类型	位大小	数值范围	常量示例
TIME	32 位	T#-24d_20h_31m_23s_648ms 到 T#24d_20h_31m_23s_647ms 存储形式：−2 147 483 648 +2 147 483 647ms	T#5m_30s T#1d_2h_15m_30s_45ms TIME#10d20h30m20s630ms 500h10000ms 10d20h30m20s630ms
DATE	16 位	D#1990-1-1 到 D#2168-12-31	D#2009-12-31 DATE#2009-12-31 2009-12-31
TIME_OF_DAY	32 位	TOD#0:0:0.0 到 TOD#23:59:59.999	TOD#10:20:30.400 TIME_OF_DAY#10:20:30.400 23:10:1
DTL （长格式日期和时间）	12 字节	最小：DTL#1970-01-01-00:00:00.0 最大：DTL#2262-04-11:23:47:16.854775 807	DTL#2008-12-16-20:30:20.250

1．TIME

TIME 数据作为有符号双整数存储，被解释为毫秒。编辑器格式可以使用日期（d）、小时（h）、分钟（m）、秒（s）和毫秒（ms）信息，不需要指定全部时间单位。例如，T#5h10s 和 500h 均有效。所有指定单位值的组合值不能超过以毫秒表示的时间和日期类型的上限或下限（−2 147 483 648ms 到+2 147 483 647ms）。

2．DATE

DATE 数据作为无符号整数值存储，被解释为添加到基础日期 1990 年 1 月 1 日的天数，用以获取指定日期。编辑器格式必须指定年、月和日。

TOD（TIME_OF_DAY）：数据作为无符号双整数值存储，被解释为自指定日期的凌晨算起的毫秒数（凌晨=0ms），必须指定小时（24 小时/天）、分钟和秒，可以选择指定小数秒格式。

DTL（长格式日期和时间）数据类型使用 12 字节的结构保存日期和时间信息，可以在块的临时存储器或 DB 中定义 DTL 数据。必须在 DB 编辑器的“起始值”（Startvalue）列为所有组件输入一个值。

DTL 的大小和范围如表 4-6 所示。

表 4-6

长度/字节	格　式	值 范 围	值输入示例
12	时钟和日历 年-月-日：时：分秒.纳秒	最小：DTL＃1970-01-01-00：00：00.0 最大：DTL＃2554-12-31-23：59:59.999 999 999	DTL＃2008-12-16-20:30:20.250

DTL 的每一部分均包含不同的数据类型和值范围，指定值的数据类型必须与相应部分的数据类型相一致。

DTL 结构的元素如表 4-7 所示。

表 4-7

Byte	组　件	数 据 类 型	值 范 围
0	年	UINT	1970～2554
1			
2	月	USINT	1～12
3	日	USINT	1～31
4	工作日	USINT	1（星期日）～7（星期六）
5	小时	USINT	0～23
6	分	USINT	0～59
7	秒	USINT	0～59
8	纳秒	UDINT	0～999 999 999
9			
10			
11			

4.2.5 字符和字符串数据类型

字符和字符串数据类型如表 4-8 所示。

表 4-8

数 据 类 型	位 大 小	数 值 范 围	常量输入示例
Char	8 位	16＃00 到 16＃FF	'A', 't', '@', 'a', 'Σ'
WChar	16 位	16＃0000 到 16＃FFFF	'A', 't', '@','ä', 'Σ', 亚洲字符、西里尔字符及其他字符
String	n+2 字节	n=（0～254 字节）	"ABC"
WString	N+2 字节	n=（0～65534 个字）	"ä123@XYZ. COM"

1. Char 和 WChar

Char 在存储器中占一个字节，可以存储以 ASCII 格式（包括扩展 ASCII 字符代码）编码的单个字符。WChar 在存储器中占一个字的空间，可包含任意双字节字符表示形式。编辑器语法在字符的前面和后面各使用一个单引号字符，可以使用可见字符和控制字符。

2. String 和 WString

CPU 支持使用 String 数据类型存储一串单字节字符。String 数据类型包含总字符数（字符串中的字符数）和当前字符数。String 类型提供了多达 256 字节，用于在字符串中存储最大总字符数（1 字节）、当前字符数（1 字节）及最多 254 字节。String 数据类型中的每个字节都可以是从 16#00 到 16#FF 的任意值。WString 数据类型支持单字（双字节）值的较长字符串。

第一个字包含最大总字符数；下一个字包含总字符数，接下来的字符串可包含多达 65 534 个字。WString 数据类型中的每个字都可以是从 16#0000 到 16#FFFF 的任意值。

可以对 IN 类型的指令参数使用带单引号的文字串（常量）。例如，‘ABC’是由 3 个字符组成的字符串，可用作 S_CONV 指令中 IN 参数的输入。还可通过在 OB、FC、FB 和 DB 块接口编辑器中选择“String”或“WString”数据类型来创建字符串变量，但是无法在 PLC 变量编辑器中创建字符串。

在数据类型下拉列表中选择一种数据类型，输入关键字“String”或“WString”后，在方括号中以字节（String）或字（WString）为单位指定最大字符串大小。例如，“MyStringString[10]”指定 MyString 的最大长度为 10 字节。

如果不包含带有最大长度的方括号，则假定字符串的最大长度为 254 并假定 WString 的最大长度为 65 534。“MyWStringWString[1000]”可指定一个 1000 字 WString。

以下示例定义了一个最大字符数为 10 而当前字符数为 3 的 String。这表示该 String 当前包含 3 个单字节字符，可以扩展到包含最多 10 个单字节字符。String 数据类型示例如表 4-9 所示。

表 4-9

总字符数	当前字符数	字符 1	字符 2	字符 3	…	字符 10
10	3	'C'(16#43)	'A'(16#41)	'T'(16#54)	…	—
字节 0	字节 1	字节 2	字节 3	字节 4	…	字节 11

以下示例定义了一个最大字符数为 500 而当前字符数为 300 的 WString。这表示该 String 当前包含 300 个单字字符，可以扩展到包含最多 500 个单字字符。WString 数据类型示例如表 4-10 所示。

表 4-10

总字符数	当前字符数	字符 1	字符 2～299	字符 300	…	字符 500
500	300	'ä' （16#0084）	ASCII 字符字	'M' （16#004D）	…	—
字 0	字 1	字 2	字 3～300	字 301	…	字 501

ASCII 控制字符可用于 Char、Wchar、String 和 WString 数据中。有效的 ASCII 控制字符如表 4-11 所示。

表 4-11

控制字符	ASCII 十六进制值（Char）	ASCII 十六进制值（WChar）	控制功能	示例
$L 或$I	16#0A	16#000A	换行	'$LText、'$0AText'
$N 或$n	16#0A 和 16#0D	16#000A 和 16#000D	线路中断 新行显示字符串中的两个字符	'$NText'、'$0A$ 0DText'
$P 或$p	16#0C	16#000C	换页	'$PText'、$OCText'
$R 或$r	16#0D	16#000D	回车（CR）	'$RText'、$ODText'
$T 或$t	16#09	16#0009	制表符	'$TText'、$09Text'
$$	16#24	16#0024	美元符号	'100$$', '100$24'
$'	16#27	16#0027	单引号	'$Text$'、'$27Text$27'

4.2.6 数组数据类型

系统可以创建包含多个相同数据类型元素的数组。对数组数据类型的说明如表 4-12 所示。数组可以在 OB、FC、FB 和 DB 块接口编辑器中创建，无法在 PLC 变量编辑器中创建。要在块接口编辑器中创建数组，先为数组命名并选择数据类型“Array[lo..hi]oftype”，然后根据如下说明编辑“lo”、“hi”和“type”。

（1）lo：数组的起始（最低）下标。

（2）hi：数组的结束（最高）下标。

（3）type：数据类型之一，如 BOOL、SINT、UDINT。

表 4-12

<table>
<tr><th>数据类型</th><th colspan="3">数组语法</th></tr>
<tr><td rowspan="3">ARRAY</td><td colspan="3">Name[index1_min.index1_max,index2_min.index2_max]of<数据类型>
• 全部数组元素必须是同一数据类型。
• 索引可以为负，但下限必须小于或等于上限。
• 数组可以是一维到六维数组。
• 用逗点字符分隔多维索引的最小值/最大值声明。
• 不允许使用嵌套数组或数组的数组。
• 数组的存储器大小=（一个元素的大小×数组中的元素的总数）</td></tr>
<tr><td>数组索引</td><td>有效索引数据类型</td><td>数组索引规则</td></tr>
<tr><td>常量或变量</td><td>USint, SInt, UInt, int, UDInt,Dint</td><td>• 限值：-32 768～+32 767
• 有效：常量和变量混合
• 有效：常量表达式
• 无效：变量表达式</td></tr>
</table>

示例：数组声明 ARRAY[1..20] of REAL 一维，20 个元素。

ARRAY[-5..5] of INT 一维，11 个元素。

ARRAY[1..2,3..4] of CHAR 二维，4 个元素。

示例：数组地址 ARRAY1[0]ARRAY1 元素 0。

ARRAY2[1,2]ARRAY2 元素[1,2]。

ARRAY3[I,j]，如果 I=3 且 j=4，则对 ARRAY3 的元素[3,4]进行寻址。

4.2.7 数据结构数据类型

数据类型 Struct 可以定义包含其他数据类型的数据结构。Struct 数据类型可用来以单个数据单元方式处理一组相关过程数据。在数据块编辑器或块接口编辑器中命名 Struct 数据类型并声明内部数据结构。数组和结构还可以集中到更大结构中。一套结构可嵌套 8 层。例如，可以创建包含数组的多个结构组成的结构。

4.2.8 PLC 数据类型

PLC 数据类型可用来定义在程序中多次使用的数据结构。通过打开项目树的“PLC 数据类型”分支并双击“添加新数据类型”选项来创建 PLC 数据类型。在新创建的 PLC 数据类型上，两次单击可重命名默认名称，双击则会打开 PLC 数据类型编辑器。

可使用在数据块编辑器中的相同编辑方法创建自定义 PLC 数据类型结构；为任何必要的数据类型添加新的行，以创建所需数据结构。如果创建新的 PLC 数据类型，则该新 PLC 类型名称将出现在 DB 编辑器和代码块接口编辑器的数据类型选择器下拉列表中。

PLC 数据类型的可能应用如下：

（1）可将 PLC 数据类型直接用作代码块接口或数据块中的数据类型。

（2）PLC 数据类型可用作模板，以创建多个使用相同数据结构的全局数据块。

例如，PLC 数据类型可能是混合颜色的配方。用户可以将该 PLC 数据类型分配给多个数据块，之后，每个数据块都会调节变量，以创建特定颜色。

4.2.9 Variant 指针数据类型

Variant 指针数据类型可以指向不同数据类型的变量或参数。指针可以指向结构和单独的结构元素。Variant 指针不会占用存储器的任何空间。Variant 指针的属性如表 4-13 所示。

表 4-13

长度（字节）	表 示 方 式	格 式	示 例 输 入
0	符号	操作数	MyTag
		DB_name.Struct_name.element_name	MyDB.Struct1.pressure1
	绝对	操作数	%MW10
		DB_number.Operand Type Length	P#DB10.DBX10.0 INT 12

4.3 变量的访问

4.3.1 访问一个变量数据类型的“片段”

可以根据大小按位、字节或字级别访问 PLC 变量和数据块变量。访问此类数据片段的语法如下：

- " <PLC 变量名称> " .xn（按位访问）
- " <PLC 变量名称> " .bn（按字节访问）
- " <PLC 变量名称> " .wn（按字访问）
- " <数据块名称> " .<变量名称>.xn（按位访问）
- " <数据块名称> " .<变量名称>.bn（按字节访问）
- " <数据块名称> " .<变量名称>.wn（按字访问）

双字大小的变量可按位 0～31、字节 0～3 或字 0～1 访问。一个字大小的变量可按位 0～15、字节 0～1 或字 0 访问。字节大小的变量则可按位 0～7 或字节 0 访问。当预期操作数为位、字节或字时，则可使用位、字节和字片段访问方式，如图 4-4 所示。

<table>
<tr><td colspan="8"></td><td colspan="8"></td><td colspan="8"></td><td colspan="8">BYTE</td></tr>
<tr><td colspan="16"></td><td colspan="16">WORD</td></tr>
<tr><td colspan="32">DWORD</td></tr>
<tr><td>x31</td><td>x30</td><td>x29</td><td>x28</td><td>x27</td><td>x26</td><td>x25</td><td>x24</td><td>x23</td><td>x22</td><td>x21</td><td>x20</td><td>x19</td><td>x18</td><td>x17</td><td>x16</td><td>x15</td><td>x14</td><td>x13</td><td>x12</td><td>x11</td><td>x10</td><td>x9</td><td>x8</td><td>x7</td><td>x6</td><td>x5</td><td>x4</td><td>x3</td><td>x2</td><td>x1</td><td>x0</td></tr>
<tr><td colspan="8">b3</td><td colspan="8">b2</td><td colspan="8">b1</td><td colspan="8">b0</td></tr>
<tr><td colspan="16">w1</td><td colspan="16">w0</td></tr>
</table>

图 4-4

注意：可以按片段访问的有效数据类型有 Byte、Char、Conn_Any、Date、DInt、DWord、Event_Any、Event_Att、Hw_Any、Hw_Device、HW_Interface、Hw_Io、Hw_Pwm、Hw_SubModule、Int、OB_Any、OB_Att、OB_Cyclic、OB_Delay、OB_WHINT、OB_PCYCLE、OB_STARTUP、OB_TIMEERROR、OB_Tod、Port、Rtm、SInt、Time、Time_Of_Day、UDInt、UInt、USInt 和 Word。Real 类型的 PLC 变量可以按片段访问，但 Real 类型的数据块变量则不行。

在 PLC 变量表中，“DW”是一个声明为 DWORD 类型的变量。在如表 4-14 所示的示例中，显示了按位、字节和字片段的访问方式。

表 4-14

	LAD	LBD	SCL
按位访问	"DW".x11 —| |—	& "DW".x11—	IF "DW" .x11 THEN … END_IF;
按字节访问	"DW".b2 == Byte "DW".b3	== Byte "DW".b2 — IN1 "DW".b3 — IN2	IF "DW" .b2= "DW" .b3 THEN … END_IF;
按字访问	AND Word EN ENO "DW".w0— IN1 OUT "DW".w1— IN2	AND Word … — EN ENO "DW".w0 — IN1 OUT "DW".w1 — IN2	Out= "DW" .w0 AND "DW" .w1;

4.3.2　访问一个带有 AT 覆盖的变量

借助 AT 进行变量覆盖，可通过一个不同数据类型的覆盖声明访问标准访问块中已声明的变量。例如，可以通过 ArrayofBool 寻址数据类型为 Byte、Word 或 DWord 变量的各个位。

注意：要覆盖一个参数，可以在待覆盖的参数后直接声明一个附加参数，然后选择数据类型“AT”。编辑器随即创建该覆盖，然后选择将用于该覆盖的数据类型、结构或数组。

如图 4-5 所示，显示一个标准访问 FB 的输入参数，字节变量 B1 由一个布尔型数组覆盖。

	名称		数据类型	偏移量
8	B1		Byte	0.0
9	▼ OV	AT"B1"	Array[0..7] of Bool	0.0
10	OV[0]		Bool	0.0
11	OV[1]		Bool	0.1
12	OV[2]		Bool	0.2
13	OV[3]		Bool	0.3
14	OV[4]		Bool	0.4
15	OV[5]		Bool	0.5
16	OV[6]		Bool	0.6
17	OV[7]		Bool	0.7

图 4-5

如图 4-6 所示，DWord 变量由一个 Struct 覆盖，包括字、字节和两个布尔值。

块接口的“偏移量”(Offset) 列中显示与原始变量相关的被覆盖数据类型的位置，可直接在程序逻辑中指定覆盖类型的地址，如表 4-15 所示。

8	DW1			DWord	0.0
9	▼ DW1_STRUCT		AT "DW1"	Struct	0.0
10		W1		Word	0.0
11		B1		Byte	2.0
12		B01		Bool	3.0
13		B02		Bool	3.1

图 4-6

表 4-15

LAD	FBD	SCL
#OV[1]	& #OV[1]	IF #OV[1] THEN … END_IF;
#DW1_Struct.W1 == Word W#16#000C	== Word #DW1_Struct.W1 IN1 W#16#000C IN2	IF #DNI_Stuct.W1=W#16#000C THEN … END_IF
MOVE EN ENO #DW1_Sruct.B1 IN OUT1	MOVE EN ENO <???> #DW1_Sruct.B1 IN OUT1	out1：=#DW1_Struct.B1；
#OV[4] #OW1_Struct.BO2	& #OV[4] #DW1_Struct.BO2	IF #OV[4] AND #DW1_Struct.BO2 THEN … END_IF;

注意：只能覆盖可标准（未优化）访问的 FB 和 FC 块中的变量；可以覆盖所有类型和所有声明部分的变量；可以同使用其他块参数一样使用覆盖后的参数；不能覆盖 VARIANT 类型的参数；覆盖参数的大小必须小于等于被覆盖的参数；必须在覆盖变量并选择关键字“AT”作为初始数据类型后立即声明覆盖变量。

本章练习

❶ PLC 程序运行有哪些过程？

❷ CPU 运行模式有几种？

❸ 数据类型有哪些？

第 5 章

S7-1200 硬件组态与工作

学习内容

了解硬件添加及组态应用，了解硬件地址配置和修改，掌握下载和上传程序，掌握编译和修改程序，掌握设置和修改计算机和 PLC 的 IP 地址。

5.1 组态的任务

设备组态（Configuring）的任务就是在设备和网络编辑器中生成一个与实际的硬件系统对应的模拟系统，包括系统中的设备（PLC 和 HMI）及 PLC 各模块的型号、订货号和版本。模块的安装位置和设备之间的通信连接都应与实际的硬件系统完全相同。此外，还应设置模块的参数，即给参数赋值，或称为参数化。自动化系统启动时，CPU 比较组态时生成的虚拟系统和实际的硬件系统，如果两个系统不一致，将采取相应的措施。

5.1.1 添加模块

在 S7-1200 机架中添加模块，如图 5-1 所示。

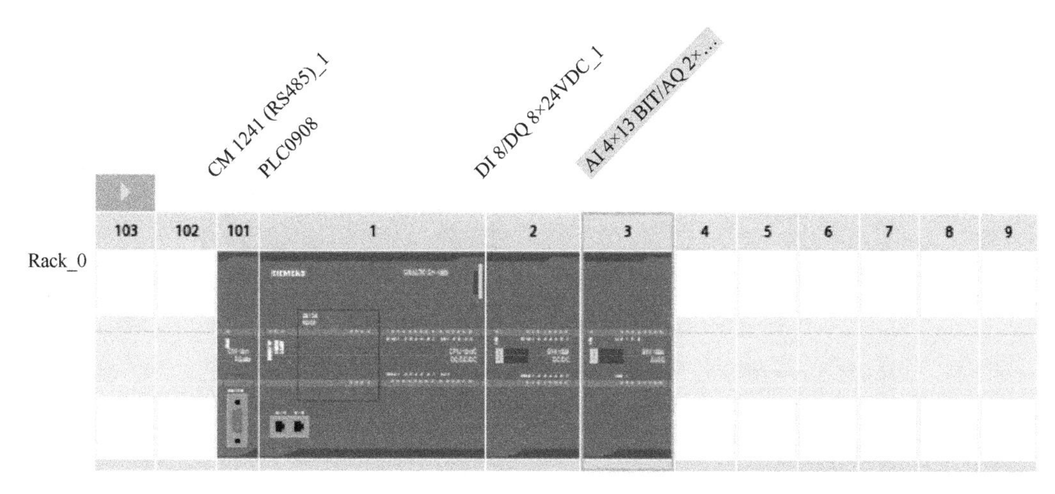

图 5-1

在硬件组态时，需要将 I/O 模块或通信模块放置到工作区的机架的插槽内：可以用“拖放”的方法放置硬件对象；还可以用“双击”的方法放置硬件对象。如果激活了硬件目录的过滤器功能，则硬件目录只显示与工作区有关的硬件，如图 5-2 所示。例如，用设备视图打开 PLC 的组态画面时，则硬件目录不显示 HMI，只显示 PLC 的模块，如图 5-3 所示。

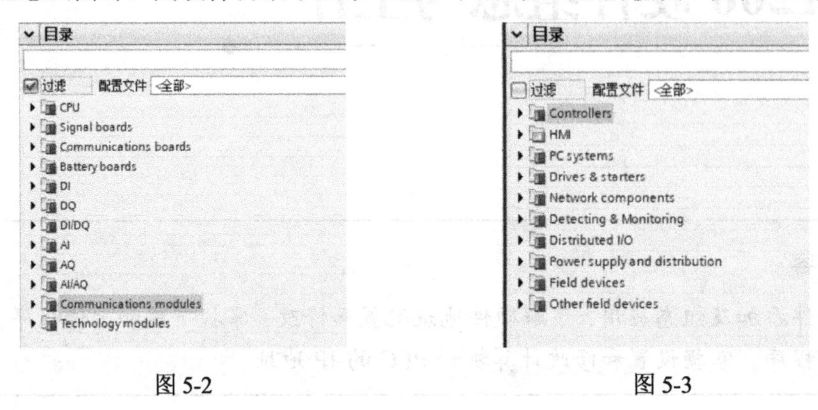

图 5-2　　图 5-3

5.1.2 删除硬件组态组件

设备视图或网络视图中的硬件组态组件可以被删除，被删除的组件的地址可供其他组件使用。不能单独删除 CPU 和机架，只能在网络视图或项目树中删除整个 PLC 站。

删除硬件组态组件后，可以对硬件组态进行编译。编译时将进行一致性检查，如果有错误会显示错误信息，应改正错误后重新进行编译。

5.1.3 信号模块和信号板的地址分配

添加了 CPU、信号板或信号模块后，它们的 I/O 地址是自动分配的。

❶ 选中“设备概览”，可以看到 CPU 集成的 I/O 模板、信号板、信号模块的地址，如图 5-4 所示。

设备概览

模块	插槽	I 地址	Q 地址	类型	订货号	固件	注...
	103						
	102						
CM 1241 (RS485)_1	101			CM 1241 (RS485)	6ES7 241-1CH30-0XB0	V1.0	
▼ PLC0908	1			CPU 1215C DC/DC/DC	6ES7 215-1AG40-0XB0	V4.2	
DI 14/DQ 10_1	1 1	0...1	0...1	DI 14/DQ 10			
AI 2/AQ 2_1	1 2	64...67	64...67	AI 2/AQ 2			
CB 1241 (RS485)	1 3			CB 1241 (RS485)	6ES7 241-1CH30-1XB0	V1.0	
HSC_1	1 16	1000...10...		HSC			
HSC_2	1 17	1004...10...		HSC			
HSC_3	1 18	1008...10...		HSC			
HSC_4	1 19	1012...10...		HSC			
HSC_5	1 20	1016...10...		HSC			
HSC_6	1 21	1020...10...		HSC			
Pulse_1	1 32			脉冲发生器 (PTO/PWM)			
Pulse_2	1 33		1002...10...	脉冲发生器 (PTO/PWM)			
Pulse_3	1 34		1004...10...	脉冲发生器 (PTO/PWM)			
Pulse_4	1 35		1006...10...	脉冲发生器 (PTO/PWM)			
▶ PROFINET接口_1	1 X1			PROFINET接口			
DI 8/DQ 8x24VDC_1	2	8	8	SM 1223 DI8/DQ8 x 24...	6ES7 223-1BH32-0XB0	V2.0	
AI 4x13BIT/AQ 2x14BIT_1	3	112...119	112...115	SM 1234 AI4/AQ2	6ES7 234-4HE32-0XB0	V2.1	
	4						
	5						
	6						
	7						
	8						
	9						

图 5-4

❷ 选中模块，通过巡视窗口的“I/O 地址”，可以修改模块的地址，如图 5-5 所示。

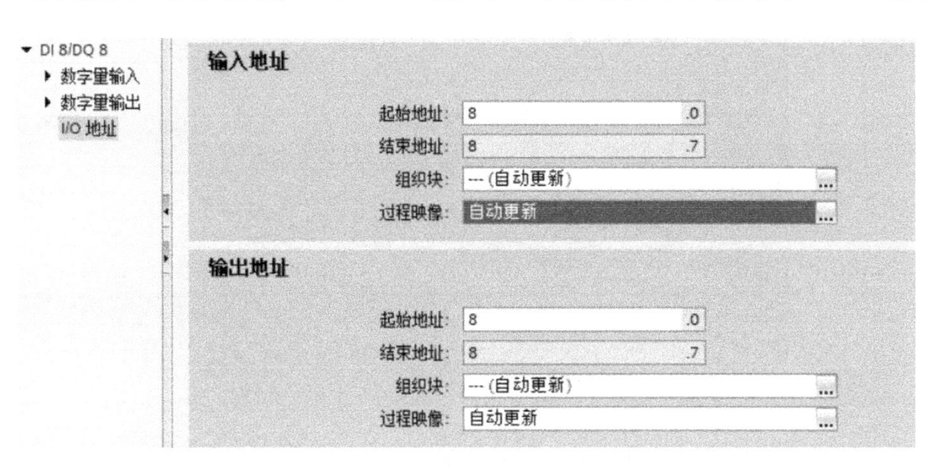

图 5-5

❸ 也可以直接在设备概览中修改，如图 5-6 所示。

▸ PROFINET接口_1	1 X1			PROFINET接口	
DI 8/DQ 8x24VDC_1	2	8	8	SM 1223 DI8/DQ8 x 24...	6ES7 223...
AI 4x13BIT/AQ 2x14BIT_1	3	值范围：[0 到 1023]		✕2	6ES7 234...
	4				
	5				

图 5-6

DI/DO 的地址以字节为单位进行分配，没有用完一个字节，剩余的位也不能做他用。AI/AO 的地址以组为单位进行分配，每一组有两个 I/O 点，每个点（通道）占一个字或两个字节。建议不要修改自动分配的地址。

5.1.4　设置数字量输入点的参数

❶ 选中设备视图中的 CPU、信号模块或信号板，然后选中巡视窗口，设置输入端的滤波器时间常数，如图 5-7 所示。

› 通道5

通道地址: I0.5

输入滤波器: 6.4 millisec

图 5-7

❷ 可以激活输入点的上升沿和下降沿中断功能，以及设置产生中断时调用的硬件中断 OB，如图 5-8 所示。

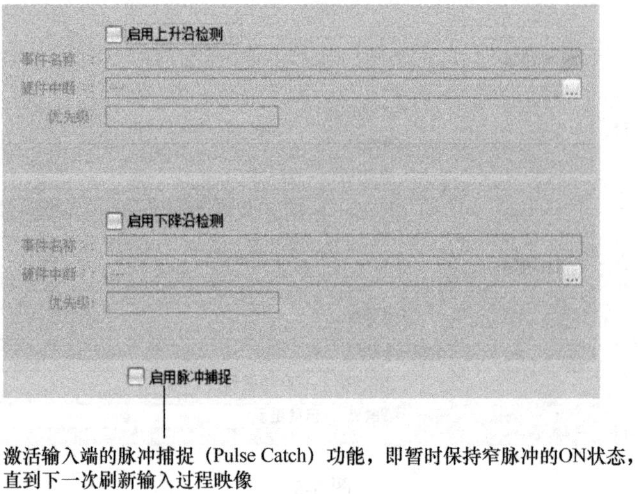

启用上升沿检测
事件名称：
硬件中断：
优先级
启用下降沿检测
事件名称：
硬件中断：
优先级
启用脉冲捕捉
激活输入端的脉冲捕捉（Pulse Catch）功能，即暂时保持窄脉冲的ON状态，直到下一次刷新输入过程映像

图 5-8

5.1.5 设置数字量输出点的参数

数字量输出点的参数设置如图 5-9 所示。

选择在CPU进入STOP时，数字量输出保持最后的值，或者使用替代值
数字量输出
对 CPU STOP 模式的响应：
使用替代值
通道0
通道地址：
Q0.0
从 RUN 模式切换到 STOP 模式时，替代值 1。
通道1
通道地址：
Q0.1
从 RUN 模式切换到 STOP 模式时，替代值 1。
选择“使用替代值”，可以设置替代值：选中复选框表示替代值为1，反之为0

图 5-9

5.1.6 设置模拟量输入点的参数

模拟量输入点的参数设置如图 5-10 所示。

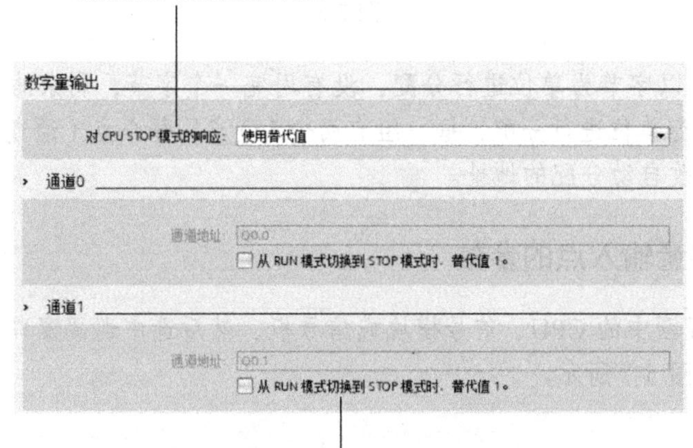

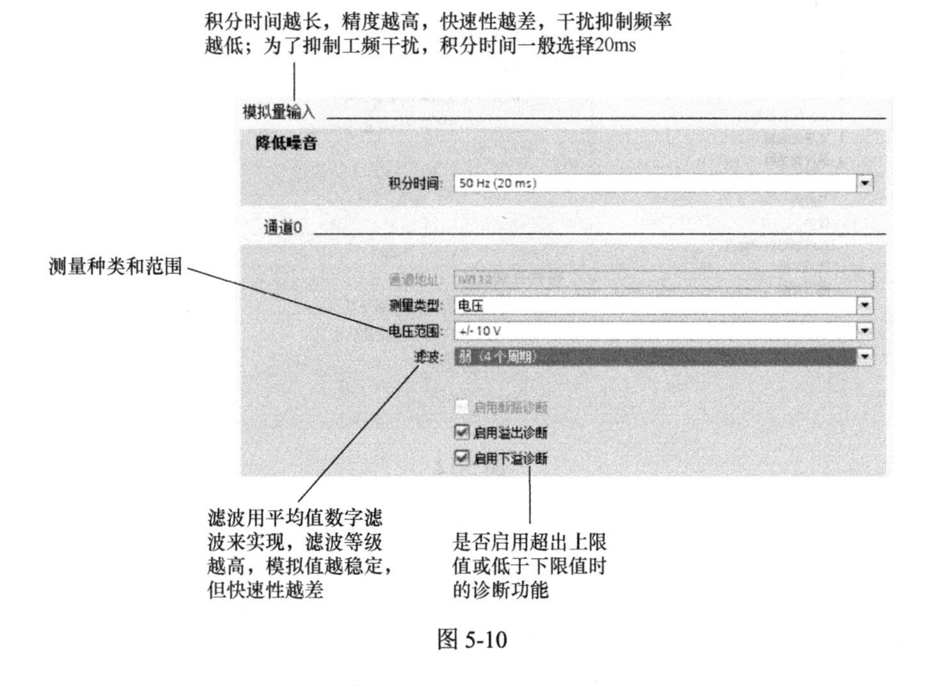

图 5-10

5.1.7 设置模拟量输出点的参数

模拟量输出点的参数设置如图 5-11 所示。

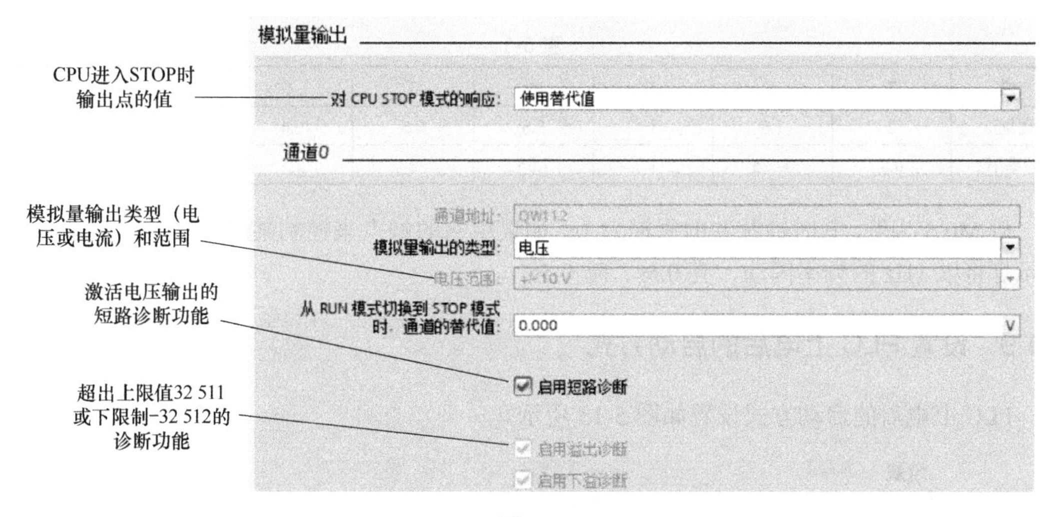

图 5-11

5.1.8 设置系统存储器字节与时钟存储器字节

系统存储器字节与时钟存储器字节的设置如图 5-12 所示。

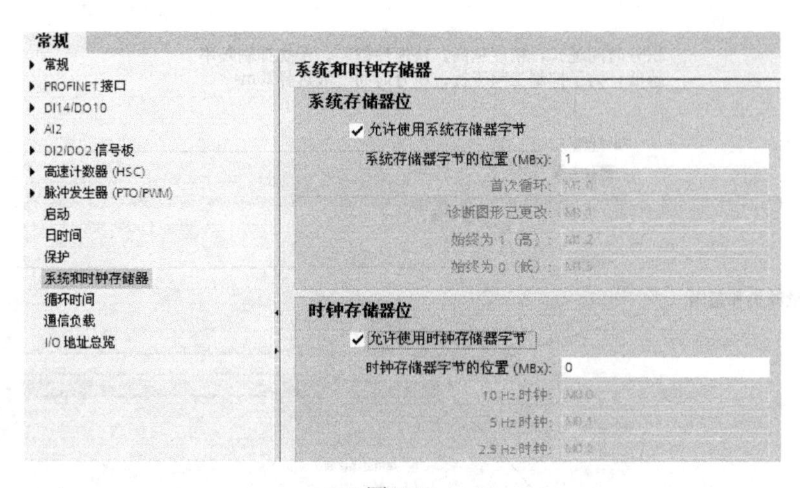

图 5-12

（1）将 MB1 设置为系统存储器字节后，该字节的 M1.0～M1.3 的含义如下。

M1.0（首次循环）：仅在进入 RUN 模式的首次扫描时为 1，以后为 0。

M1.1（诊断图形已更改）：CPU 登录了诊断事件时，在一个扫描周期内为 1。

M1.2（始终为 1）：总是为 1 状态，其常开触点总是闭合。

M1.3（始终为 0）：总是为 0 状态，其常闭触点总是闭合。

（2）将 MB0 设置为时钟存储器字节。时钟脉冲是一个周期内 0 和 1 所占的时间各为 50% 的方波信号，时钟存储器字节每一位对应的时钟脉冲的周期或频率如表 5-1 所示。CPU 在扫描循环开始时初始化这些位。

表 5-1

位	7	6	5	4	3	2	1	0
周期/s	2	1.6	1	0.8	0.5	0.4	0.2	0.1
频率/Hz	0.5	0.625	1	1.25	2	2.5	5	10

以 M0.5 为例，其时钟脉冲的周期为 1s，如果用它的触点来控制某输出点对应的指示灯，指示灯将以 1Hz 的频率闪动，亮 0.5s、暗 0.5s。

5.1.9 设置 PLC 上电后的启动方式

PLC 上电后的启动方式设置如图 5-13 所示。

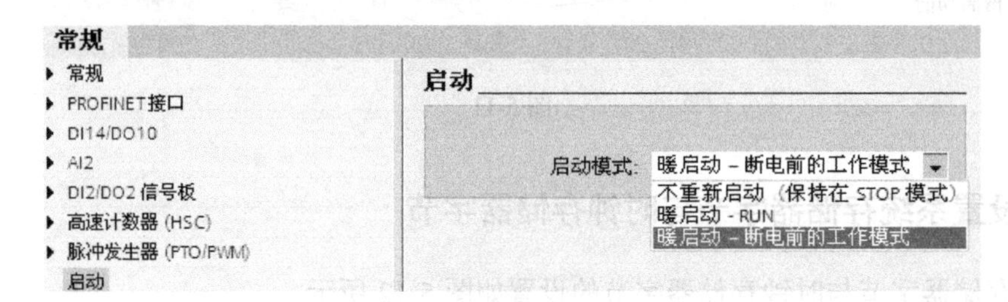

图 5-13

注意：组态上电后 CPU 有 3 种启动方式：不重新启动（保持在 STOP 模式）；暖启动—RUN；暖启动—断电前的工作模式。

5.1.10　设置实时时钟

实时时钟设置如图 5-14 所示。

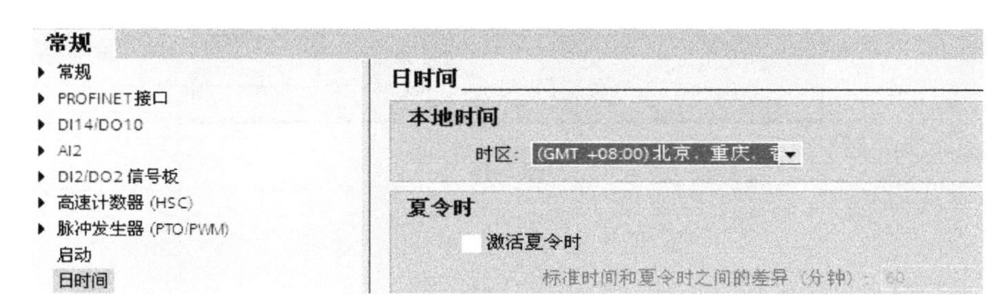

图 5-14

注意：CPU 带有实时时钟（Time-of-Aayclock），在 PLC 的电源断电时，用超级电容给实时时钟供电。PLC 通电 24 小时后，超级电容被充足了足够的能量，可以保证实时时钟运行 10 天。在线模式下可以设置 CPU 的实时时钟的时间。

5.1.11　设置循环时间和通信负载

循环时间和通信负载的设置如图 5-15 所示。

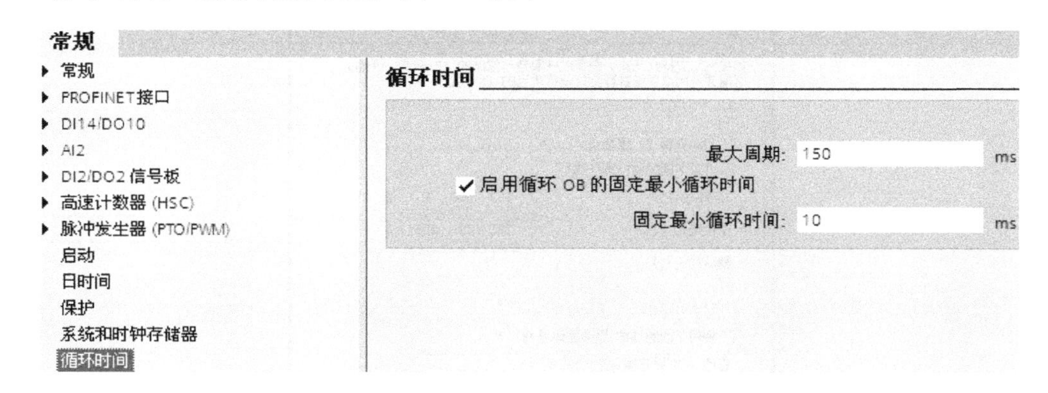

图 5-15

循环时间是操作系统刷新过程映像和执行程序循环 OB 的时间，包括所有中断此循环的程序的执行时间，每次循环的时间并不相等。

5.1.12　设置变量的断电保护功能

变量的断电保护功能设置如图 5-16 所示。

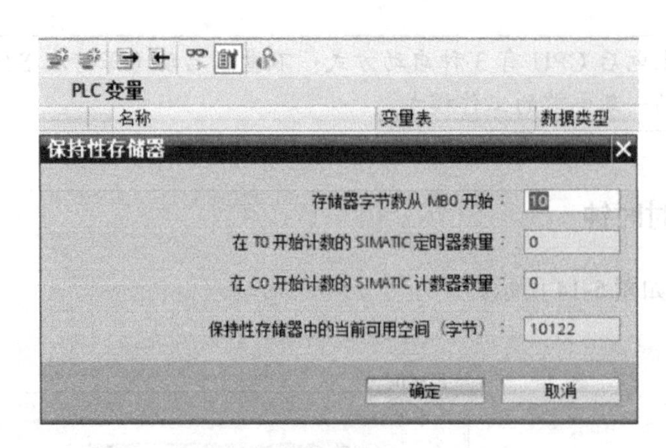

图 5-16

5.2 硬件组态的编译与上传、下载

通过 CPU 与运行 STEP 7 Basic 的计算机的以太网通信，可以执行项目的下载、上传、监控和故障诊断等任务。一对一的通信不需要交换机，两台以上的设备进行通信才需要交换机。CPU 可以使用直通的或交叉的以太网电缆进行通信。

❶ 设置计算机网卡的 IP 地址。计算机的 IP 地址一般采用默认的 192.168.0.2，第 4 个字节是子网内设备的地址。子网掩码一般采用默认的 255.255.255.0，如图 5-17 所示。

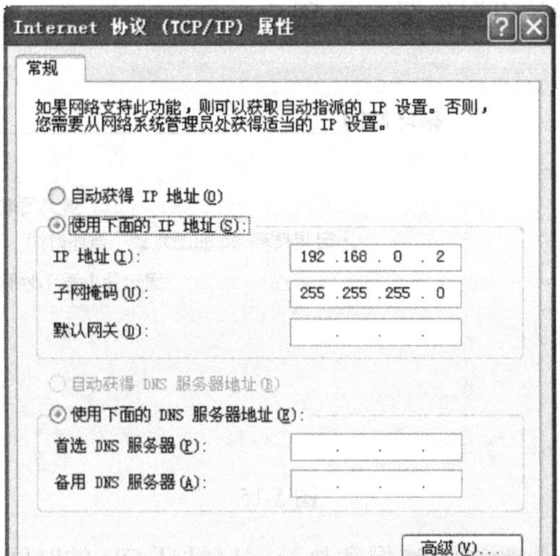

图 5-17

❷ 组态 CPU 的 PROFINET 接口，如图 5-18 所示。

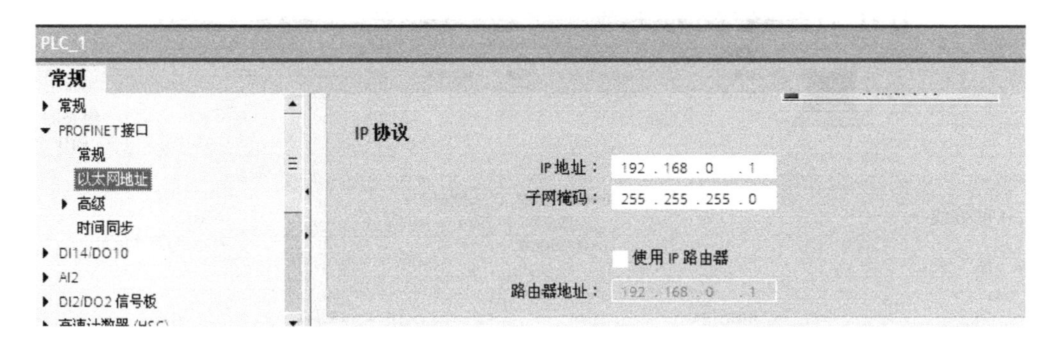

图 5-18

注意：设置的地址在下载后才起作用。

❸ 下载项目到新出厂的 CPU，如图 5-19 至图 5-23 所示。

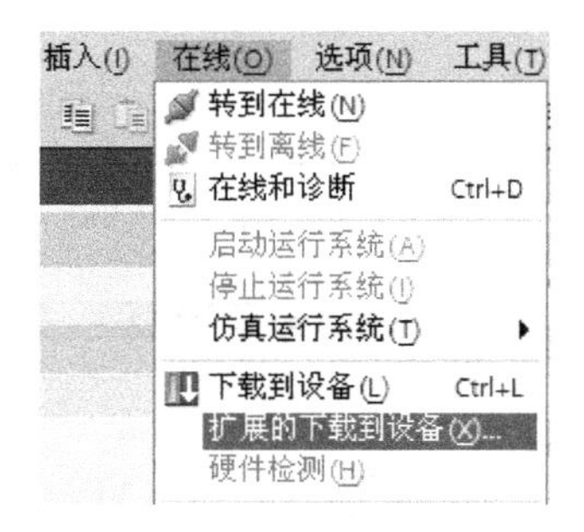

图 5-19

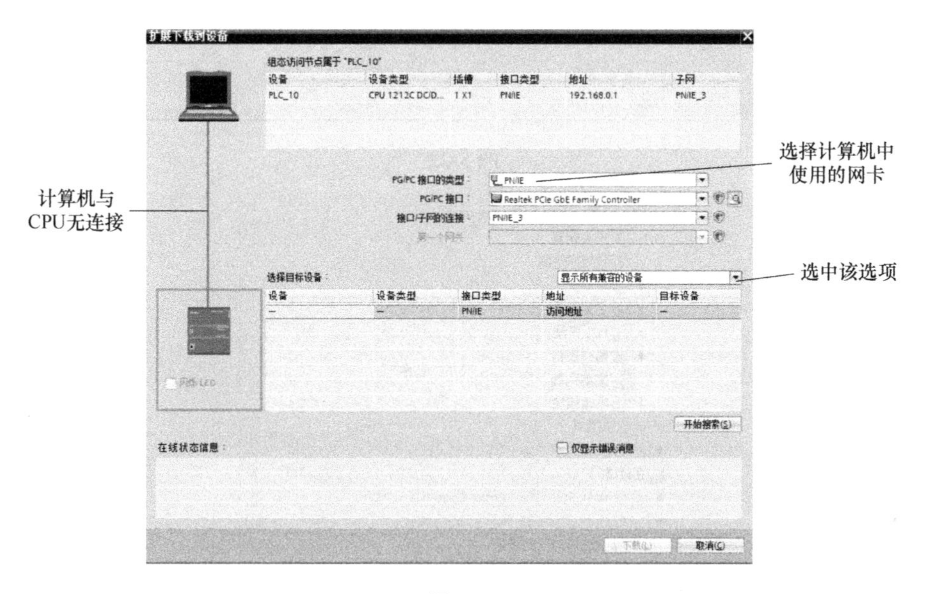

图 5-20

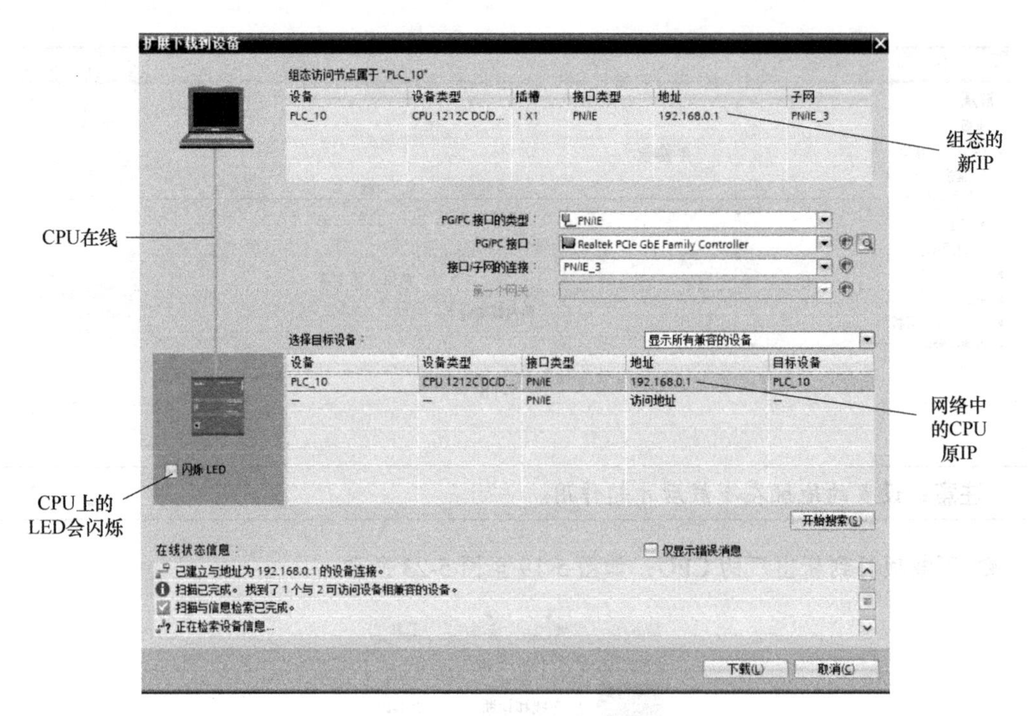

图 5-21

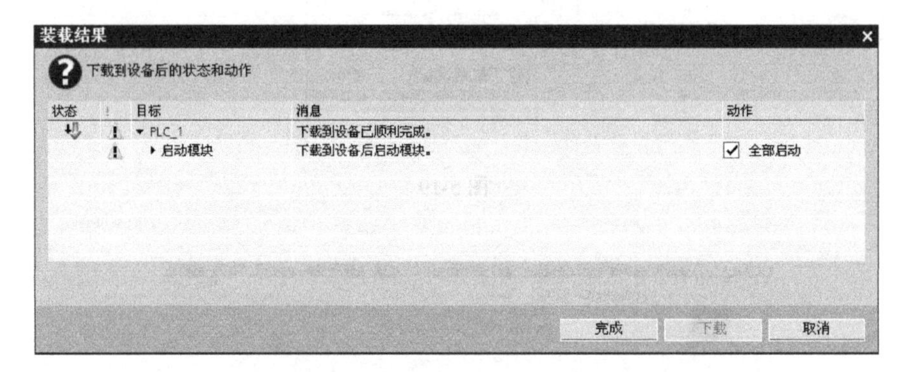

图 5-22

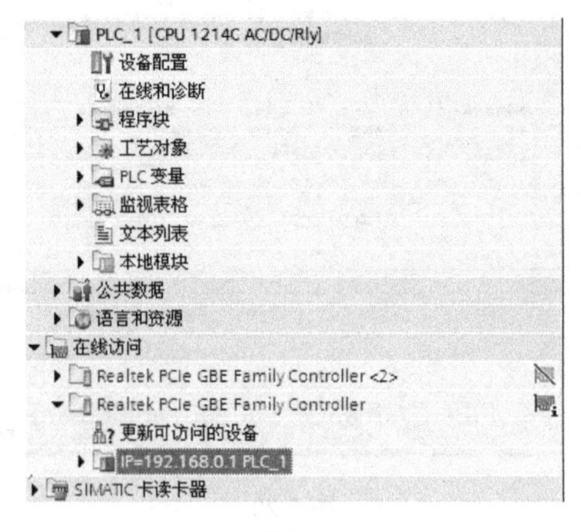

图 5-23

❹ 利用快捷菜单下载，如图 5-24 和图 5-25 所示。

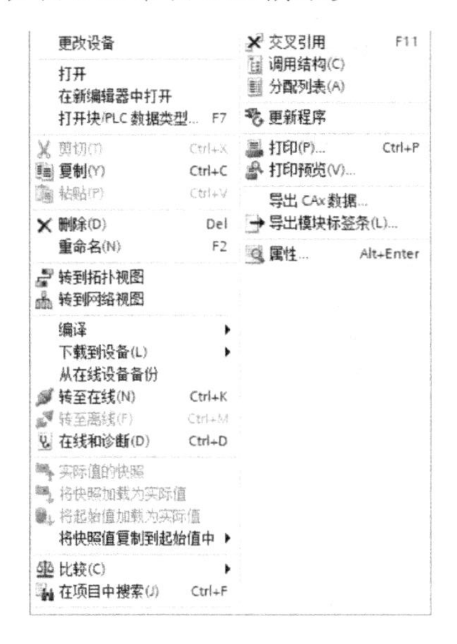

图 5-24

注意：只下载硬件部分与程序部分。

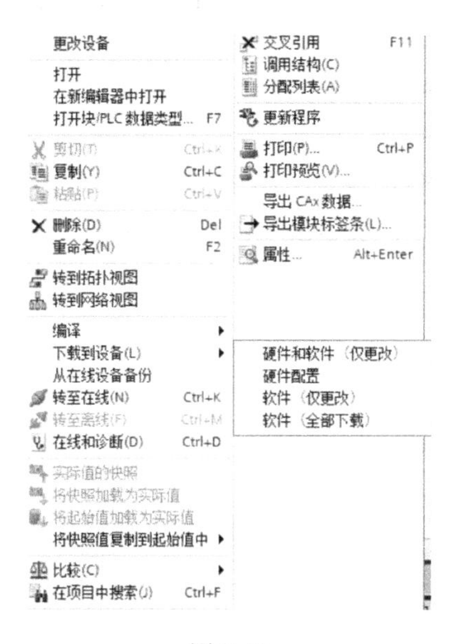

图 5-25

注意：只下载程序部分。

❺ 上载到 PLC 的 TIA 项目中，即将下面在线的“程序块”文件夹拖放到上面离线的“程序块”文件夹，如图 5-26 所示；或者将 CPU 连接到编程设备，创建一个新的项目。

图 5-26

① 添加一个新设备，但要选择“非特定的 CPU S7-1200”，而不是选择特定的 CPU。

② 执行菜单命令“在线”→“硬件检测”，打开“PLC-1 的硬件检测”对话框。选中“目标子网中的可访问设备”列表中的“PLC-1”，单击“上载”，上传 CPU 和所有模块的组态信息。

在设备视图中可以看到上传的模块，如果已经为 CPU 分配了 IP 地址，将会上传该 IP 地址，但是不会上传其他设备（如模拟量 I/O 的属性）。必须在设备视图中手动组态 CPU 和各模块的配置。

5.3 编译

组态好的系统编译下载到 PLC，如果此前已做好在线设置的工作，整个系统就可以运行了。在项目树中，右键单击该 PLC 设备，在弹出的快捷菜单中的“编译”选项下面有 5 个选项，如图 5-27 所示。

（1）硬件和软件（仅变化部分）[Hardware and software（only changes）]：从上一次编译起，对所有硬件组态和程序变化的部分进行编译。这种仅编译变化部分的方式又称为“Δ 编译”（即 Delta 编译）。

（2）硬件（仅变化部分）[Hardware（only changes）]：从上一次编译起，对硬件组态变化的部分进行编译。

（3）硬件完全重新编译[Hardware（rebuild al）]：对整个硬件组态完全进行一遍编译。

图 5-27

（4）软件（仅变化部分）[Software（only changes）]：从上一次编译起，对程序组态变化的部分进行编译。

（5）软件完全重新编译[Software（rebuild all blocks）]：对整个程序完全进行一遍编译。

通常 Δ 编译要比完全编译更省时间，但是某种情况下 Δ 编译会出现问题，需要进行完全编译。这种情况与程序的编辑有关，总之可以选择适当的方式进行编译。

在软件工具栏中也有编译、下载、上传按钮，如图 5-28 所示。

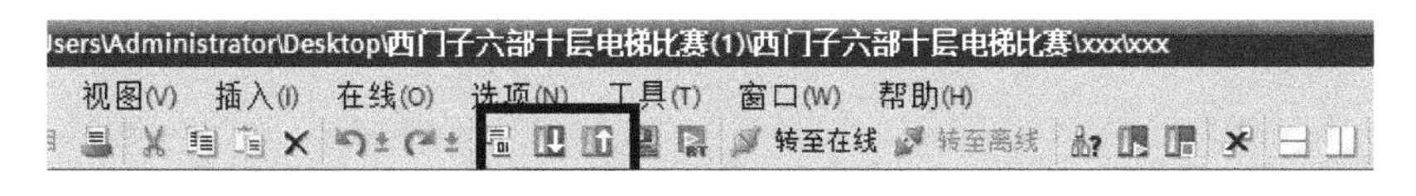

图 5-28

黑框中左边的为编译按钮，中间的为下载按钮，右边的为上传按钮。这里编译按钮的作用是 Δ 编译，其作用与当前工作区所处的编辑窗口有关。当前工作区正在编辑程序或硬件组态时，软件工具栏上的编译按钮、下载按钮的操作对象是程序（软件）和硬件。如果当前工作区正在编辑 HMI 时，软件工具栏上的编译按钮、下载按钮的操作对象则是 HMI。单击编译按钮后，需要等待一小段时间，编译结果将显示在巡视窗口“信息”选项卡下的“编译”选项卡中，如图 5-29 所示。编译结果分为错误（Error）、警告（Warning）和信息（Information）3 类。当有错误时编译不会完成，需要查看错误的原因。在该界面下，框 A 处可以选择只显示出某一类的信息。按下红叉按钮，则显示错误信息，弹起此按钮，则隐藏错误信息；另两个按钮相同。

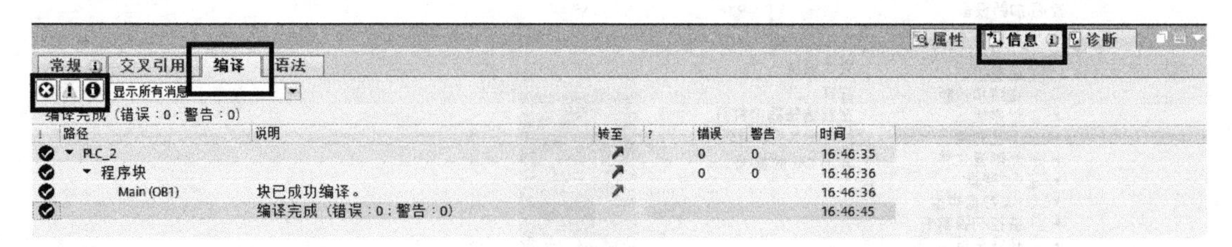

图 5-29

本章练习

❶ 怎样添加模块？

❷ 怎样设置信号模块参数？

❸ 程序的上传和下载的步骤是什么？

第 6 章

TIA 博途软件指令

学习内容

了解 S7-1200 的指令功能，熟悉指令应用常识，并且能够应用指令实现简单的程序编程。

6.1 位逻辑指令

位逻辑指令的基础是触点和线圈。触点读取位的状态，而线圈则将操作的状态写入位中，如图 6-1 所示。

▾ 位逻辑运算

指令	说明
-| |-	常开触点 [Shift+F2]
-|/|-	常闭触点 [Shift+F3]
-|NOT|-	取反 RLO
-( )-	赋值 [Shift+F7]
-(/)-	赋值取反
-(R)	复位输出
-(S)	置位输出
SET_BF	置位位域
RESET_BF	复位位域
SR	置位/复位触发器
RS	复位/置位触发器
-|P|-	扫描操作数的信号上升沿
-|N|-	扫描操作数的信号下降沿
-(P)-	在信号上升沿置位操作数
-(N)-	在信号下降沿置位操作数
P_TRIG	扫描 RLO 的信号上升沿
N_TRIG	扫描 RLO 的信号下降沿
R_TRIG	检测信号上升沿
F_TRIG	检测信号下降沿

图 6-1

6.1.1 置位复位指令

置位复位指令的主要特点是有记忆和保持功能，如图 6-2 所示。

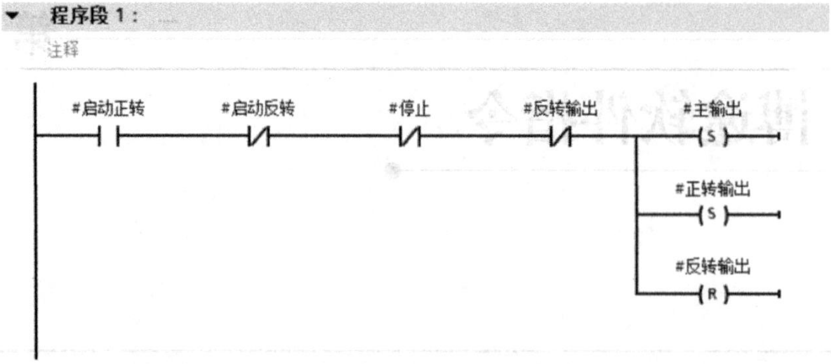

图 6-2

6.1.2 多点置位复位指令

多点置位指令是将指定地址开始的连续若干地址置位（变为 1 状态并保持）；多点复位指令是将指定地址开始的连续若干地址复位（变为 0 状态并保持），如图 6-3 所示。

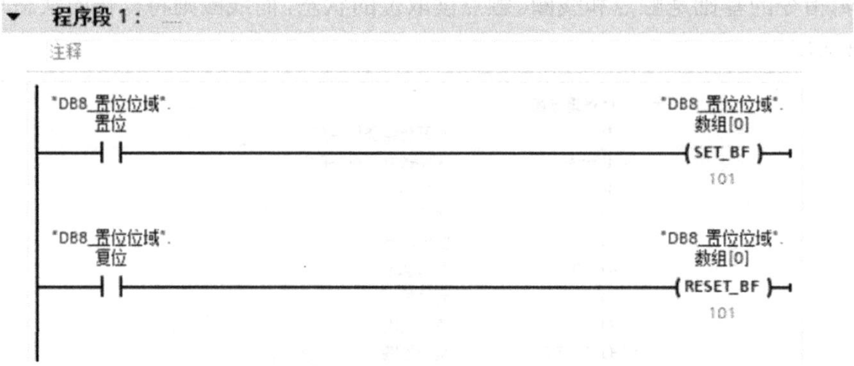

图 6-3

6.1.3 复位优先、置位优先锁存器

对复位优先、置位优先锁存器的说明如图 6-4 所示。

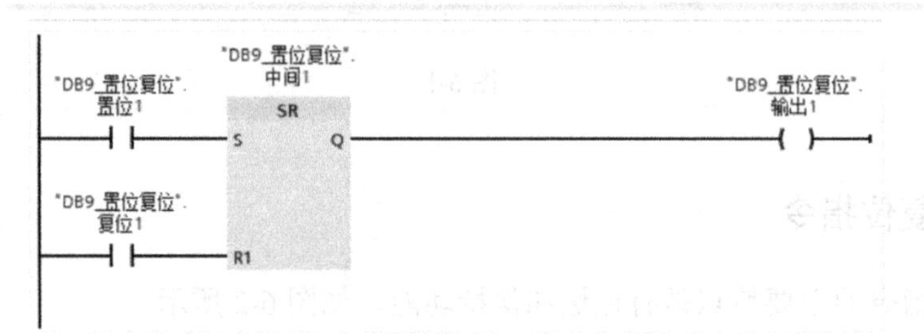

图 6-4

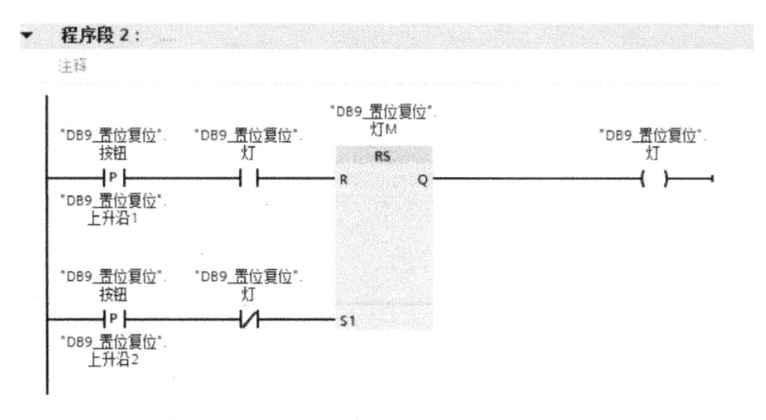

图 6-4（续）

6.1.4 边缘检测触点指令

对边缘检测线圈指令的说明如图 6-5 所示。

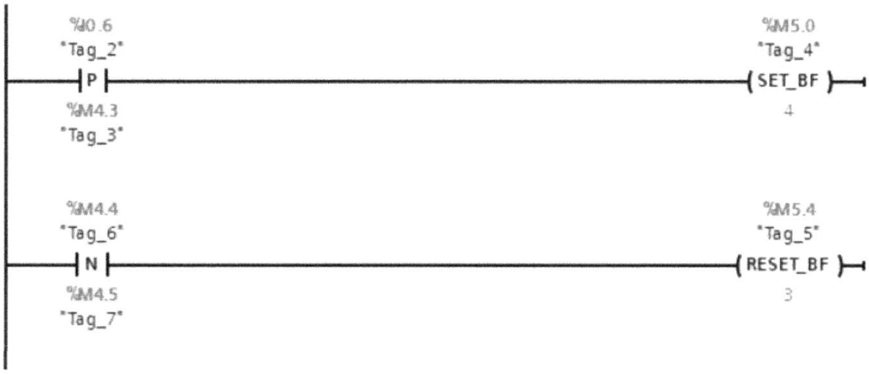

图 6-5

如果输入信号 I0.6 由 0 变为 1 状态（即输入信号 I0.6 的上升沿），则该触点接通一个扫描周期。触点下面的 M4.3 为边缘存储位，用来存储上一个扫描循环是 I0.6 的状态，通过比较输入信号的当前状态和上一次循环的状态来检测信号的边沿。边沿存储位的地址只能在程序中使用一次，它的状态不能在其他地方被改写。只能使用 M、全局 DB 和静态局部变量来做边沿存储位，不能使用临时局部数据或 I/O 变量来做边沿存储位。

6.1.5 边缘检测线圈指令

对边缘检测线圈指令的说明如图 6-6 所示。

上升沿检测线圈仅在流进该线圈的能流的上升沿，输出位 M6.1 为 1 状态，M6.2 为边沿存储位。在 I0.7 的上升沿，M6.1 的常开触点闭合一个扫描周期，使 M6.6 置位；在 I0.7 的下降沿，M6.3 的常开触点闭合一个扫描周期，使 M6.6 复位。

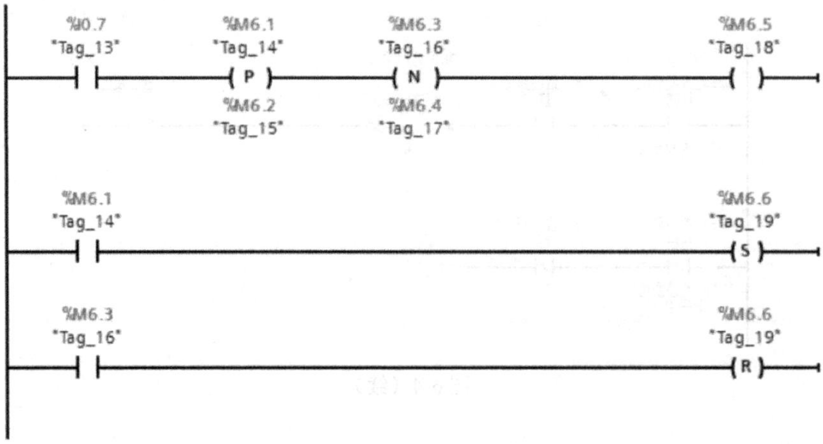

图 6-6

6.1.6 P_TRIG 与 N_TRIG 指令

对 P_TRIG 与 N_TRIG 指令的说明如图 6-7 所示。

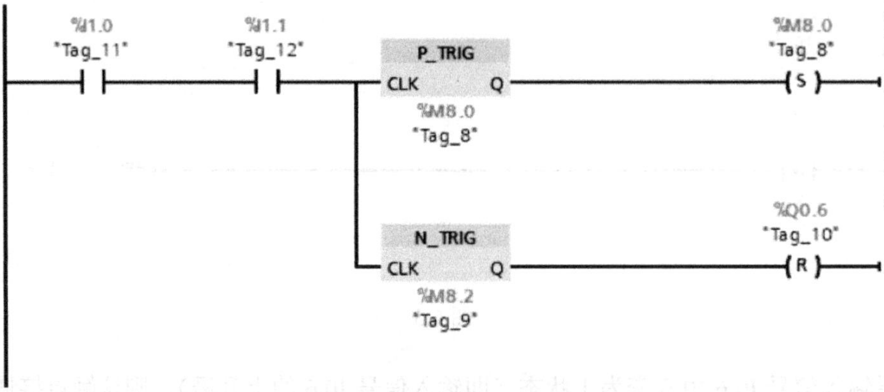

图 6-7

在流进 P_TRIG 指令的 CLK 输入端的能流的上升沿，Q 端输出一个扫描周期的能流，使 M8.0 置位，方框下面的 M8.0 是脉冲存储器位。P_TRIG 指令与 N_TRIG 指令不能放在电路的开始处和结束处。

6.1.7 3 种边沿检测指令的功能

下面以上升沿检测为例。

（1）在 P 触点指令中，在触点上面地址的上升沿，该触点接通一个扫描周期，因此 P 触点用于检测触点上面地址的上升沿，并且直接输出上升沿脉冲。

（2）在 P 线圈的能流的上升沿，线圈上面的地址在一个扫描周期时为 1 状态，因此 P

线圈用于检测能流的上升沿，并用线圈上面的地址来输出上升沿脉冲。

（3）P_TRIG 指令用于检测能流的上升沿，并且直接输出上升沿脉冲。如果 P_TRIG 指令左边只有 I1.0 触点，可以用 I1.0 的 P 触点来代替 P_TRIG 指令。

6.1.8　故障信息显示电路举例

设计故障信息显示电路如图 6-8 和图 6-9 所示：从故障信号 I0.0 的上升沿开始，Q0.7 控制的指示灯以频率 1Hz 闪烁。操作人员按复位按钮 I0.1 后，如果故障已经消失，则指示灯灭；如果故障没有消失，则指示灯转为常亮，直至故障消失。

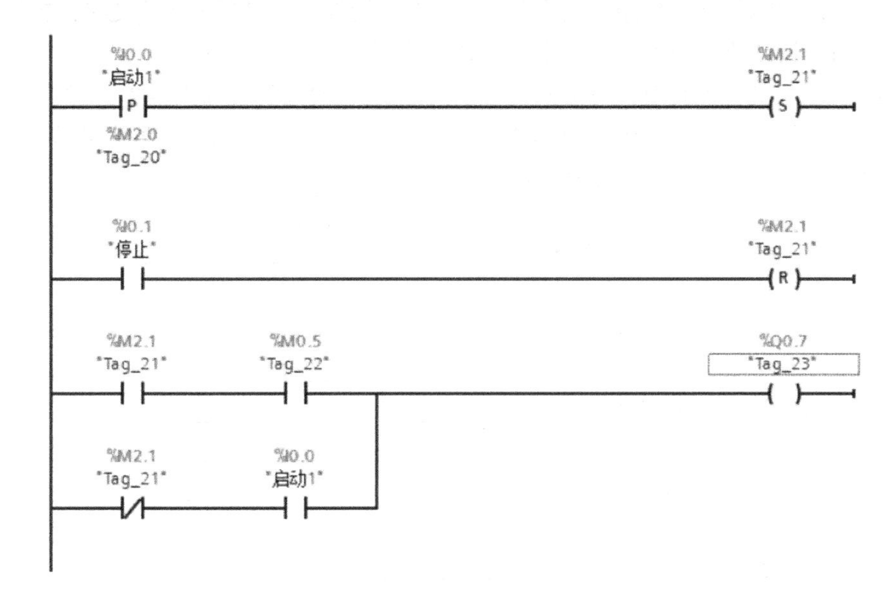

图 6-8

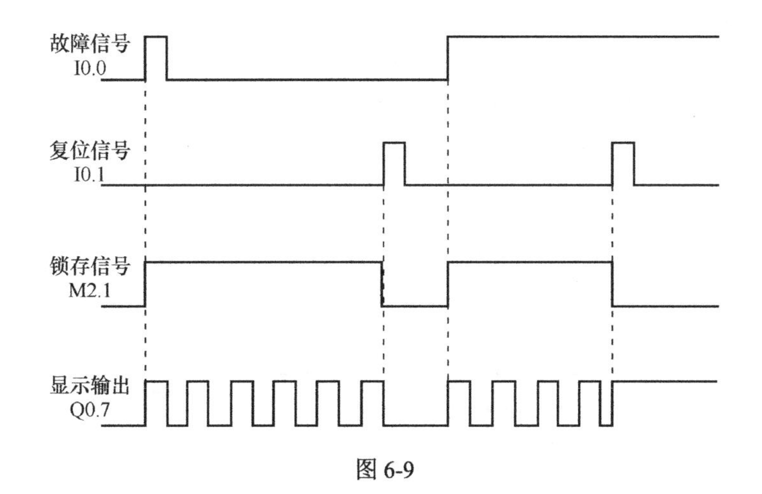

图 6-9

6.2 定时器的基本功能

使用定时器指令可创建编程的时间延迟，S7-1200 有多种定时器。

（1）TP：脉冲定时器，可生成具有预设宽度时间的脉冲。

（2）TON：接通延时定时器，输出 Q 在预设的延时过后设置为 ON。

（3）TOF：关断延时定时器，输出 Q 在预设的延时过后重置为 OFF。

（4）TONR：保持型接通延时定时器，输出在预设的延时过后设置为 ON。在使用 R 输入重置经过的时间之前，会跨越多个定时时段一直累加经过的时间。

（5）RT：通过清除存储在指定定时器背景数据块中的时间数据来重置定时器。

每个定时器都使用一个存储在数据块中的结构来保存定时器数据。在编辑器中放置定时器指令时可分配该数据块，如图 6-10 所示。

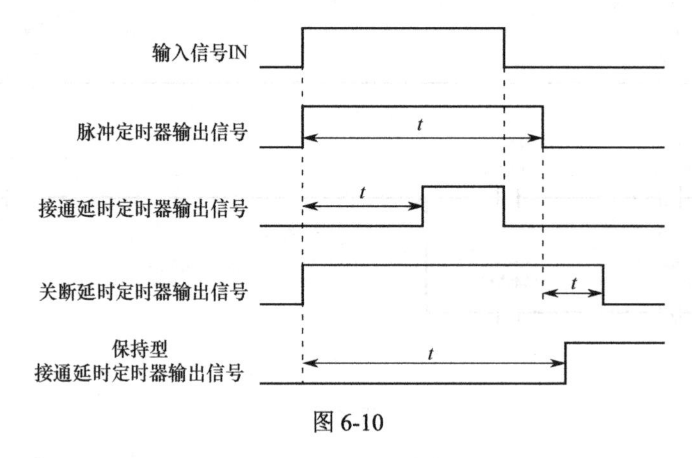

图 6-10

TP、TON 和 TOF 定时器具有相同的输入和输出参数。TONR 定时器具有附加的复位输入参数 R，可以创建自己的“定时器名称”来命名定时器数据块，还可以描述该定时器在过程中用的定时器的输入/输出参数。RT 指令可重置指定定时器的数据。

定时器的输入/输出参数如图 6-11 所示，参数说明如表 6-1 所示。

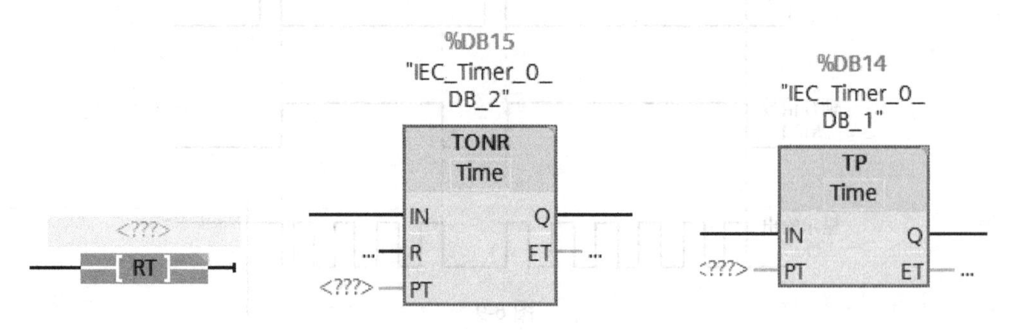

图 6-11

表 6-1

参　数	数 据 类 型	说　明
IN	Bool	启用定时器输入
R	Bool	将 TONR 经过的时间重置为 0
PT(Preset Time)	Bool	预设的时间值输入
Q	Bool	定时器输出
ET(Elapsed Time)	Time	经过的时间值输出
定时器数据块	DB	指定要使用 RT 指令复位的定时器

参数 IN 从 0 变为 1 将启动 TP、TON 和 TONR，从 1 变为 0 将启动 TOF。ET 为定时开始后经过的时间，或者称为已耗时间值（可以不为 ET 指定地址），数值类型为 32 位的 Time，单位为 ms，最大定时时间为 T#24D_20H_31M_23S_647MS。

IEC 定时器和 IEC 计数器属于功能块，调用时需要指定配套的背景数据块，定时器和计数器指令的数据保存在背景数据块中。在梯形图中输入定时器指令时，打开右边的指令窗口将“定时器操作”文件夹中的定时器指令拖放到梯形图中的适当位置，在弹出的“调用选项”对话框中修改将要生成的背景数据块的名称，或者采用默认的名称，如图 6-12 所示。单击“确定”按钮，自动生成数据块。参数说明如表 6-2 所示。

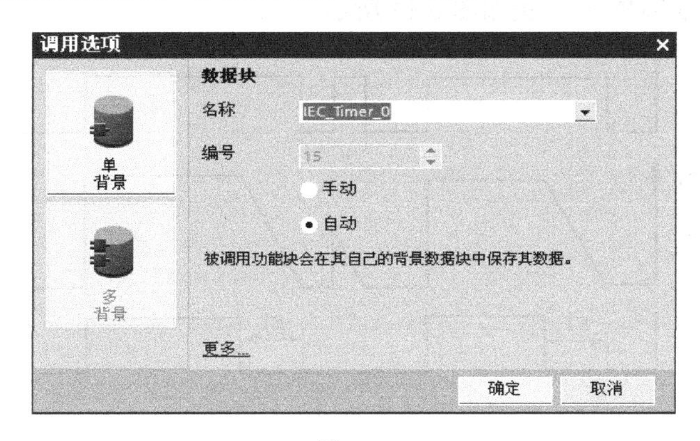

图 6-12

表 6-2

定　时　器	PT 和 IN 参数值变化
TP	• 定时器运行期间，更改 PT 没有任何影响。 • 定时器运行期间，更改 IN 没有任何影响
TON	• 定时器运行期间，更改 PT 没有任何影响。 • 定时器运行期间，将 IN 更改为 FALSE 会复位并停止定时器
TOF	• 定时器运行期间，更改 PT 没有任何影响。 • 定时器运行期间，将 IN 更改为 TRUE 会复位并停止定时器
TONR	• 定时器运行期间，更改 PT 没有任何影响，但对定时器中断后继续运行会有影响。 • 定时器运行期间将，IN 更改为 FALSE 会停止定时器但不会复位定时器。 • 将 IN 改回 TRUE 将使定时器从累积的时间值开始定时

6.2.1 脉冲定时器 TP 时序图

脉冲定时器 TP 时序图如图 6-13 所示。

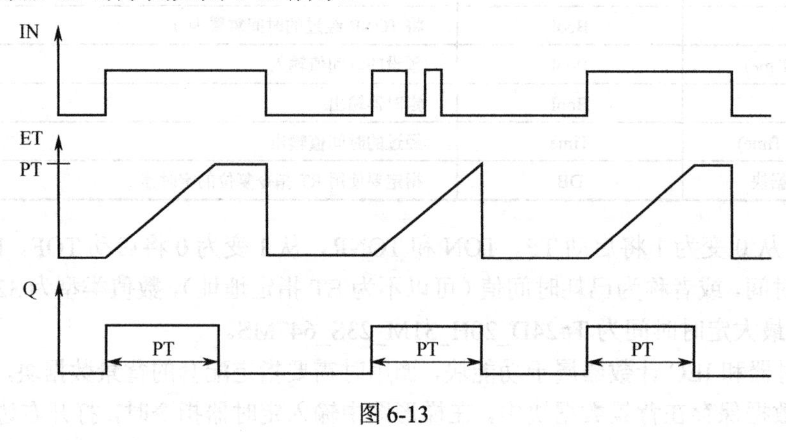

图 6-13

6.2.2 接通延时定时器 TON 时序图

接通延时定时器 TON 时序图如图 6-14 所示。

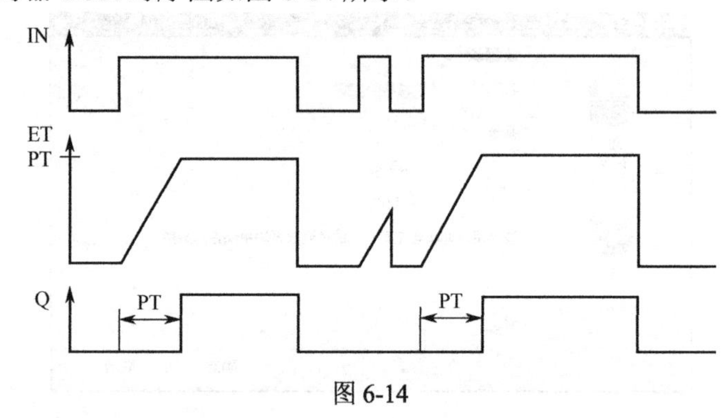

图 6-14

6.2.3 断开延时定时器 TOF 时序图

断开延时定时器 TOF 时序图如图 6-15 所示。

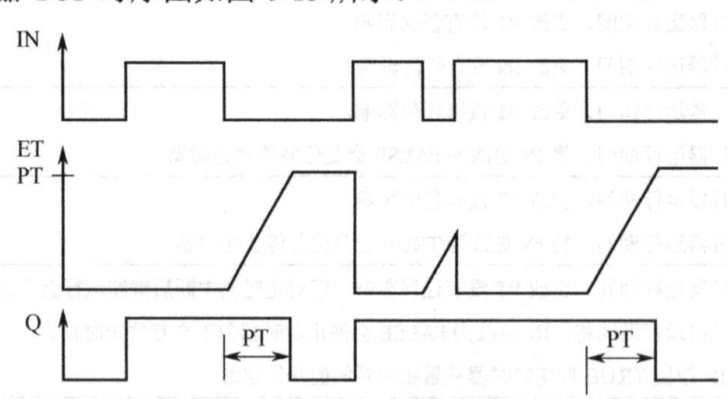

图 6-15

6.2.4 保持型接通延时定时器 TONR 时序图

保持型接通延时定时器 TONR 时序图如图 6-16 所示。

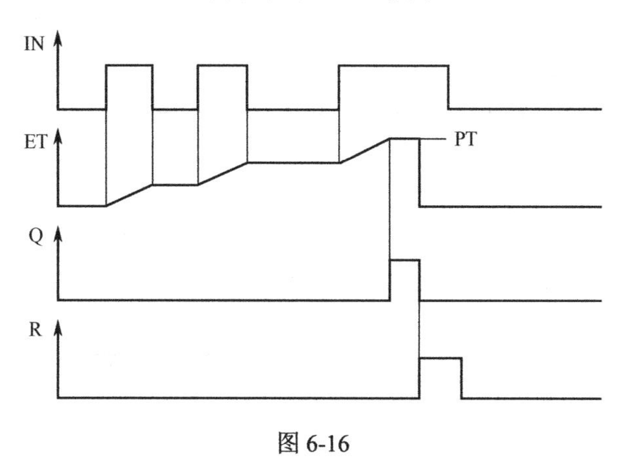

图 6-16

6.2.5 应用案例

应用案例 1：如图 6-17 所示，M2.7 只接通一个扫描周期，振荡电路实际上是一个有正反馈的电路，两个定时器的输出 Q 分别控制对方的输入 IN，形成了正反馈。振荡电路的高、低电平时间分别由两个定时器的 PT 值确定，如图 6-18 所示。

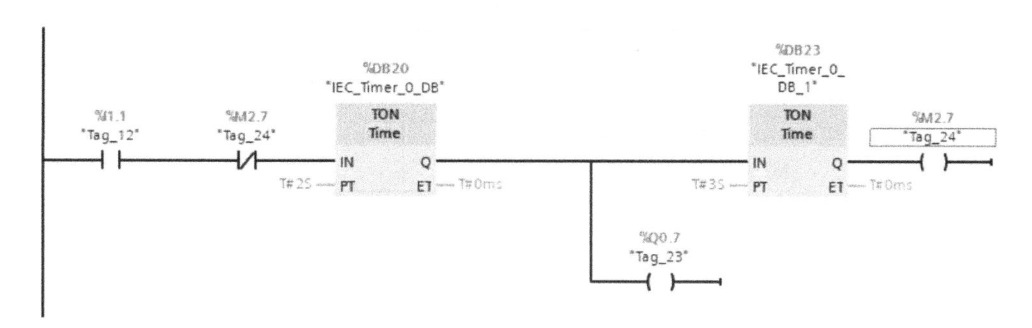

图 6-17

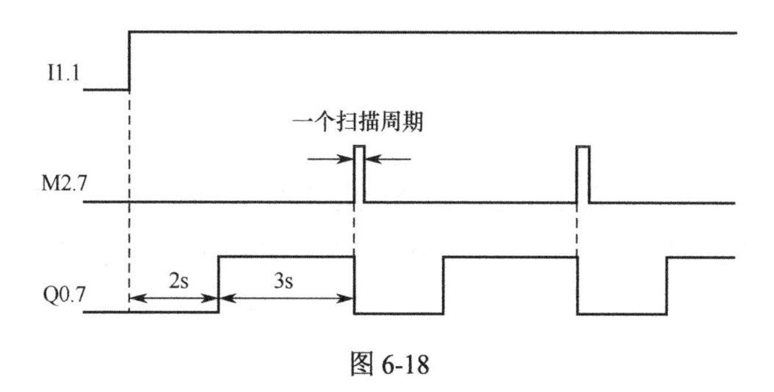

图 6-18

应用案例 2：用 3 种定时器设计的卫生间冲水控制电路如图 6-19 所示。

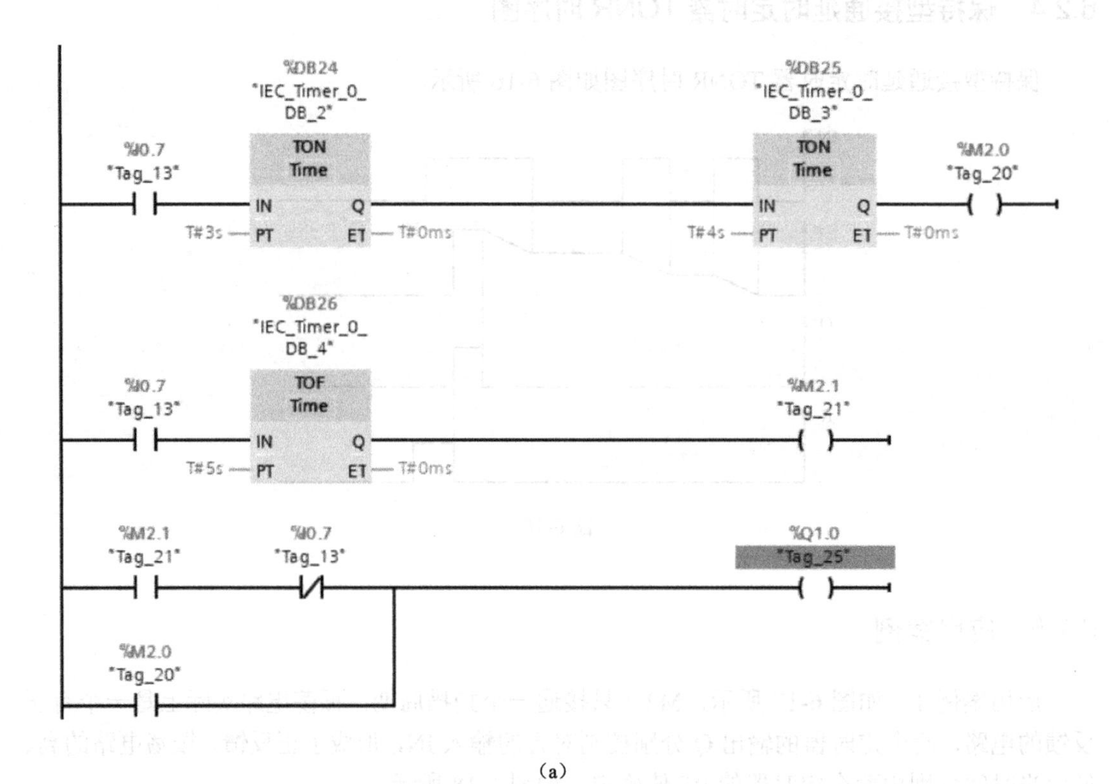

(a)

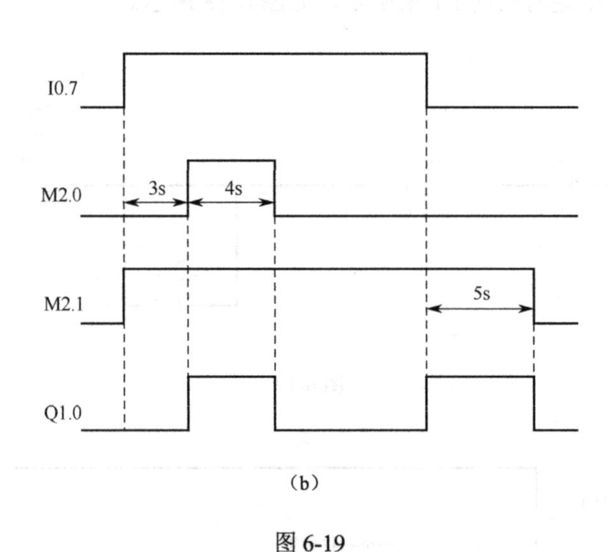

(b)

图 6-19

应用案例 3：两条运输带顺序相连，为避免运送的物料在 1 号运输带上堆积，按下启动按钮 I0.3，1 号带开始运行，8s 后 2 号带自动启动。停机的顺序与启动的顺序相反，按下停止按钮 I0.2 后，先停 2 号带，8s 后停 1 号带。Q1.1 和 Q0.6 控制两台电动机 M1 和 M2，如图 6-20 所示。

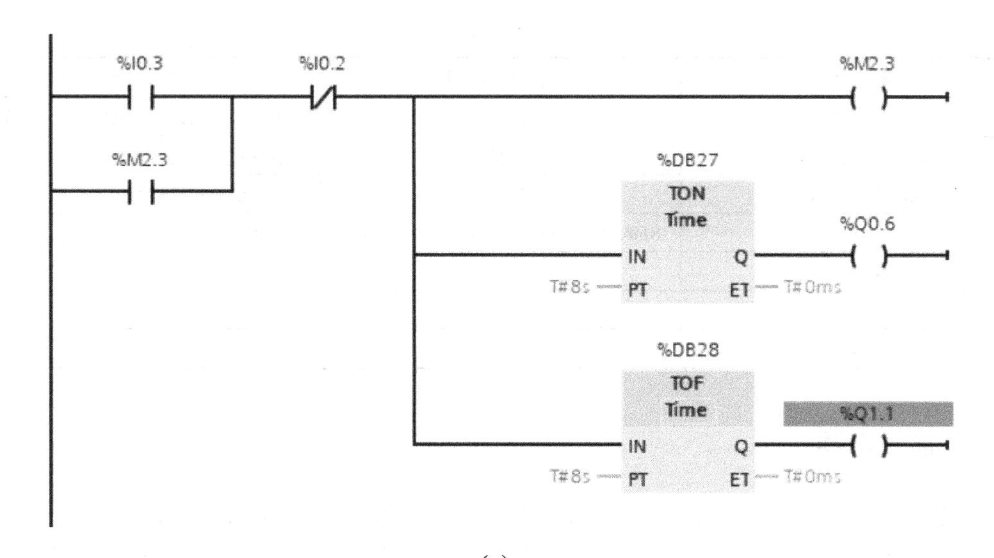

（a）

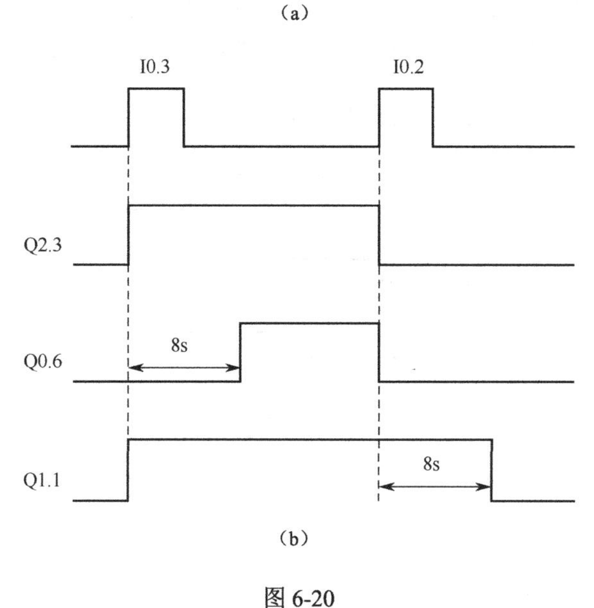

（b）

图 6-20

6.3　计数器的数据类型

S7-1200 有 3 种计数器：加计数器（CTU）、减计数器（CTD）和加减计数器（CTUD）。它们属于软件计数器，其最大计数速率受其所在的 OB 的执行速率的限制。

如果需要速率更高的计数器，可以使用 CPU 内置的高速计数器。调用计数器指令时，需要生成保存计数器数据的背景数据块。CU 和 CD 分别是加计数输入和减计数输入，在 CU 或 CD 由 0 变为 1 时，实际计数值 CV 加 1 或减 1。复位输入 R 为 1 时，计数器被复位，CV 被清 0，计数器的输入 Q 变为 0。数据类型的说明如表 6-3 所示。

表 6-3

参　数	数据类型	说　明
CU、CD	BOOL	加计数或减计数，按加或减 1 计数
R(CTU、CTUD)	BOOL	将计数值重置为零 0
LOAD(CTD、CTUD)	BOOL	预设值的装载控制
PV	SInt、Int、DInt、USInt、UInt、UDInt	预设计数值
Q、QU	BOOL	CV≥PV 时为真
QD	BOOL	CV≤0 时为真
CV	SInt、Int、DInt、USInt、UInt、UDInt	当前计数值

6.3.1 加计数器

CTU：参数 CU 的值从 0 变为 1 时，CTU 使计数值加 1。如果参数 CV（当前计数值）的值大于或等于参数 PV（预设计数值）的值，则计数器输出参数 Q=1。如果复位参数 R 的值从 0 变为 1，则当前计数值复位为 0。对加计数器的说明如图 6-21 所示。

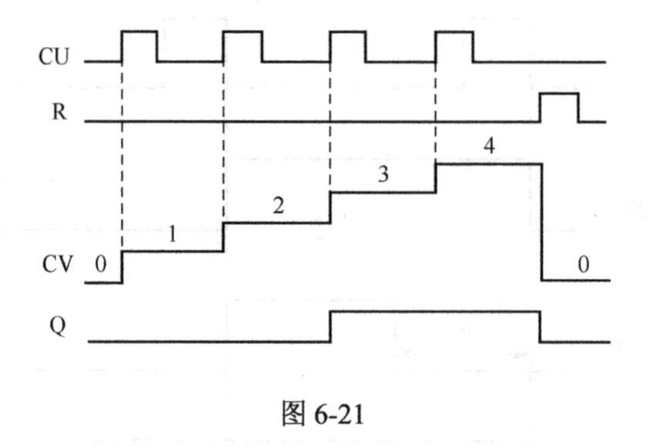

图 6-21

6.3.2 减计数器

CTD：参数 CD 的值从 0 变为 1 时，CTD 使计数值减 1。如果参数 CV（当前计数值）的值等于或小于 0，则计数器输出参数 Q=1。如果参数 LOAD 的值从 0 变为 1，则参数 PV（预设计数值）的值将作为新的 CV（当前计数值）的值装载到计数器。对减计数器的说明如图 6-22 所示。

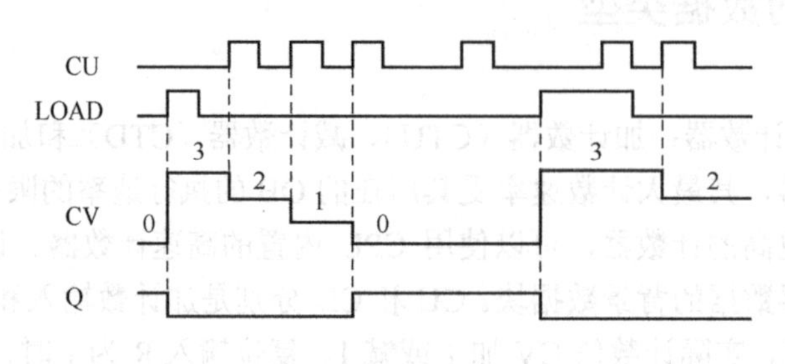

图 6-22

6.3.3　加减计数器

CTUD：加计数（CU，Count Up）或减计数（CD，Count Down）输入的值从 0 跳变为 1 时，CTUD 会使计数值加 1 或减 1。如果参数 CV（当前计数值）的值大于或等于参数 PV（预设计数值）的值，则计数器输出参数 QU=1；如果参数 CV 的值小于或等于 0，则计数器输出参数 QD=1。如果参数 LOAD 的值从 0 变为 1，则参数 PV（预设计数值）的值将作为新的 CV（当前计数值）的值装载到计数器。如果复位参数 R 的值从 0 变为 1，则当前计数值复位为 0。对加减计数器的说明如图 6-23 所示。

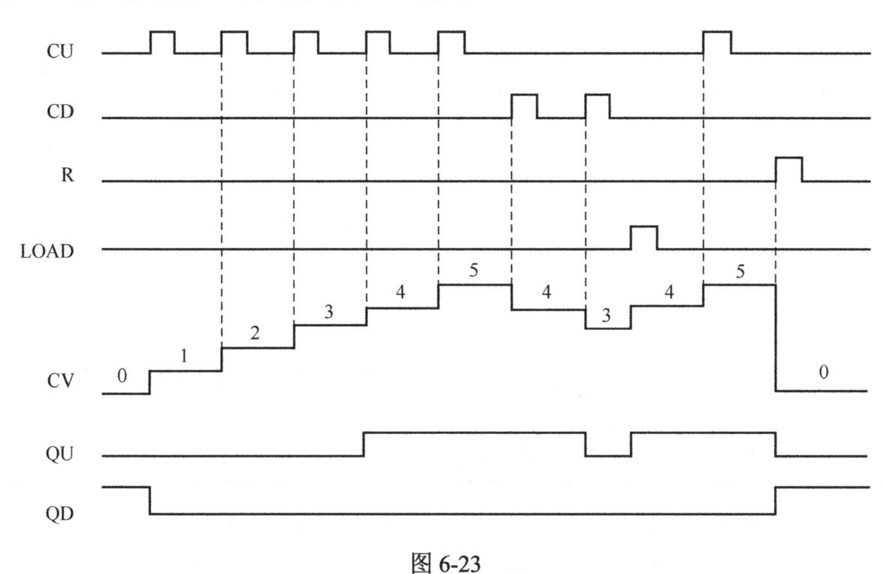

图 6-23

6.3.4　比较指令

对比较指令的说明如表 6-4 所示。

表 6-4

指　　令	关 系 类 型	满足以下条件时比较结果为真	支持的数据类型
== ???	=（等于）	IN1=IN2	SInt,Int Dint，USInt UInt，UDInt Real，LReai,String，Char,Time,DTL，Constant
<> ???	<>（不等于）	IN1<>IN2	
>= ???	>=（大于或等于）	IN1>=IN2	
<= ???	<=（小于或等于）	IN1<=IN2	
> ???	>（大于）	IN1>IN2	

（续表）

指　令	关 系 类 型	满足以下条件时比较结果为真	支持的数据类型
—| < ??? |—	<（小于）	IN1<IN2	
IN_RANGE ??? MIN VAL MAX	IN_RANGE（值在范围内）	MIN<=VAL<=MAX	SInt、Int、Dint、USInt、UInt、UDInt、Real、Constant
OUT_RANGE ??? MIN VAL MAX	OUT_RANGE（值在范围外）	VAL<MIN 或 VAL>MAX	
—| OK |—	OK（检查有效性）	输入值为有效 REAL 数	Real,LReal
—| NOT_OK |—	NOT_OK（检查无效性）	输入值不是有效 REAL 数	

比较指令可以将第一个比较值（<操作数 1>）和第二个比较值（<操作数 2>）进行比较，如果满足比较条件，则指令返回逻辑运算结果（RLO）“1”；如果不满足比较条件，则指令返回逻辑运算结果（RLO）“0”。该指令的 RLO 通过以下方式与整个程序段中的 RLO 进行逻辑运算：在指令上方的操作数占位符中指定第一个比较值（<操作数 1>）；在指令下方的操作数占位符中指定第二个比较值（<操作数 2>）。

如果启用了 IEC 检查，则要比较的操作数必须属于同一数据类型；如果未启用 IEC 检查，则操作数的宽度必须相同。

1．比较浮点数

比较数据类型 REAL 或 LREAL 时可以使用比较指令，建议使用指令“IN_RANGE：值在范围内”。比较浮点数时，待比较的操作数必须具有相同的数据类型，而无须考虑具体的“IEC 检查”（IEC Check）设置。对于无效运算的运算结果（如−1 的平方根），这些无效浮点数（NaN）的特定位模式不可比较。即如果一个操作数的值为 NaN，则指令的结果将为 FALSE。

2．比较字符串

在比较字符串时，通过字符的代码比较各字符（如“a”大于“A”），从左到右执行比较。第一个不同的字符决定比较结果。系统无法比较无效定时器、日期和时间的位模式（如 DT#2015-13-33-25：62：99.999_999_999）。如果某个操作数的值无效，则指令的结果将为

FALSE。并非所有时间类型都可以直接相互比较（如 S5TIME），此时需要将其显式转换为其他时间类型（如 TIME），然后再进行比较。

如果要比较不同数据类型的日期和时间，则需将较小的日期或时间数据类型显式转换为较大的日期或时间数据类型。例如，比较日期和时间数据类型 DATE 和 DTL 时，将基于 DTL 进行比较。如果显式转换失败，则比较结果为 FALSE。WORD 数据类型的变量与 S5TIME 数据类型的变量进行比较时，两种变量都将转换为 TIME 数据类型。WORD 变量将解释为一个 S5TIME 值。如果两个变量中的某个变量无法转换，则不能进行比较且输出结果 FALSE；如果转换成功，则系统将基于所选的比较指令进行比较操作。

6.3.5 比较数据

比较数据可以是变量也可以是常量，数据类型可以多种多样，存储区可以是 I、Q、M、L、DB，如图 6-24 所示。

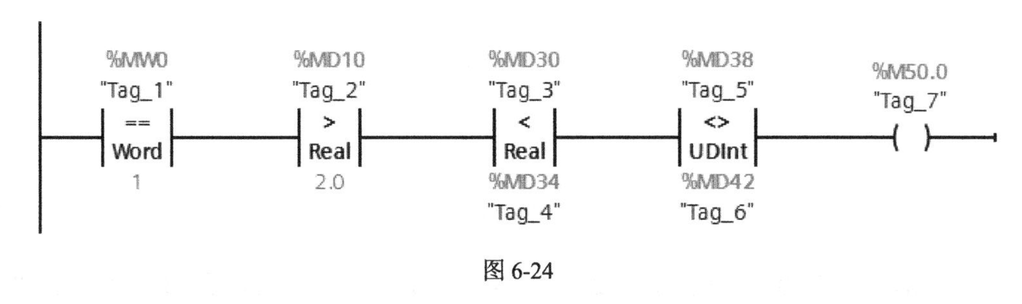

图 6-24

6.3.6 数值范围检测

IN_RANGE 判别输入值是否在范围值内，满足 MIN<=VAL<=MAX 条件则功能框输出为 1，否则输出为 0。OUT_RANGE 判别输入值是否在范围值外，满足 MIN>VAL 或 VAL>MAX 条件则功能框输出为 1，否则输出为 0。对数值范围的检测如图 6-25 所示。

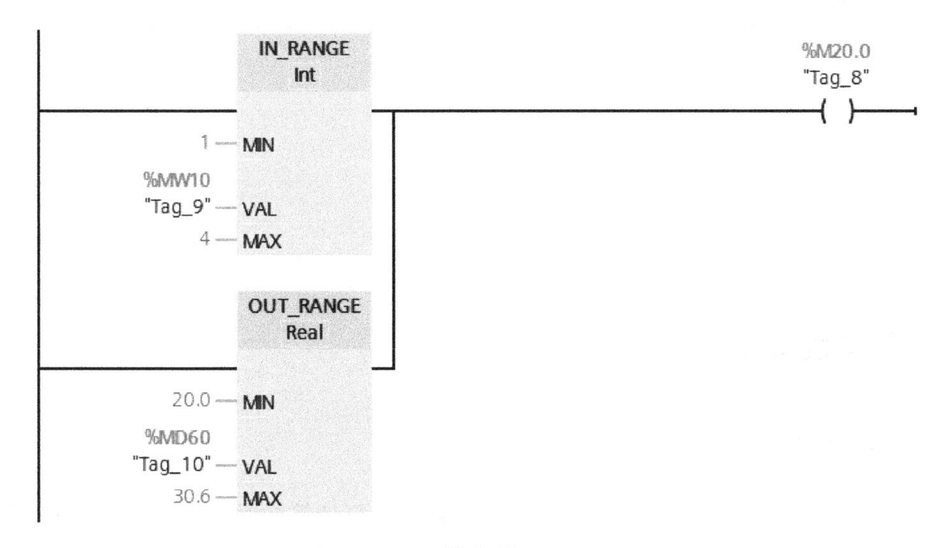

图 6-25

6.3.7 检查有效性和检查无效性

“检查有效性”指令可以检查操作数的值（<操作数>）是否为有效浮点数，如图 6-26 所示。如果该指令输入的信号状态为“1”，则在每个程序周期内都进行检查。查询时，如果操作数的值是有效浮点数且指令的信号状态为“1”，则该指令输出的信号状态为“1”。在其他任何情况下，“检查有效性”指令输出的信号状态都为“0”。“检查有效性”指令和 EN 机制可以同时使用。如果将该指令功能框连接到 EN 使能输入，则仅在值的有效性查询结果为正数时才置位使能输入。该功能可确保仅在指定操作数的值为有效浮点数时才启用该指令。

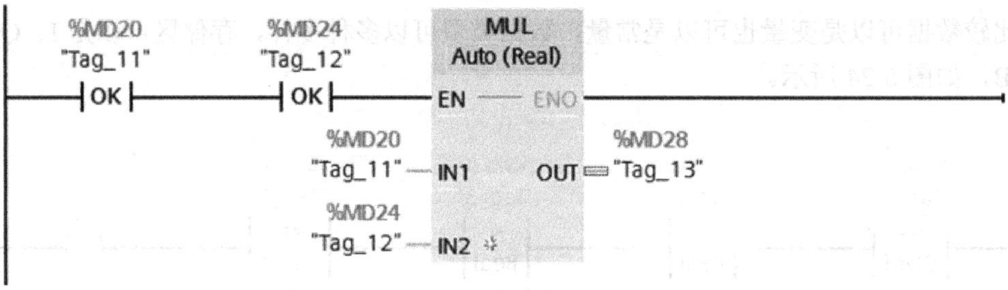

图 6-26

“检查无效性”指令可以检查操作数的值（<操作数>）是否为无效浮点数，如图 6-27 所示。如果该指令输入的信号状态为“1”，则在每个程序周期内都进行检查。查询时，如果操作数的值是无效浮点数且指令的信号状态为“1”，则该指令输出的信号状态为“1”。在其他任何情况下，“检查无效性”指令输出的信号状态都为“0”。

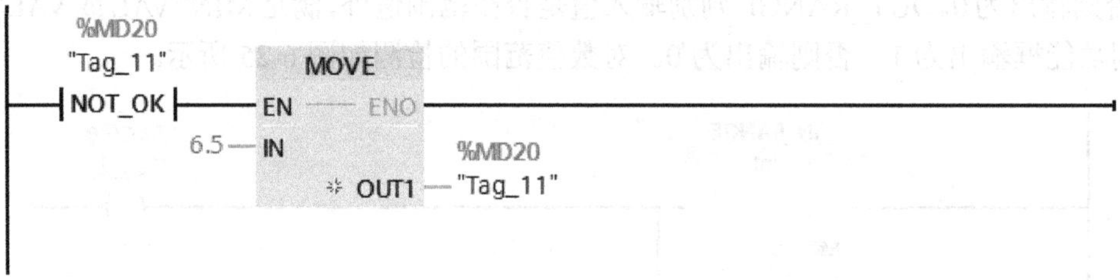

图 6-27

6.4 数学运算指令

6.4.1 计算指令

计算指令可以定义并执行表达式，根据所选数据类型计算数学运算或复杂逻辑运算，如图 6-28 所示。从指令框的“???”下拉列表中选择该指令的数据类型，根据所选的数据类型，可以组合某些指令的函数来执行复杂计算。如果想在一个对话框中指定待计算的表达式，可以单击指令框右上方的“计算器”图标打开该对话框。表达式可以包含输入参数的名称和指令的语法，不能指定操作数名称和操作数地址。

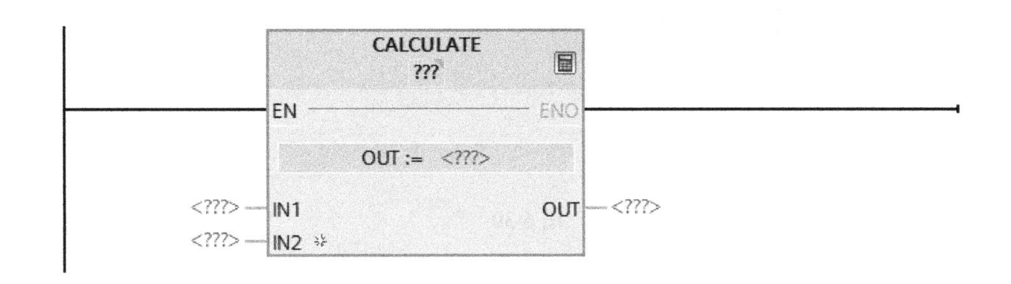

图 6-28

在初始状态下，指令框至少包含两个输入（IN1 和 IN2），可以扩展输入数目。在功能框中按升序对插入的输入进行编号。使用输入的值执行指定表达式。表达式中不一定会使用所有的已定义输入。该指令的结果将传送到输出 OUT 中。

6.4.2　加法、减法、乘法、除法指令

在初始状态下，指令框中至少包含两个输入（IN1 和 IN2）。加法和乘法可以扩展输入数目，在功能框中按升序对插入的输入进行编号。该指令执行时，将所有可用输入参数的值进行运算，并将求得的和存储在输出 OUT 中。

对加法、减法、乘法、除法指令的说明如图 6-29 所示。

数学函数	
CALCULATE	计算
ADD	加
SUB	减
MUL	乘
DIV	除法

图 6-29

6.4.3　获取最小值指令

获取最小值指令是指比较可用输入的值，并将最小的值写入输出 OUT 中。在指令框中可以通过其他输入来扩展输入的数量。在功能框中按升序对输入进行编号。该指令执行时最少需要指定两个输入，最多可以指定 100 个输入。对获取最小值指令的说明如图 6-30 所示。

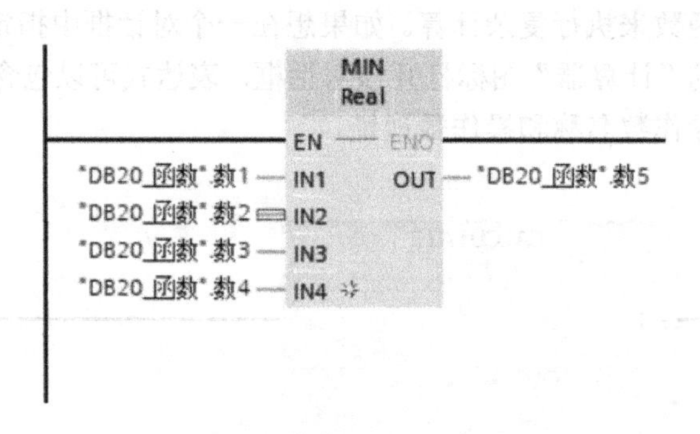

图 6-30

6.4.4 获取最大值指令

获取最大值指令是指比较可用输入的值，并将最大的值写入输出 OUT 中。在指令框中可以通过其他输入来扩展输入的数量。在功能框中按升序对输入进行编号。该指令执行时最少需要指定两个输入，最多可以指定 100 个输入。对获取最大值指令的说明如图 6-31 所示。

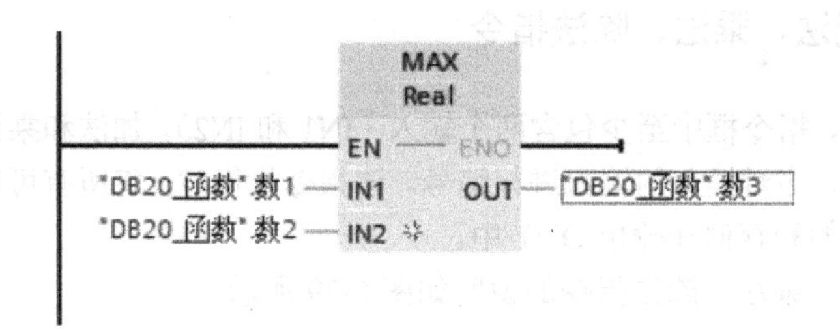

图 6-31

6.5 移动操作

6.5.1 移动值指令

移动值指令是指将输入 IN 操作数中的内容传送给输出 OUT1 操作数，始终沿地址升序方向进行传送，如图 6-32 所示。

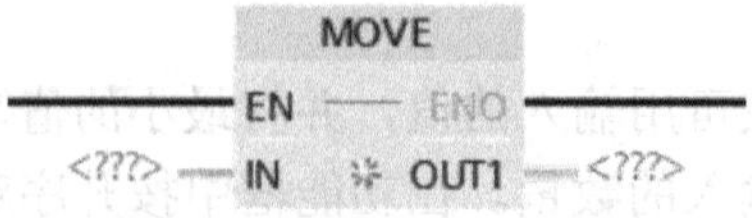

图 6-32

6.5.2　移动块指令

移动块指令是指将一个存储区（源范围）的数据移动到另一个存储区（目标范围）中。参数 COUNT 可以指定移动到目标范围中的元素个数。通过输入 IN 中元素的宽度可以定义元素待移动的宽度。该指令仅当源范围和目标范围的数据类型相同时才能被执行，如图 6-33 所示。

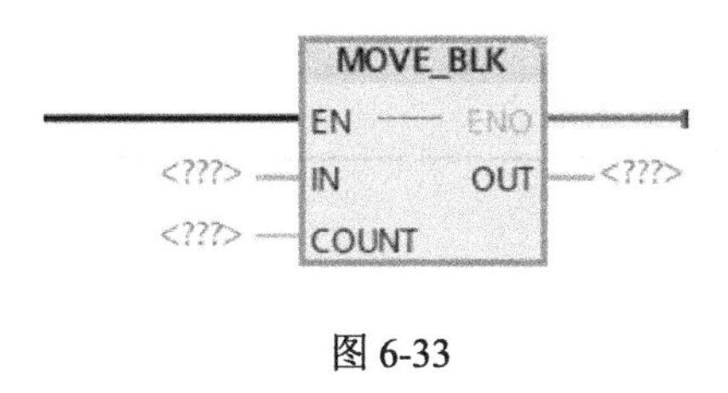

图 6-33

6.5.3　不可中断的存储区移动指令

不可中断的存储区移动（Move Block Uninterruptible）指令是指将一个存储区（源范围）的数据移动到另一个存储区（目标范围）中。该指令不可中断。参数 COUNT 可以指定移动到目标范围中的元素个数。通过输入 IN 中元素的宽度可以定义元素待移动的宽度。该指令仅当源范围和目标范围的数据类型相同时才能被执行，如图 6-34 所示。

图 6-34

6.5.4　填充存储区指令

填充存储区指令是指用输入 IN 的值填充一个存储区（目标范围）。从输出 OUT 指定的地址开始填充目标范围。执行该指令时，输入 IN 中的值将移动到目标范围，重复次数由参数 COUNT 的值指定。该指令仅当源范围和目标范围的数据类型相同时才能被执行，如图 6-35 所示。

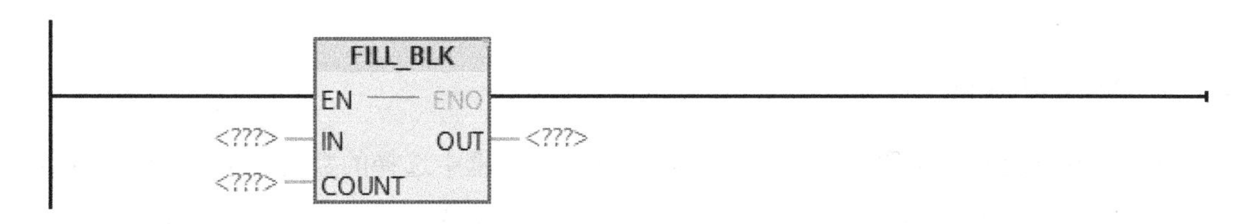

图 6-35

6.5.5 不可中断的存储区填充指令

不可中断的存储区填充（Fill Block Uninterruptible）指令是指用输入 IN 的值填充一个存储区（目标范围）。该指令不可中断，从输出 OUT 指定的地址开始填充目标范围。执行该指令时，输入 IN 中的值将移动到目标范围，重复次数由参数 COUNT 的值指定，如图 6-36 所示。

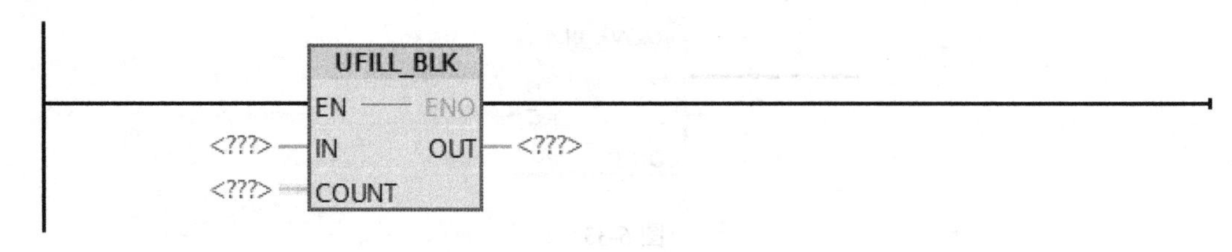

图 6-36

6.5.6 交换指令

交换指令是指更改输入 IN 中字节的顺序，并在输出 OUT 中查询结果。使用交换指令交换数据类型为 DWORD 的操作数的字节如图 6-37 所示。

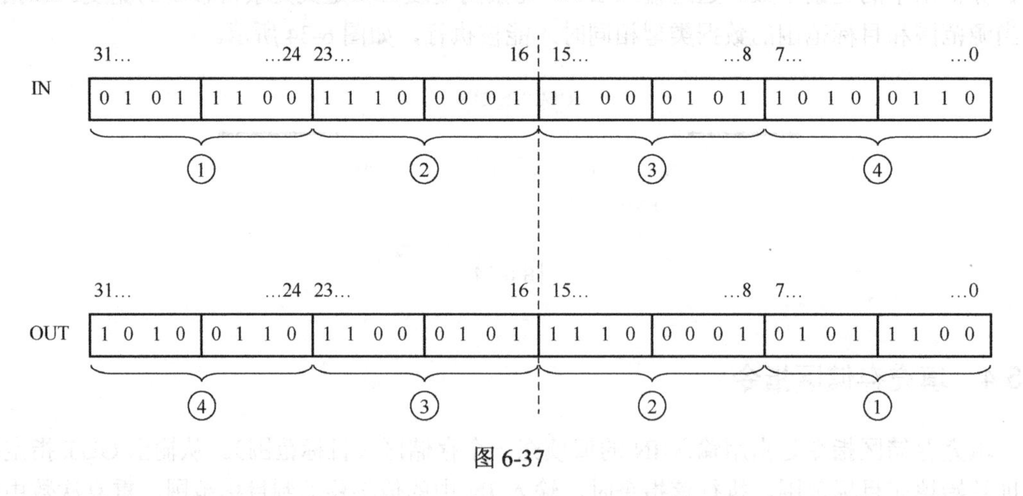

图 6-37

6.6 转换操作

6.6.1 转换值指令

转换值指令是指将读取输入 IN 的内容，并根据指令框中选择的数据类型对其进行转换，如图 6-38 所示，转换值在 OUT 处输出。有关可能的转换信息，请参见“另请参见”中的“显式转换”部分。

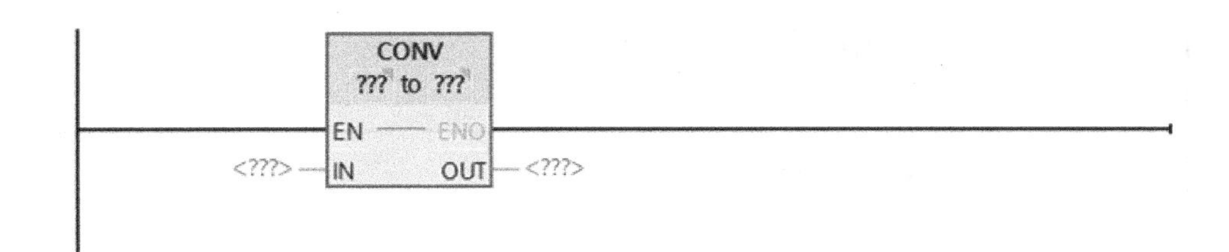

图 6-38

6.6.2 取整指令

取整指令是指将输入 IN 的值四舍五入取整为最接近的整数，如图 6-39 所示。该指令将输入 IN 的值解释为浮点数，并转换为一个 DINT 数据类型的整数。如果输入值恰好是在一个偶数和一个奇数之间，则选择偶数。指令结果被发送到输出 OUT，可供查询。

图 6-39

6.6.3 浮点数向上取整指令

浮点数向上取整指令是指将输入 IN 的值向上取整为相邻整数，如图 6-40 所示。该指令将输入 IN 的值解释为浮点数并将其转换为较大的相邻整数，指令结果被发送到输出 OUT，可供查询。输出值可以大于或等于输入值。

图 6-40

6.6.4 浮点数向下取整指令

浮点数向下取整指令是指将输入 IN 的值向下取整为相邻整数，如图 6-41 所示。该指令将输入 IN 的值解释为浮点数，并将其向下转换为相邻的较小整数。指令结果被发送到输出 OUT，可供查询。输出值可以小于或等于输入值。

图 6-41

6.6.5 截尾取整指令

截尾取整指令是指由输入 IN 的值得出整数，如图 6-42 所示。输入 IN 的值被视为浮点数。该指令仅选择浮点数的整数部分，并将其发送到输出 OUT 中，不带小数位。

图 6-42

6.6.6 缩放指令

缩放指令是指通过将输入 VALUE 的值映射到指定的值范围内以缩放该值，如图 6-43 所示。当执行缩放指令时，输入 VALUE 的浮点值会缩放到由参数 MIN 和 MAX 定义的值范围。缩放结果为整数，存储在输出 OUT 中。

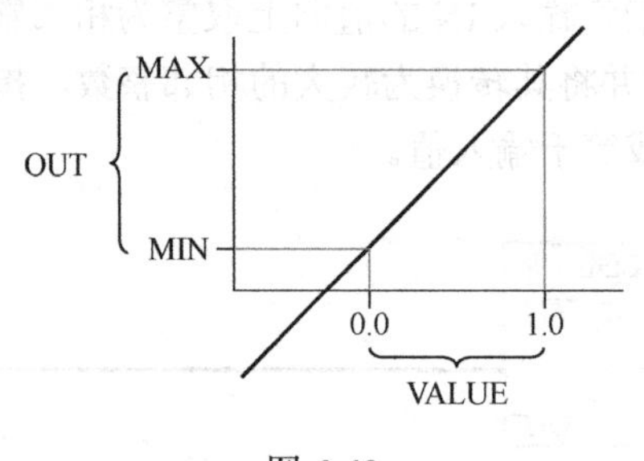

图 6-43

缩放指令按以下公式进行计算，结果如图 6-44 所示。

OUT=[VALUE*（MAX–MIN）]+MIN

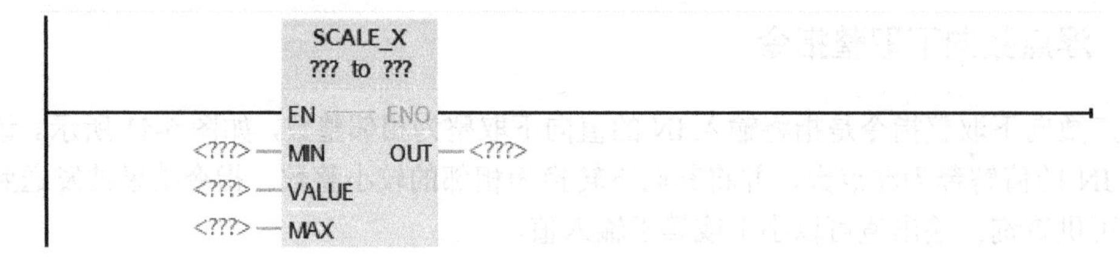

图 6-44

6.6.7　标准化指令

标准化指令是指通过将输入 VALUE 中变量的值映射到线性标尺对其进行标准化。可以使用参数 MIN 和 MAX 定义（应用于该标尺的）值范围的限值。输出 OUT 中的结果经过计算并存储为浮点数，这取决于要标准化的值在该值范围中的位置。如果要标准化的值等于输入 MIN 的值，则输出 OUT 将返回值“0.0”；如果要标准化的值等于输入 MAX 的值，则输出 OUT 将返回值“1.0”。图 6-45 说明了如何标准化值。

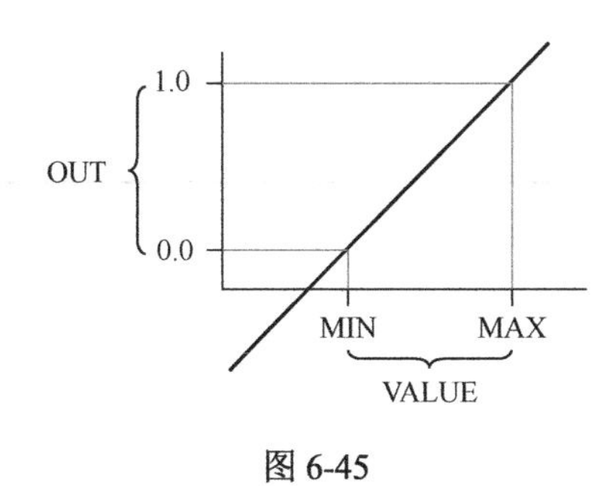

图 6-45

标准化指令按以下公式进行计算，结果如图 6-46 所示。

OUT=（VALUE－MIN）/（MAX－MIN）

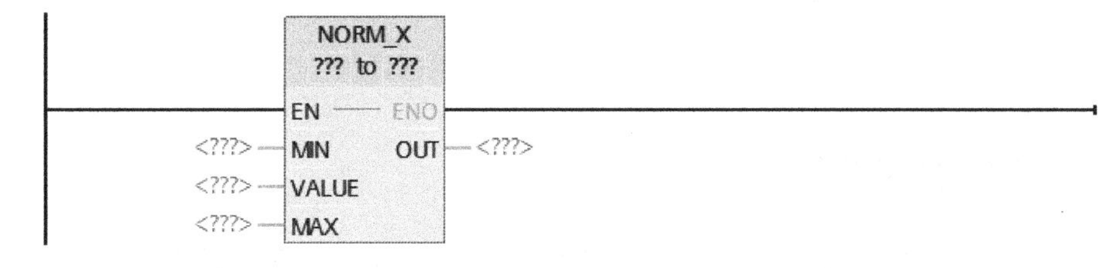

图 6-46

6.7　程序控制指令

6.7.1　跳转标签指令

“若 RLO= " 1 " 则跳转”指令可以中断程序的顺序执行，并从其他程序段继续执行。目标程序段必须由跳转标签（LABEL）进行标识。指令上方的占位符指定该跳转标签的名称。指定的跳转标签与执行的指令必须位于同一数据块中。指定的名称在块中只能出现一次。一个程序段中只能使用一个跳转线圈。

如果该指令输入的逻辑运算结果（RLO）为“1”，则将跳转到由指定跳转标签标识的程序段，可以跳转到更大或更小的程序段编号。如果不满足该指令输入的条件（RLO=0），则程序将继续执行下一程序段。

跳转标签指令的应用如图 6-47 所示。

"DB17_跳转".
启动跳转
JMP_LIST
EN DEST0 — L1
"DB17_跳转".
跳转值 — K DEST1 — L2

程序段 2：……
注释
L1
"DB17_跳转".
按钮1
"DB17_跳转".灯1

程序段 3：……
注释
L2
"DB17_跳转".
按钮2
"DB17_跳转".灯2

图 6-47

6.7.2 定义跳转列表指令

定义跳转列表指令可以定义多个有条件跳转，并继续执行由 K 参数的值指定的程序段中的程序。

跳转标签（LABEL）则可以在指令框的输出指定，用来定义跳转，且可在指令框中增加输出的数量。S7-1200 CPU 最多可以声明 32 个输出，而 S7-1500 CPU 最多可以声明 256 个输出。输出从值“0”开始编号，每次新增输出后以升序继续编号。在指令的输出中只能指定跳转标签，而不能指定指令或操作数。K 参数值将指定输出编号，因而程序将从跳转标签处继续执行。如果 K 参数值大于可用的输出编号，则继续执行块中下一个程序段中的程序。仅在 EN 使能输入的信号状态为“1”时，才执行定义跳转列表指令。

定义跳转列表指令的应用如图 6-48 所示。

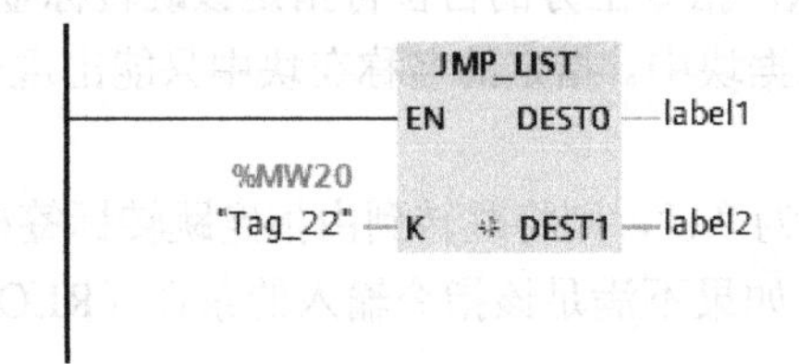

图 6-48

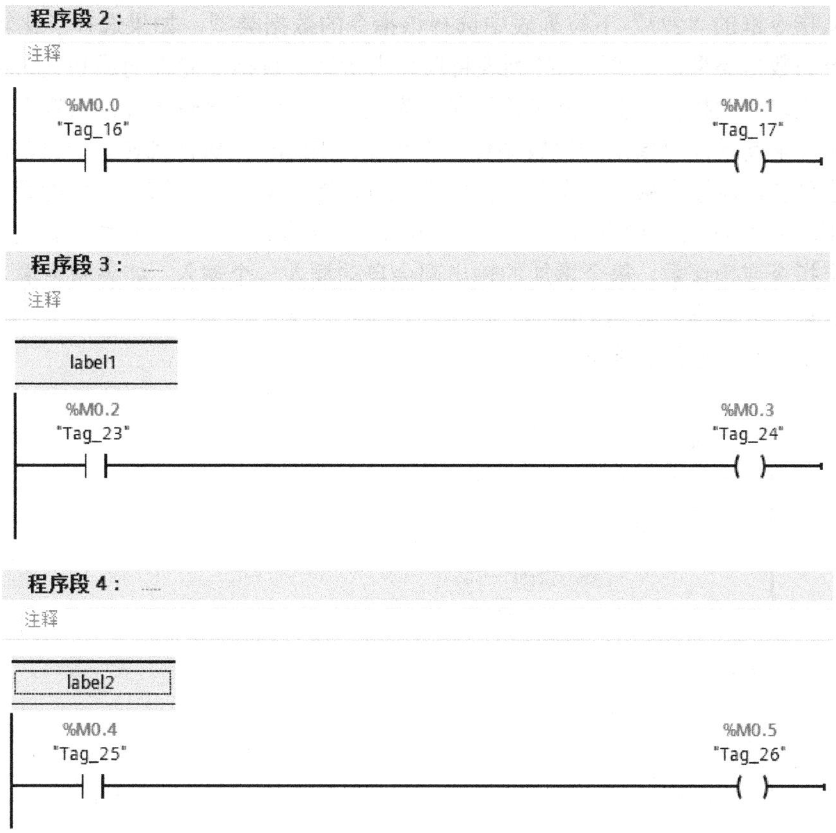

程序段 2： ……

注释

%M0.0 "Tag_16"　　%M0.1 "Tag_17"

程序段 3： ……

注释

label1

%M0.2 "Tag_23"　　%M0.3 "Tag_24"

程序段 4： ……

注释

label2

%M0.4 "Tag_25"　　%M0.5 "Tag_26"

图 6-48（续）

6.7.3　跳转分支指令

跳转分支指令是指根据一个或多个比较指令的结果，定义要执行的多个程序跳转。

在参数 K 中指定要比较的值。将该值与各个输入提供的值进行比较，可以为每个输入选择比较方法。各比较指令的可用性取决于指令的数据类型。

如表 6-5 所示，根据选定的数据类型列出了可用的比较指令。

表 6-5

数据类型		指令	语法
S7-1200	S7-1500 PLC		
位字符串	位字符串	等于	==
		不等于	<>
整数、浮点数、TIME、DATE、TOD	整数、浮点数、TIME、LTIME、DATE、TOD、LTOD、LDT	等于	==
		不等于	<>
		大于或等于	>=
		小于或等于	<=
		大于	>
		小于	<

可以从指令框的“???”下拉列表中选择该指令的数据类型。如果选择了比较指令而尚未定义指令的数据类型，“???”下拉列表将仅列出所选比较指令允许的那些数据类型。该指令从第一个比较开始执行，直至满足比较条件为止。如果满足比较条件，则将不考虑后续比较条件。如果未满足任何指定的比较条件，将在输出 ELSE 处执行跳转。如果输出 ELSE 中未定义程序跳转，则程序从下一个程序段继续执行。指令框中可以增加输出的数量。输出从值“0”开始编号，每次新增输出后以升序继续编号。指令的输出只能指定跳转标签（LABEL），而不能指定指令或操作数。每个增加的输出都会自动插入一个输入。如果满足输入的比较条件，则将执行相应输出处设定的跳转。

跳转分支指令的应用如图 6-49 所示。

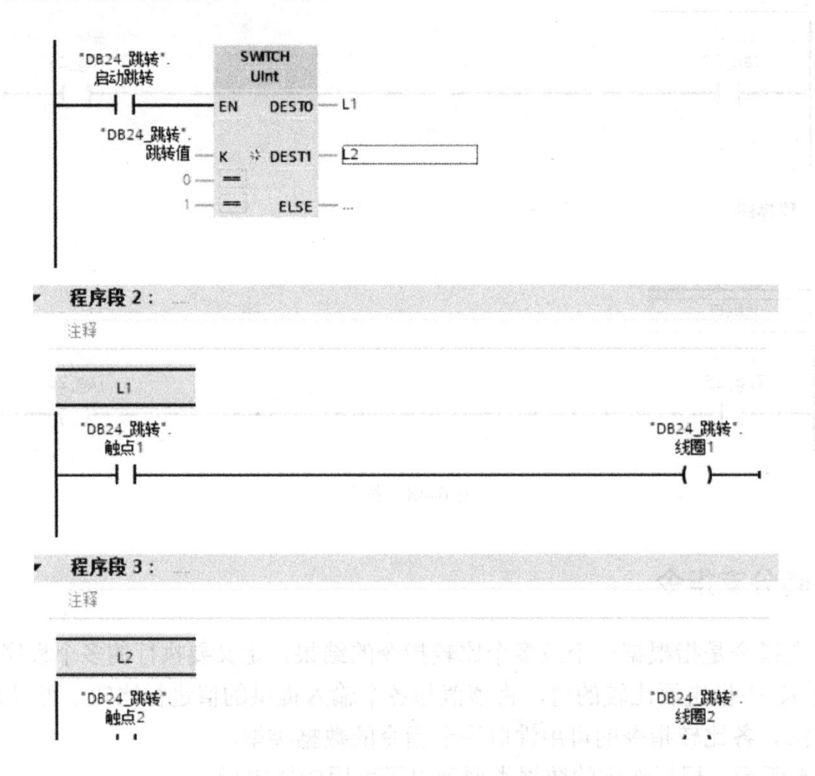

图 6-49

6.7.4 返回指令

返回指令可以停止有条件执行或无条件执行的块。程序块退出时，返回值（操作数）的信号状态与调用程序块的使能输出 ENO 相对应。

终止程序块的方式有 3 种，如表 6-6 所示。

表 6-6

终止程序块	说　明
无指令调用	在执行完最后一个程序段后退出程序块，并将该调用程序块使能输出 ENO 的信号状态置位为“1”

（续表）

终止程序块	说　明
前置逻辑运算调用该指令（请参见示例）	如果满足前置逻辑运算的条件，则在程序块结束在当前所调用程序块中的运行。（条件程序块结束）在程序块调用后继续在调用程序块中执行该程序。并将该调用程序块的使能输出 ENO 与该操作数相匹配
不通过前置逻辑运算调用该指令，或者将指令直接连接到左侧电源线上	块无条件退出。（无条件程序块结束）并将该调用程序块的使能输出 ENO 与该操作数相匹配

如果结束了某个组织块（OB），则执行等级系统将选择另一个程序块开始执行或继续执行。在该 OB 程序循环结束时，重新启动。如果 OB 结束并中断了其他块（如中断 OB），则中断的程序块（如程序循环 OB）将继续执行。

注意：RET 与 JMP 和 JMPN 指令相关。如果程序段中已包含“JMP：若 RLO= " 1 " 则跳转”或“JMPN：若 RLO= " 0 " 则跳转”指令，则不得使用 RET。每个程序段中只能使用一个跳转线圈。

该指令的返回值有以下几种情况。

（1）Ret：RLO，即逻辑运算结果 RLO。当条件为 TRUE 时，RET 指令只能运行为条件指令，因此调用程序块使能输出 ENO 的信号状态为“1”。

（2）Ret TRUE 或 Ret FALSE：常量的对应值，调用程序块的值为 TRUE 或 FALSE。

（3）Ret TRUE：调用程序块的值为布尔型变量<操作数>的值。要设置该指令的返回值，可单击该指令旁的黄色小三角并在下拉列表中选择相应值。

表 6-7 列出了当所调用程序块中的程序段写入该指令时调用函数的状态。

表 6-7

RLO	返　回　值	调用程序块的 ENO
1	RLO	1
	TRUE	1
	FALSE	0
	<操作数>布尔型变量的存储区 I、Q、M、D、L、T 和 C	<操作数>
0	RLO	该程序块在所调用程序块的下一程序段中继续执行
	TRUE	
	FALSE	
	<操作数>	

返回指令的应用如图 6-50 所示。

%M0.0
"Tag_16"
%M0.1
"Tag_17"

图 6-50

程序段 2：……

注释

%M0.2
"Tag_23"

false
RET

程序段 3：……

注释

%M0.4
"Tag_25"

%M0.5
"Tag_26"

图 6-50（续）

6.8 字逻辑运算

6.8.1 “与”运算指令

“与”运算指令是指将输入 IN1 的值和输入 IN2 的值按位进行“与”运算，并在输出 OUT 中查询结果。该指令执行时，将输入 IN1 的值的位 0 和输入 IN2 的值的位 0 进行“与”运算，结果存储在输出 OUT 的位 0 中。对指定值的所有其他位都执行相同的逻辑运算。指令功能框中可以展开输入的数字，以升序对相加的输入进行编号。指令执行时将对所有可用输入参数的值进行“与”运算，结果存储在输出 OUT 中。只有该逻辑运算中的两个位的信号状态均为“1”时，结果位的信号状态才为“1”。如果该逻辑运算的两个位中有一个位的信号状态为“0”，则对应的结果位将复位。

“与”运算指令的应用如图 6-51 所示。

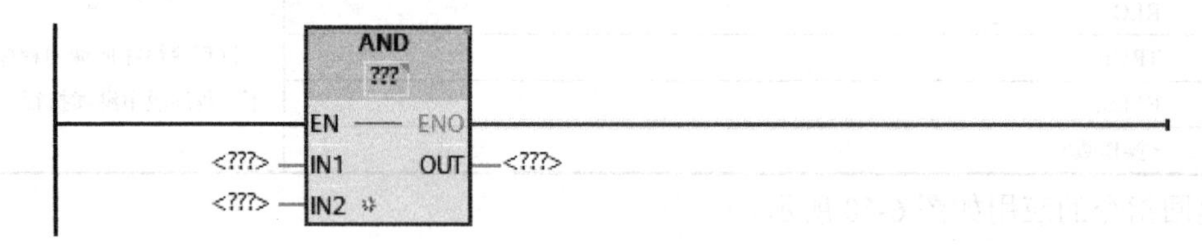

图 6-51

6.8.2 “或”运算指令

“或”运算指令是指将输入 IN1 的值和输入 IN2 的值按位进行“或”运算，并在输出 OUT 中查询结果。

该指令执行时，将输入 IN1 的值的位 0 和输入 IN2 的值的位 0 进行“或”运算，结果存储在输出 OUT 的位 0 中。对指定变量的所有位都执行相同的逻辑运算。指令功能框中可以展开输入的数字，并以升序对相加的输入进行编号。指令执行时将对所有可用输入参数的值进行“或”运算，结果存储在输出 OUT 中。只要该逻辑运算中的两个位中至少有一个位的信号状态为“1”，结果位的信号状态就为“1”。如果该逻辑运算的两个位的信号状态均为“0”，则对应的结果位将复位。

“或”运算指令的应用如图 6-52 所示。

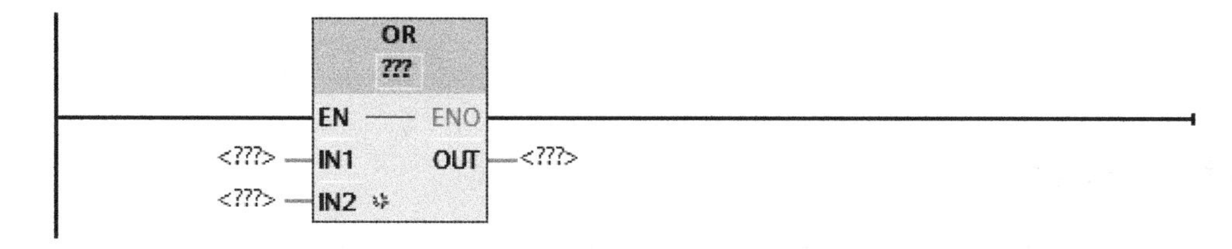

图 6-52

6.8.3 “取反”运算指令

“取反”运算指令是指对输入 IN 的各个位的信号状态取反。该指令执行时，将输入 IN 的值与一个十六进制掩码(表示 16 位数的 W#16#FFFF 或表示 32 位数的 DW#16#FFFFFFFF)进行“异或”运算，这会使各个位的信号状态取反，并将结果存储在输出 OUT 中。

“取反”运算指令的应用如图 6-53 所示。

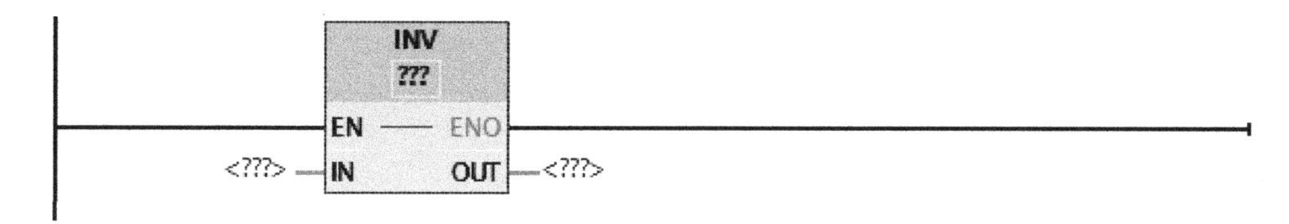

图 6-53

6.8.4 解码指令

解码指令是指读取输入 IN 的值，并将输出值中位号与读取值对应的那个位置位。输出值中的其他位以“0”填充。如果输入 IN 的值大于 31，则执行模 32 指令。解码指令的应用如图 6-54 所示。

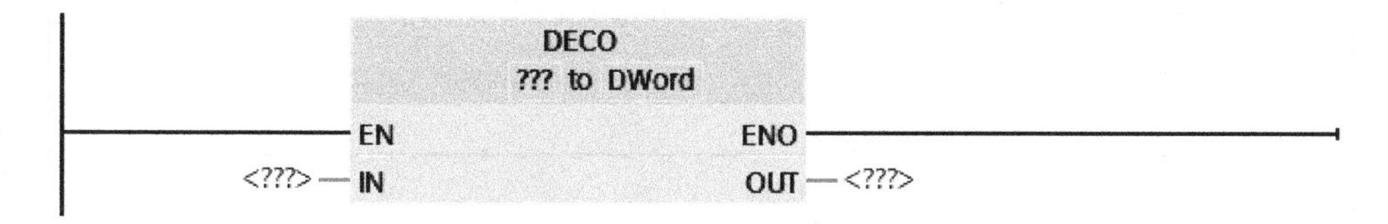

图 6-54

6.8.5 编码指令

编码指令是指读取输入 IN 值中最低有效位的位号并将其发送到输出 OUT。编码指令的应用如图 6-55 所示。

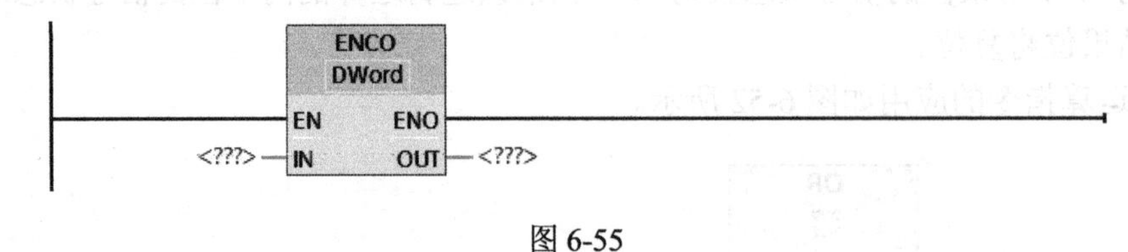

图 6-55

6.8.6 选择指令

选择指令是指根据开关（输入 G）的情况，选择输入 IN0 或 IN1 中的一个，并将其内容复制到输出 OUT。当输入 G 的信号状态为“0”时，则将输入 IN0 的值移动到输出 OUT；当输入 G 的信号状态为“1”时，则将输入 IN1 的值移动到输出 OUT。只有当所有参数的变量均为同一种数据类型时，才能执行该指令。选择指令的应用如图 6-56 所示。

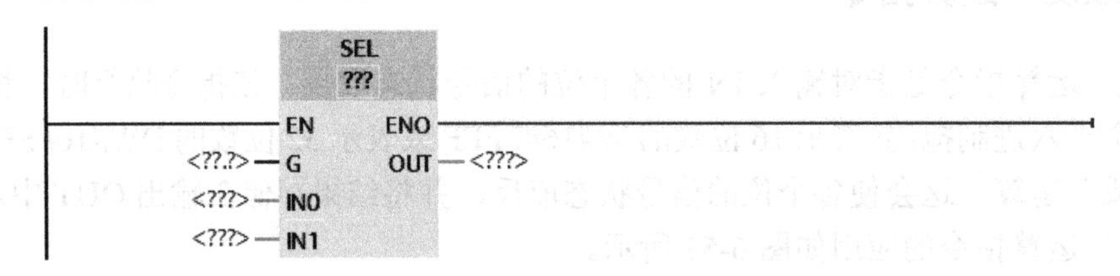

图 6-56

6.9 移位和循环

6.9.1 右移指令

右移指令是指将输入 IN 中操作数的内容按位向右移位，并在输出 OUT 中查询结果。参数 N 用于指定将指定值移位的位数。如果参数 N 的值为“0”，则将输入 IN 的值复制到输出 OUT 的操作数中。如果参数 N 的值大于位数，则输入 IN 的操作数值将向右移动该位数个位置。无符号值移位时，用“0”填充操作数左侧区域中空出的位。如果指定值有符号，则用符号位的信号状态填充空出的位。

如图 6-57 所示为将 INT 数据类型操作数中的内容向右移动 4 位。

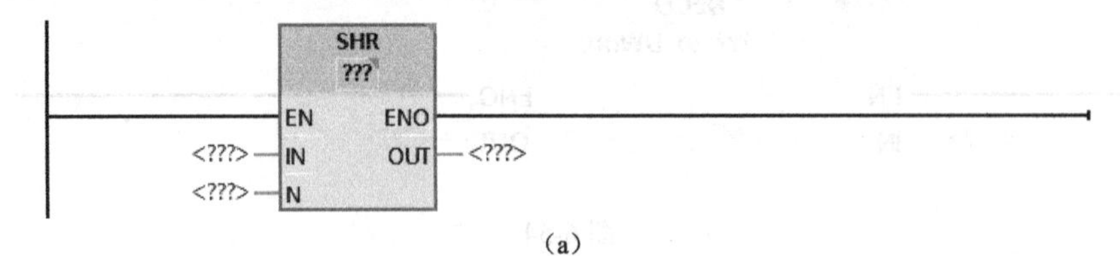

（a）

图 6-57

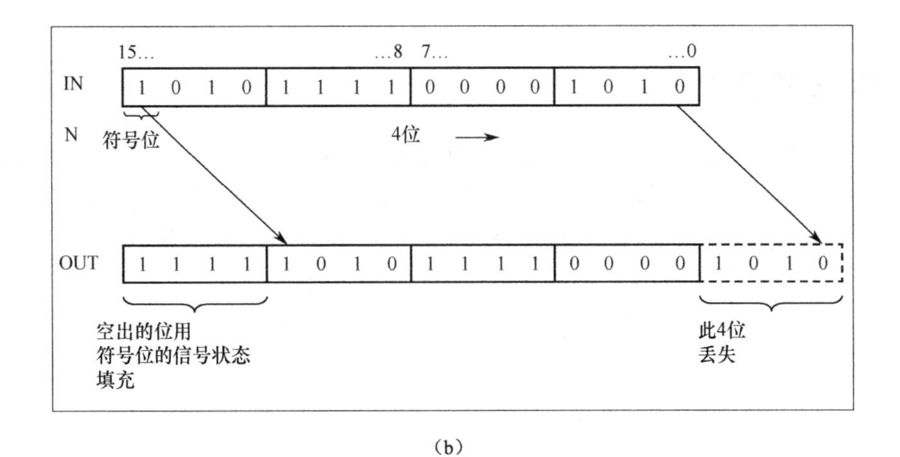

（b）

图 6-57（续）

6.9.2　左移指令

左移指令是指将输入 IN 中操作数的内容按位向左移位，并在输出 OUT 中查询结果。参数 N 用于指定将指定值移位的位数。如果参数 N 的值为“0”，则将输入 IN 的值复制到输出 OUT 的操作数中。如果参数 N 的值大于位数，则输入 IN 的操作数值将向右移动该位数个位置，用“0”填充操作数右侧部分因移位空出的位。

如图 6-58 所示为将 WORD 数据类型操作数的内容向左移动 6 位。

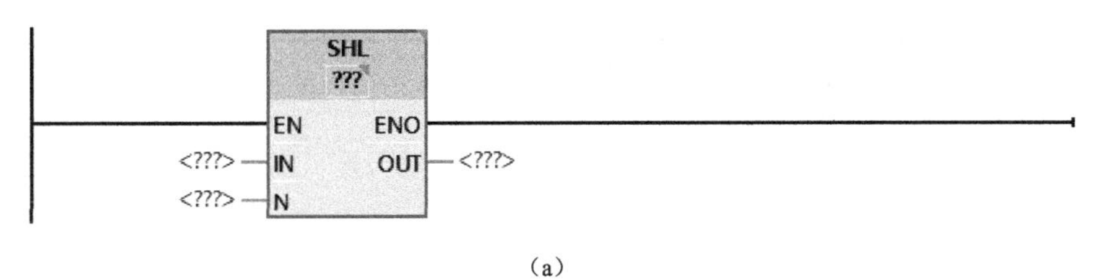

（a）

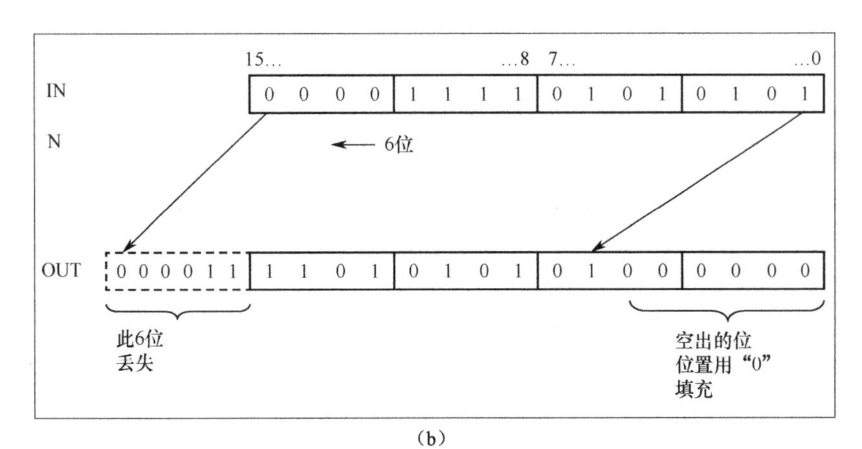

（b）

图 6-58

6.9.3 循环右移指令

循环右移指令是指将输入 IN 中操作数的内容按位向右循环移位，并在输出 OUT 中查询结果。参数 N 用于指定循环移位中待移动的位数，用移出的位填充因循环移位而空出的位。如果参数 N 的值为“0”，则将输入 IN 的值复制到输出 OUT 的操作数中。如果参数 N 的值大于可用位数，则输入 IN 中的操作数值将循环移动指定位数。

如图 6-59 所示为将 DWORD 数据类型操作数的内容向右循环移动 3 位。

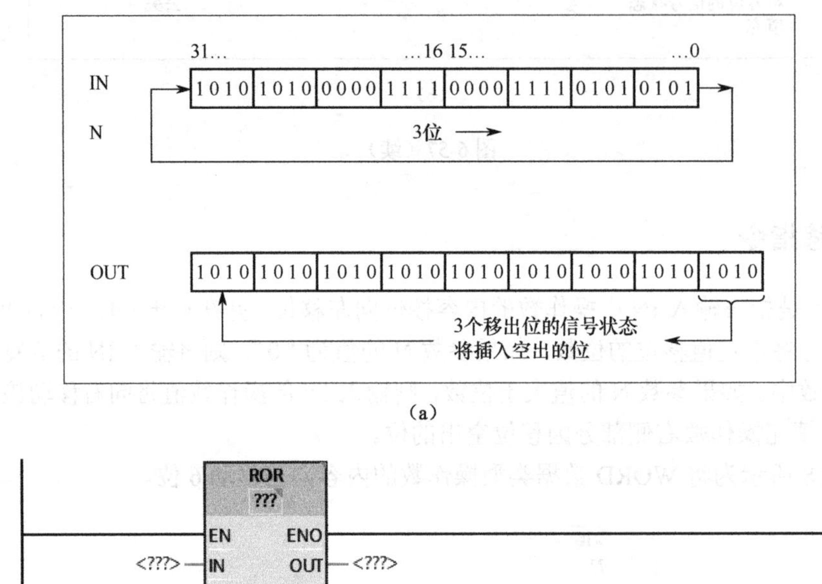

(a)

(b)

图 6-59

本章练习

❶ 制作跑马灯程序从 Q0.0 到 Q1.7 每个灯依次循环点亮 1s，然后从 Q1.7 到 Q0.0 返回依次点亮 1s，然后又从 Q0.0 到 Q1.7 每个灯依次循环点亮 1s。

❷ S7-1200 的位逻辑指令有哪些？

❸ S7-1200 的定时器指令有哪些？

❹ S7-1200 的运算指令有哪些？

❺ S7-1200 的程序控制指令有哪些？

第 7 章

程序块和数据块

学习内容

熟悉各个 OB 块的工作原理和触发条件，掌握 FC、FB、DB 块的使用方法，并能灵活应用 OB、FC、FB、DB 块进行编程。

7.1 函数（FC）

❶ 在程序块中单击“添加新块”按钮 添加新块，在弹出的“添加新块”对话框中选中“FC 函数”按钮，单击“确定”按钮，如图 7-1 所示。

图 7-1

❷ 定义接口。Input 为输入，Output 为输出，InOut 为输入输出，Temp 为临时变量（临时变量作为中间变量使用，但临时变量必须在扫描周期内先赋值再使用，如不先赋值就使用

则程序可能出错），如图 7-2 和图 7-3 所示。

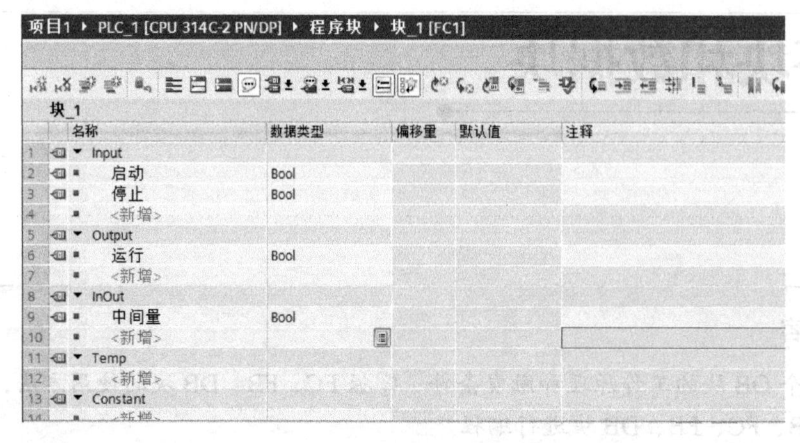

项目1 ▸ PLC_1 [CPU 314C-2 PN/DP] ▸ 程序块 ▸ 块_1 [FC1]

块_1

	名称	数据类型	偏移量	默认值	注释
1	▼ Input				
2	启动	Bool			
3	停止	Bool			
4	<新增>				
5	▼ Output				
6	运行	Bool			
7	<新增>				
8	▼ InOut				
9	中间量	Bool			
10	<新增>				
11	▼ Temp				
12	<新增>				
13	▼ Constant				
14	<新增>				

图 7-2

▼ 程序段 1：……

注释

#启动 #停止 #中间量

#中间量

▼ 程序段 2：……

注释

#中间量 #运行

图 7-3

❸ 使用。写完块内程序后保存，即可在其他地方调用，如图 7-4 所示。

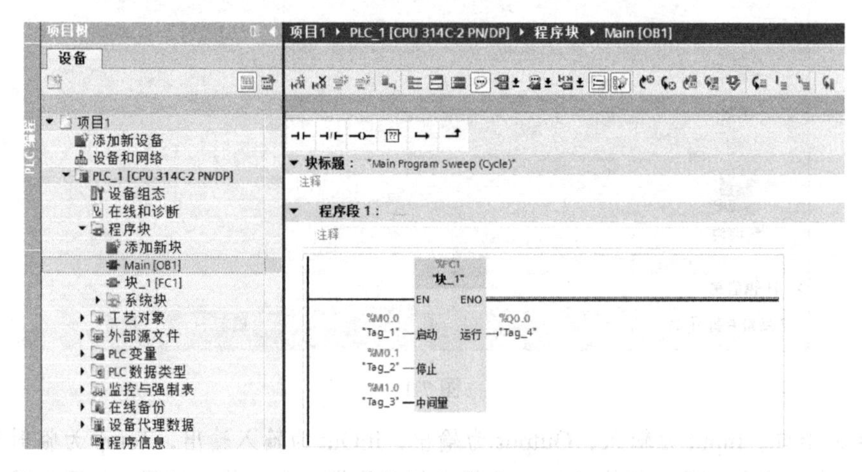

图 7-4

7.2 函数块（FB）

❶ 在程序块中单击“添加新块”按钮 添加新块，在弹出的“添加新块”对话框中选中“FB 函数块”按钮，单击“确定”按钮，如图 7-5 所示。

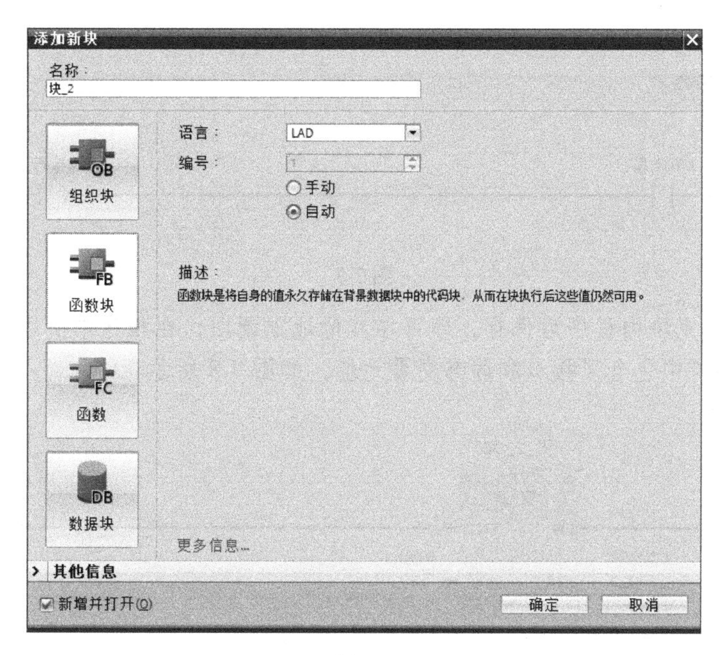

图 7-5

❷ 定义接口。Input 为输入，Output 为输出，InOut 为输入输出，Temp 为临时变量（临时变量作为中间变量使用，但临时变量必须在扫描周期内先赋值再使用，如不先赋值就使用则程序可能出错），Static 为静态变量，如图 7-6 和图 7-7 所示。

	名称	数据类型	偏移量	默认值	在 HMI ...	设定值
1	▼ Input					
2	启动	Bool	...	false	☑	
3	停止	Bool	...	false	☑	
4	<新增>					
5	▼ Output					
6	运行	Bool	...	false	☑	
7	<新增>					
8	▼ InOut					
9	<新增>					
10	▼ Static					
11	中间量	Bool	...	false	☑	
12	<新增>					
13	▼ Temp					
14	<新增>					
15	▼ Constant					
16	<新增>					

图 7-6

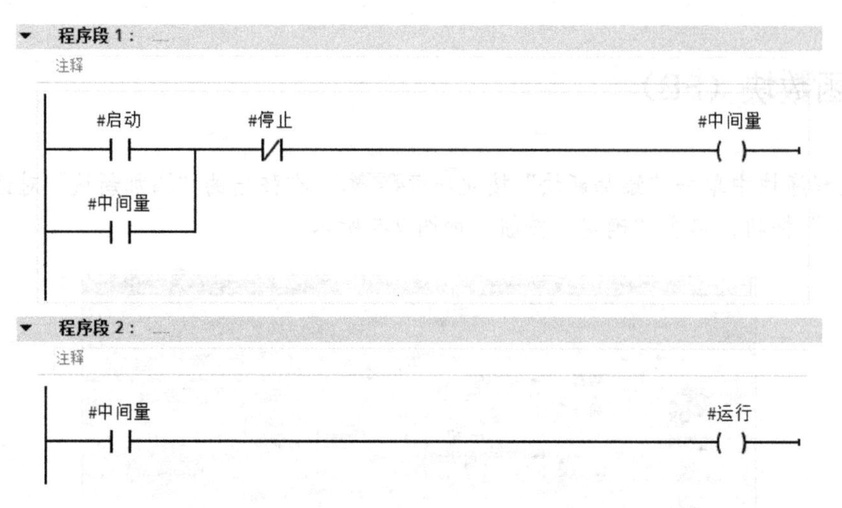

图 7-7

❸ 使用。写完块内程序后保存，即可在其他地方调用，在程序中使用将会生成背景数据块，数据块接口中包含了接口和静态变量地址，如图 7-8 所示。

%DB1
"块_2_DB"
%FB1
"块_2"
EN
ENO
%M2.0
"Tag_5"
启动
运行
%Q0.1
"Tag_7"
%M2.1
"Tag_6"
停止

图 7-8

7.3 组织块（OB）

组织块是操作系统和用户程序之间的接口。组织块用于执行具体的程序：

（1）在 CPU 启动时；

（2）在一个循环或延时时间到达时；

（3）当发生硬件中断时；

（4）当发生故障时；

（5）组织块根据其优先级执行。

7.4 OB 事件

OB 事件的类型如表 7-1 所示。

表 7-1

<table>
<tr><th>事 件 名 称</th><th>数　　量</th><th>OB 编号</th><th>优 先 级</th><th>优 先 组</th></tr>
<tr><td>程序循环</td><td>≥1</td><td>1；≥123</td><td>1</td><td rowspan="2">1</td></tr>
<tr><td>启动</td><td>≥1</td><td>100；≥123</td><td>1</td></tr>
<tr><td>延时中断</td><td>≤4</td><td>20~23；≥123</td><td>3</td><td rowspan="6">2</td></tr>
<tr><td>循环中断</td><td>≤4</td><td>30~38；≥123</td><td>7</td></tr>
<tr><td>沿（硬件）中断</td><td>16 个上升沿
16 个下降沿</td><td>40~47；≥123</td><td>5</td></tr>
<tr><td>HSC（高速计数器）中断</td><td>6 个计数值等于参考值
6 个计数方向变化
6 个外部复位</td><td>40~47；≥123</td><td>6</td></tr>
<tr><td>诊断错误</td><td>=1</td><td>82</td><td>9</td></tr>
<tr><td>时间错误</td><td>=1</td><td>80</td><td>26</td><td>3</td></tr>
</table>

通过表 7-1 可以看到，OB 分为 3 个优先组，高优先组中的组织块可中断低优先组中的组织块；如果同一个优先组中的组织块同时触发时，将按其优先级由高到低进行排队依次执行；如果同一个优先级的组织块同时触发时，将按块的编号由小到大依次执行。

CPU 为 3 个 OB 优先级组中的每一个组都提供了临时（本地）存储器：

（1）16KB 用于启动和程序循环（包括相关的 FB 和 FC）。

（2）4KB 用于标准中断事件（包括 FB 和 FC）。

（3）4KB 用于错误中断事件（包括 FB 和 FC）。

嵌套深度是指可以从 OB 调用功能（FC）或功能块（FB）等程序代码块的深度。从程序循环 OB 或启动 OB 开始调用 FC 和 FB 等程序代码块，嵌套深度为 16 层；从延时中断、循环中断、硬件中断、时间错误中断或诊断错误中断 OB 开始调用 FC 和 FB 等程序代码块，嵌套深度为 4 层。

在 CPU 处于 RUN 模式时，程序循环 OB 周期性地循环执行。程序循环 OB 中可以放置控制程序的指令或调用其他功能块（FC 或 FB）。主程序（Main）为程序循环 OB，要启动程序执行，项目中至少有一个程序循环 OB。操作系统每个周期调用该程序循环 OB 一次，从而启动用户程序的执行。

S7-1200 允许使用多个程序循环 OB，按 OB 的编号顺序执行。OB1 是默认设置，其他程序循环 OB 的编号必须大于或等于 123。程序循环 OB 的优先级为 1，可被高优先级的组织块中断；程序循环执行一次需要的时间即为程序的循环扫描周期时间。最长循环时间默认设置为 150ms。如果程序超过了最长循环时间，操作系统将调用 OB80（时间故障 OB）；如果 OB80 不存在，则 CPU 停机。

操作系统的执行过程如图 7-9 所示。

❶ 操作系统启动扫描循环监视时间。

❷ 操作系统将输出过程映像区的值写到输出模块。

❸ 操作系统读取输入模块的输入状态，并更新输入过程映像区。

❹ 操作系统处理用户程序并执行程序中包含的运算。

❺ 当循环结束时，操作系统执行所有未决的任务，如加载和删除块，或者调用其他循环 OB。

❻ CPU 返回循环起点，并重新启动扫描循环监视时间。

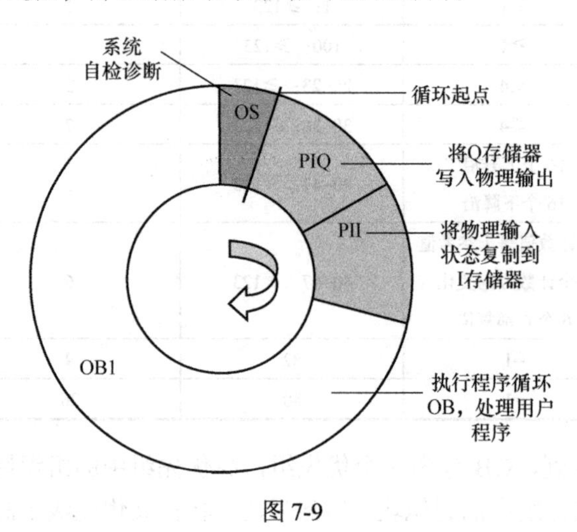

图 7-9

程序循环 OB 的使用示例：在循环组织块 OB123 中调用 FC1。具体实现过程如下：

❶ 创建循环组织块 OB123，如图 7-10 所示。

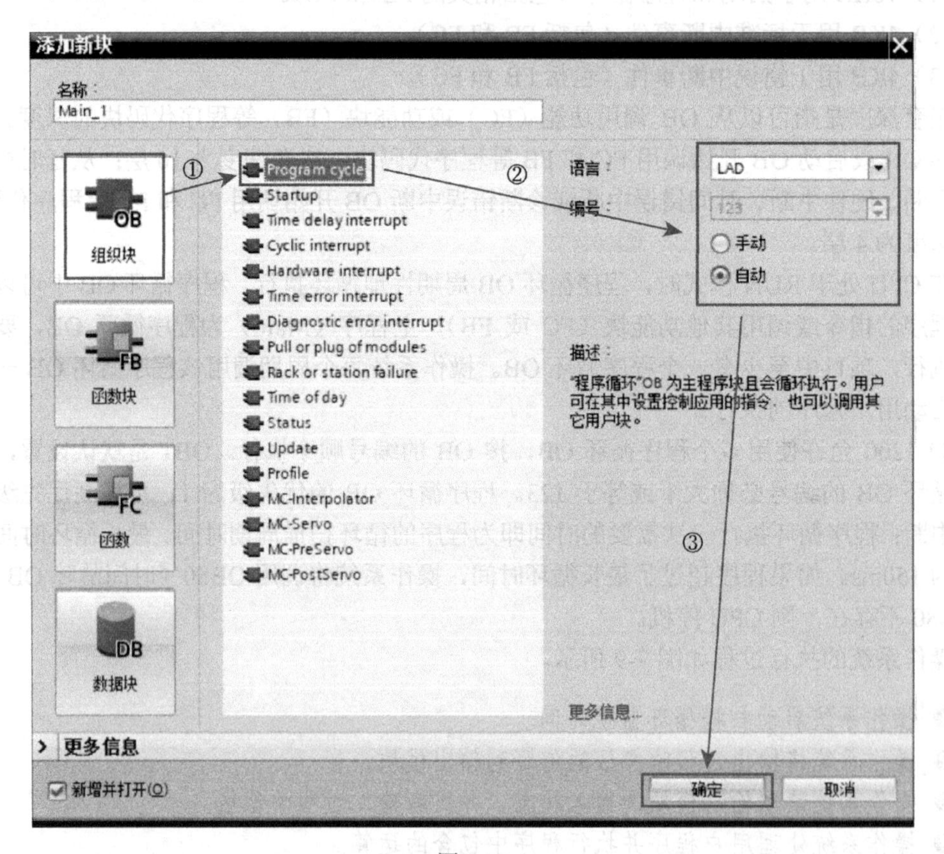

图 7-10

❷ 创建功能 FC1，如图 7-11 所示。

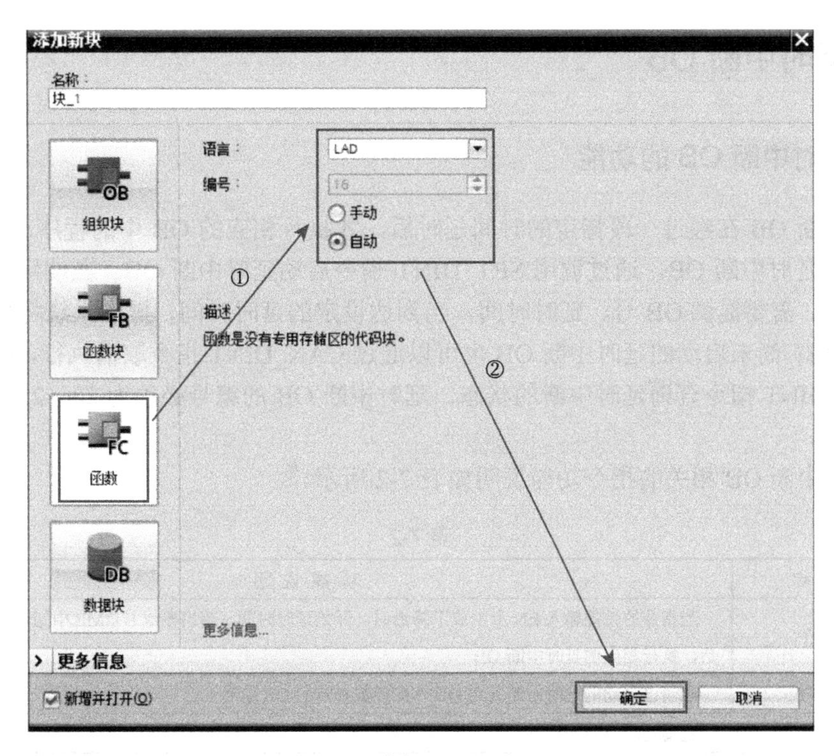

图 7-11

❸ 在循环组织块 OB123 中调用 FC1，如图 7-12 所示。

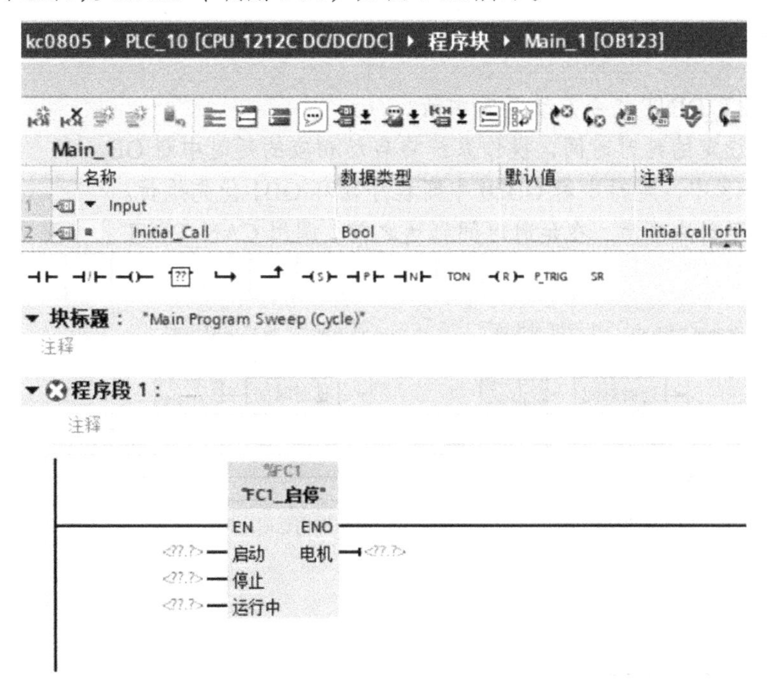

图 7-12

7.5 延时中断 OB

7.5.1 延时中断 OB 的功能

延时中断 OB 在经过一段指定的时间延时后，才执行相应的 OB 中的程序。S7-1200 最多支持 4 个延时中断 OB，通过调用 SRT_DINT 指令启动延时中断 OB。在使用 SRT_DINT 指令编程时，需要提供 OB 号、延时时间，当到达设定的延时时间，操作系统将启动相应的延时中断 OB；尚未启动的延时中断 OB 也可以通过 CAN_DINT 指令取消执行，同时还可以使用 QRY_DINT 指令查询延时中断的状态。延时中断 OB 的编号必须为 20～23，或大于等于 123。

与延时中断 OB 相关的指令功能说明如表 7-2 所示。

表 7-2

指令名称	功能说明
SRT_DINT	当指令的使能输入 EN 上生成下降沿时，开始延时时间，超出参数 DTIME 中指定的延时时间之后，执行相应的延时中断 OB
CAN_DINT	取消已启动的延时中断（由 OB_NR 参数指定的 OB 编号）
QRY_DINT	查询延时中断的状态

7.5.2 延时中断 OB 的执行过程

延时中断 OB 的执行过程如图 7-13 所示。

❶ 调用 SRT_DINT 指令启动延时中断。

❷ 当到达设定的延时时间，操作系统将启动相应的延时中断 OB。

❸ 在图 7-13 中，延时中断 OB20 中断程序循环 OB1 优先执行。

❹ 当启动延时中断后，在延时时间到达之前，调用 CAN_DINT 指令可取消已启动的延时中断。

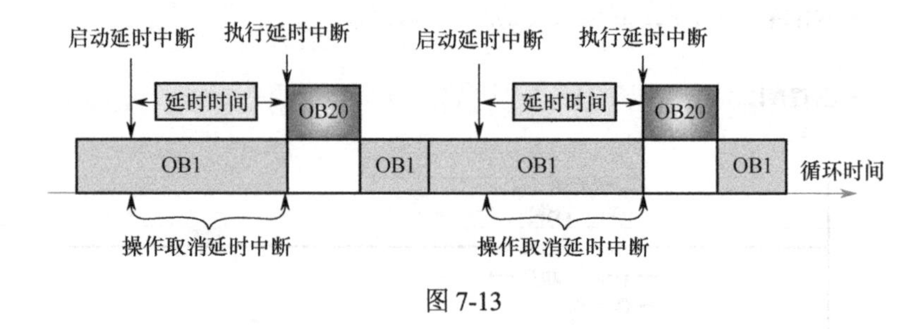

图 7-13

7.5.3 延时中断 OB 的使用示例

当 I0.0 由 1 变为 0 时，延时 5s 后启动延时中断 OB20，并将输出 Q0.0 置位。具体实现过程如下：

❶ 创建延时中断 OB20，如图 7-14 所示。

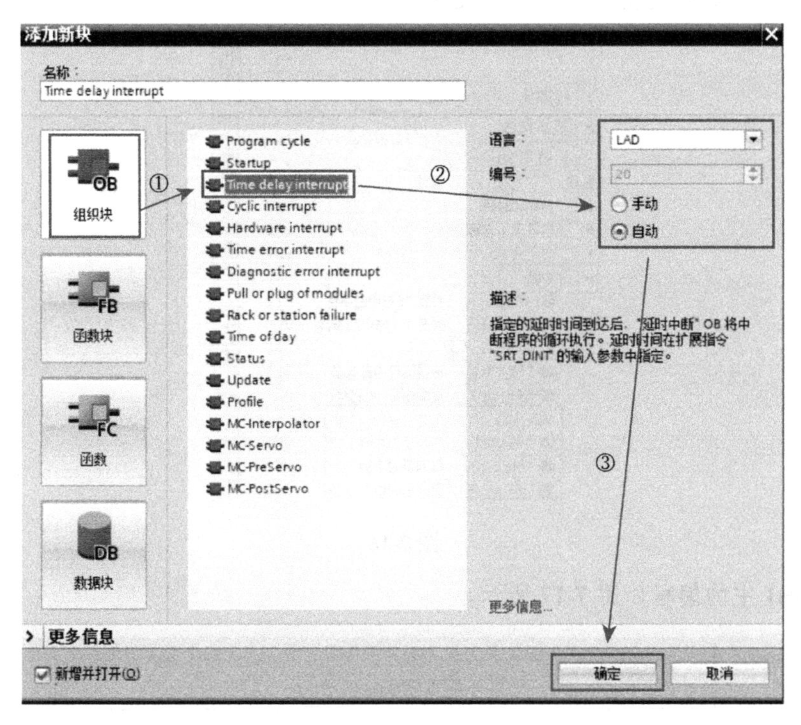

图 7-14

❷ 打开 OB20，在 OB20 中编程，当延时中断执行时，置位 Q0.0，如图 7-15 所示。

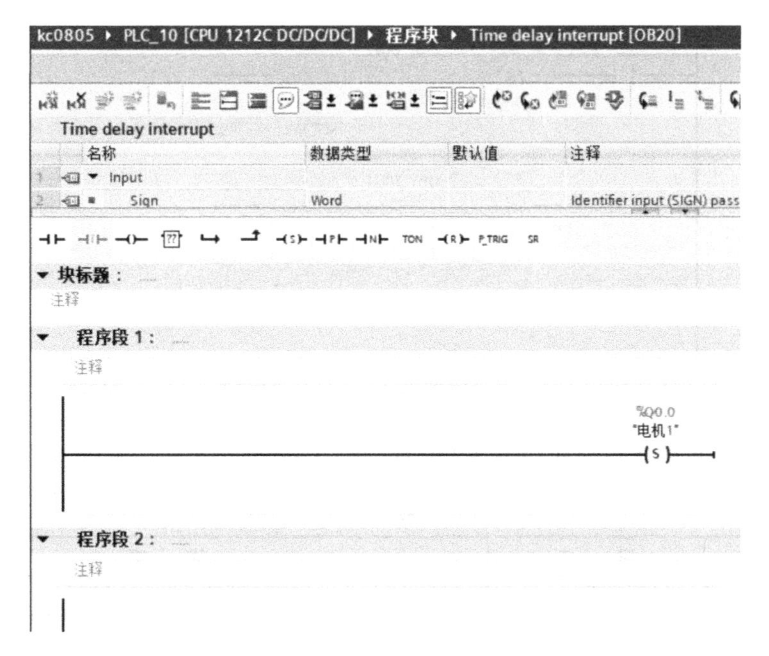

图 7-15

❸ 在 OB1 中编程，调用 SRT_DINT 指令启动延时中断；调用 CAN_DINT 指令取消延时中断；调用 QRY_DINT 指令查询中断状态。在“指令”→“扩展指令”→“中断”→“延时中断”中可以找到相关指令，如图 7-16 所示。

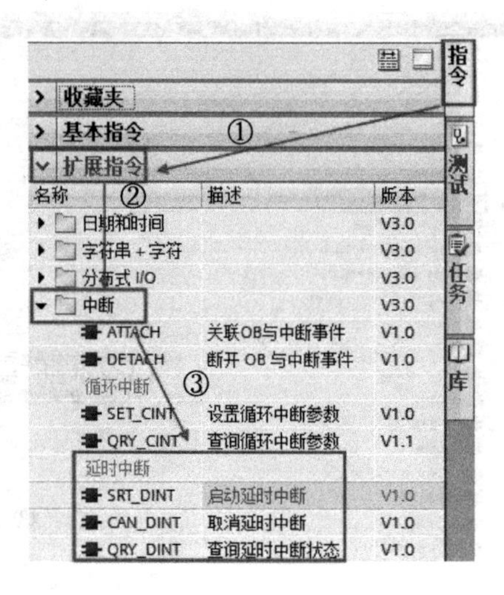

图 7-16

❹ 在 OB1 中的编程如图 7-17 所示。

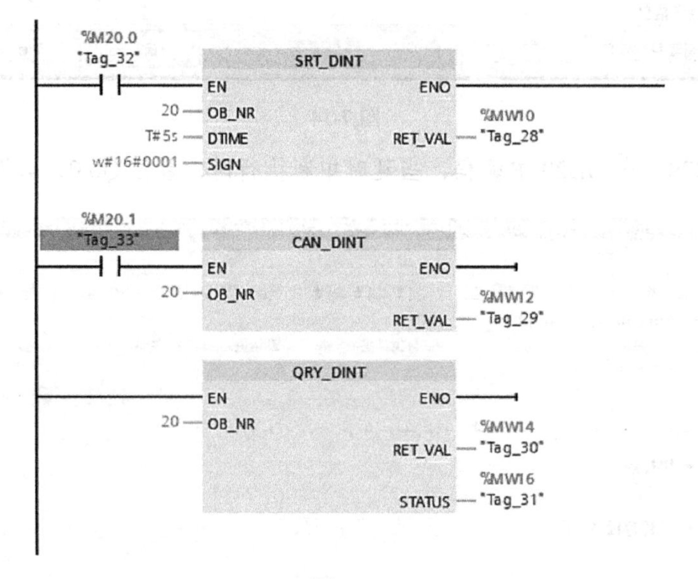

图 7-17

SRT_DINT 指令的参数说明如表 7-3 所示。

表 7-3

参　数	赋　值	说　明
EN	%I0.0	当 EN 端出现下降沿时，延时计时开始
OB_NR	20	延时时间后要执行的 OB 的编号
DTIME	T#5S	延时时间（1～60 000ms）

（续表）

参　数	赋　值	说　明
SIGN	W#16#0001	调用时必须为此参数赋值。但是，该值没有任何意义
RET_VAL	%MW0	状态返回值（详细信息请查看在线帮助）

CAN_DINT 指令的参数说明如表 7-4 所示。

表 7-4

参　数	赋　值	说　明
EN	%I0.1	当 EN 端出现上升沿时，取消延时中断
OB_NR	20	需要取消的 OB 的编号
RET_VAL	%MW2	状态返回值（详细信息请查看在线帮助）

QRY_DINT 指令的参数说明如表 7-5 所示。

表 7-5

参　数	赋　值	说　明
OB_NR	20	需要查询状态的 OB 编号
RET_VAL	%MW4	状态返回值（详细信息请查看 S7-1200 系统手册的指令参数帮助）
STATUS	%MW6	延时中断的状态（详细信息请查看在线帮助）

测试结果：当 I0.0 由 1 变为 0 时，延时 5s 后执行延时中断，可看到 CPU 的输出 Q0.0 指示灯亮；当 I0.0 由 1 变为 0 时，在延时的 5s 到达之前，如果 I0.1 由 0 变为 1 则取消延时中断，OB20 将不会执行。

在使用延时中断 OB 时需要注意以下几点：

（1）延时中断+循环中断数量≤4。

（2）延时时间 1～60 000ms，设置错误的时间，状态返回值 RET_VAL 将报错 16#8091。

（3）延时中断必须通过 SRT_DINT 指令设置参数，使能输入 EN 下降沿开始计时。

（4）使用 CAN_DINT 指令取消已启动的延时中断。

（5）启动延时中断的间隔时间必须大于延时时间与延时中断执行时间之和，否则会导致时间错误。

7.6 循环中断 OB

7.6.1 循环中断 OB 的功能

循环中断 OB 在经过一段固定的时间间隔后执行相应的中断 OB 中的程序。S7-1200 最多支持 4 个循环中断 OB，在创建循环中断 OB 时设定固定的间隔扫描时间。在 CPU 运行期间，可以使用 SET_CINT 指令重新设置循环中断的间隔扫描时间、相移时间；同时还可以使用 QRY_CINT 指令查询循环中断的状态。循环中断 OB 的编号必须为 30~38，或大于等于 123。

7.6.2 与循环中断 OB 相关的指令功能

与循环中断 OB 相关的指令功能说明如表 7-6 所示。

表 7-6

指令名称	功能说明
SET_CINT	设置指定的中断 OB 的间隔扫描时间、相移时间，以开始新的循环中断程序扫描过程
QRY_CINT	查询循环中断的状态

7.6.3 循环中断 OB 的执行过程

循环中断 OB 的执行过程如图 7-18 所示。

❶ PLC 启动后开始计时。

❷ 当到达固定的时间间隔后，操作系统将启动相应的循环中断 OB。

❸ 图 7-18 中，到达固定的时间间隔后，循环中断 OB30 中断程序，循环 OB1 优先执行。

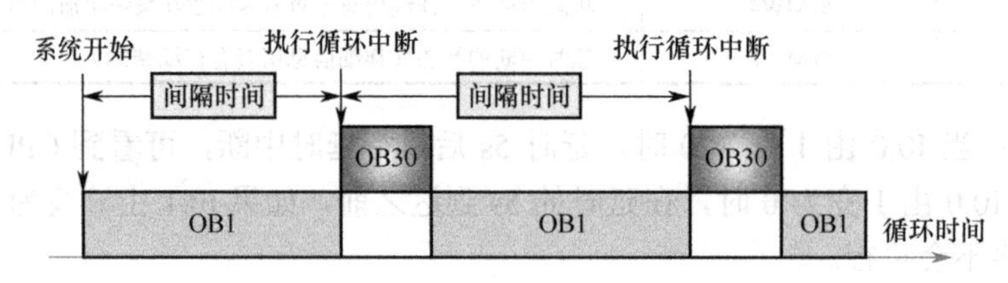

图 7-18

7.6.4 循环中断 OB 的使用示例

运用循环中断，使 Q0.0 500ms 输出为 1，500ms 输出为 0，即实现周期为 1s 的方波输出，具体实现过程如下：

❶ 创建循环中断 OB30，如图 7-19 所示。

❷ 在 OB30 中编程，当执行循环中断时，Q0.0 以方波形式输出，如图 7-20 所示。

❸ 在 OB1 中编程，调用 SET_CINT 指令可以重新设置循环中断时间，如 CYCLE=1s（即周期为 2s）；调用 QRY_CINT 指令可以查询中断状态。在“指令”→“扩展指令”→“中断”→“循环中断”中可以找到相关指令，如图 7-21 所示。

❹ 在 OB1 中的编程如图 7-22 所示。

SET_CINT 指令的参数说明如表 7-7 所示。

QRY_CINT 指令的参数说明如表 7-8 所示。

测试结果：程序下载后，可看到 CPU 的输出 Q0.0 指示灯亮 0.5s、灭 0.5s 交替切换；当 M100.0 由 0 变为 1 时，通过 SET_CINT 指令将循环间隔时间设置为 1s，此时可看到 CPU 的输出 Q0.0 指示灯亮 1s、灭 1s 交替切换。

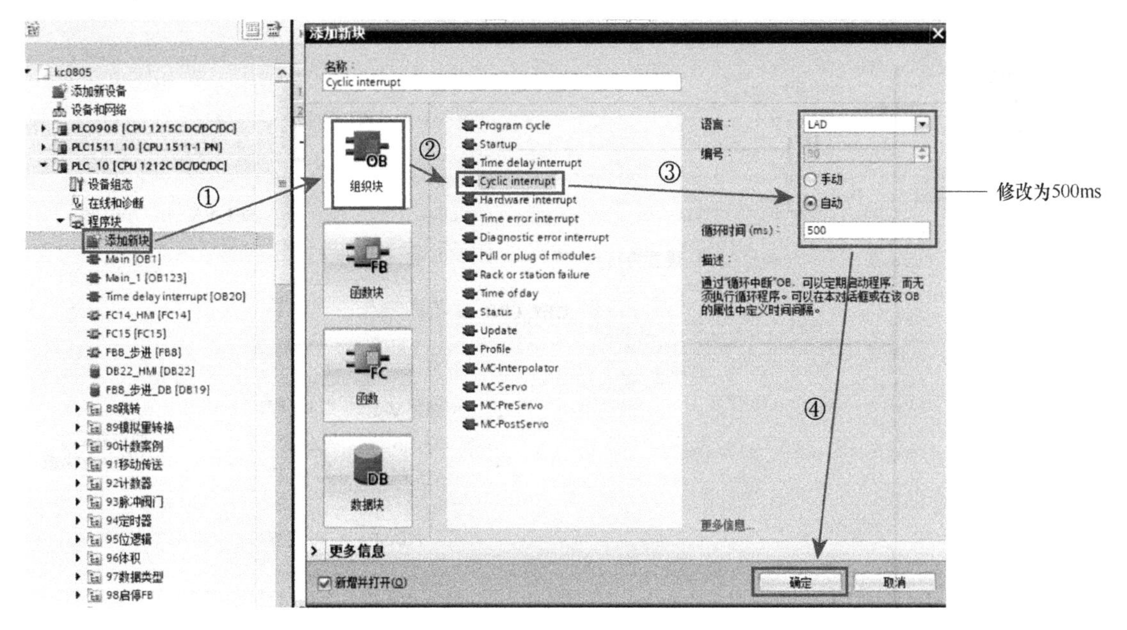

图 7-19

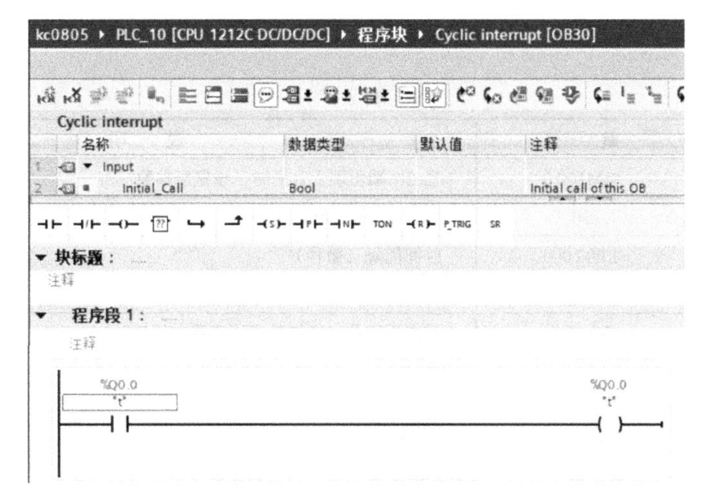

图 7-20

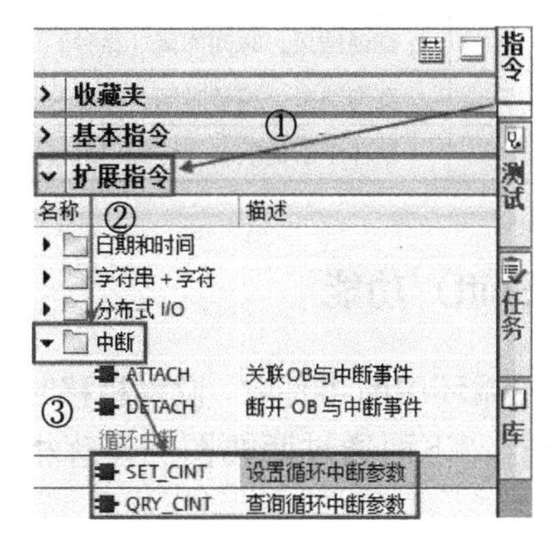

图 7-21

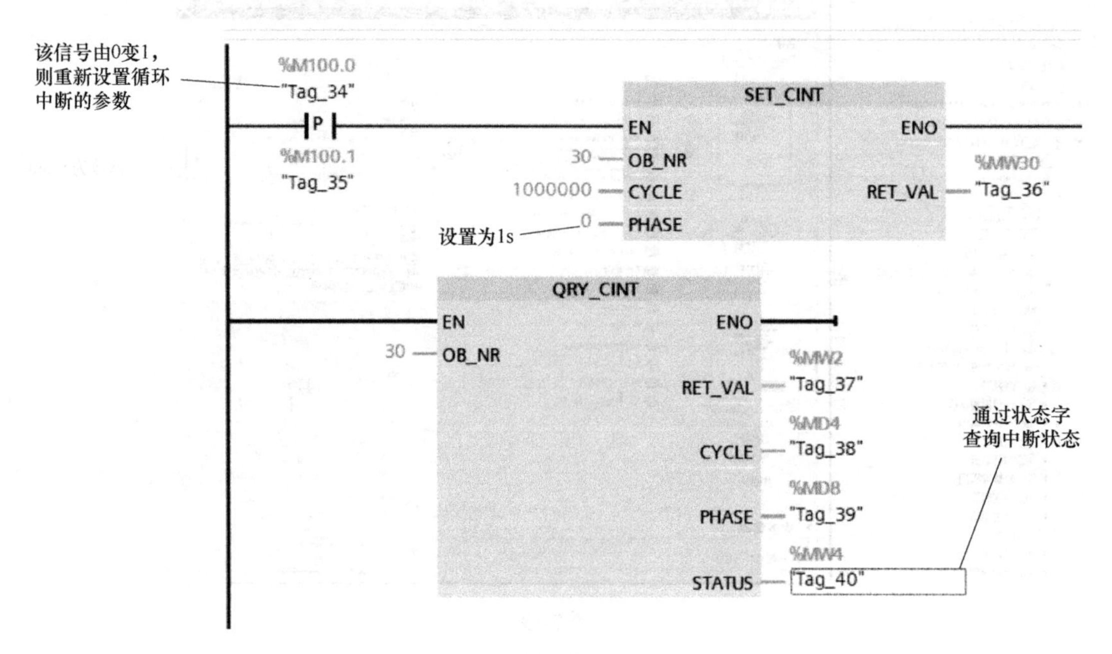

图 7-22

表 7-7

参　数	赋　值	说　明
EN	%M100.0	当 EN 端出现上升沿时，设置新参数
OB_NR	30	需要设置的 OB 的编号
CYCLE	1 000 000	时间间隔（微秒）
PHASE	0	相移时间（微秒）
RET_VAL	%MW0	状态返回值（详细信息请查看在线帮助）

表 7-8

参　数	赋　值	说　明
OB_NR	30	需要查询的 OB 的编号
RET_VAL	%MW2	状态返回值（详细信息请查看在线帮助）
CYCLE	%MD4	查询结果：时间间隔（微秒）
PHASE	%MD8	查询结果：相移时间（微秒）
STATUS	%MW12	循环中断的状态（详细信息请查看在线帮助）

7.6.5　相移时间（Phase Shift）功能

当使用多个时间间隔相同的循环中断事件时，设置相移时间可使时间间隔相同的循环中断彼此错开一定的相移时间执行。下面通过两幅图例理解相移时间的概念，如图 7-23 和图 7-24 所示。

在图 7-23 中，没有设置相移时间，以相同的时间间隔调用两个 OB，则低优先级的 OB

块将不能以固定间隔时间 t 执行；何时执行受高优先级的 OB 执行时间影响。

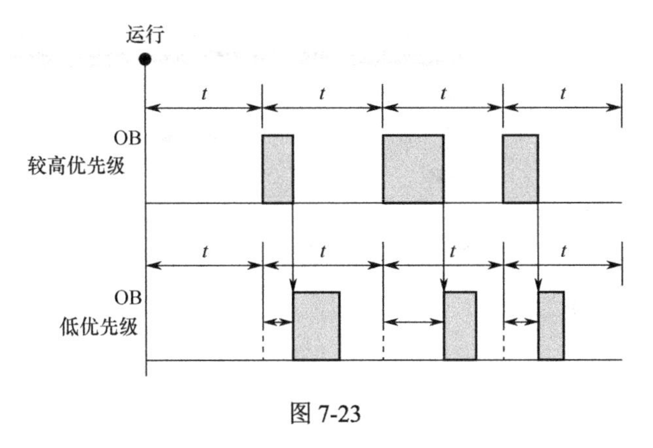

图 7-23

在图 7-24 中，低优先级的 OB 块可以固定间隔时间 t 执行；相移时间应大于较高优先级 OB 块的执行时间。

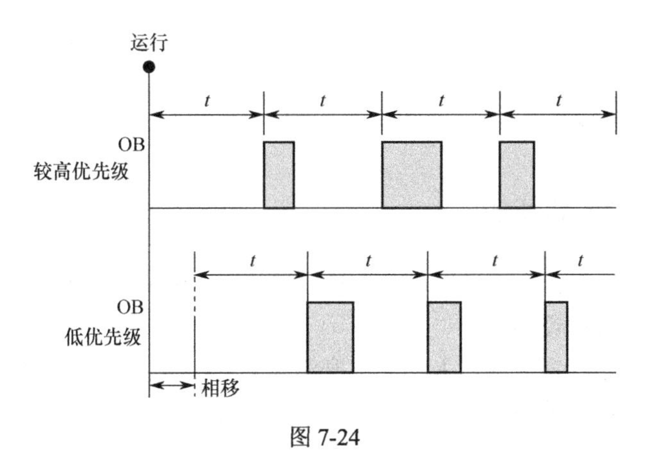

图 7-24

小结：如果以相同的时间间隔调用优先级较高和优先级较低的循环中断 OB，则只有在优先级较高的 OB 完成处理后才会执行优先级较低的 OB。低优先级 OB 的执行起始时间会根据优先级较高的 OB 的处理时间而延迟，如果希望以固定的时间间隔来执行优先级较低的 OB，则优先级较低的 OB 需要设置相移时间，且相移时间应大于优先级较高的 OB 的执行时间。

设置相移时间的步骤如图 7-25 所示（请注意，如果程序中调用 SET_CINT 指令设置相移时间，则以程序中设定的时间为准）。

在使用循环中断 OB 时需要注意以下几点：

（1）循环中断+延时中断数量≤4。

（2）循环间隔时间 1～60 000ms，通过 SET_CINT 指令设置错误的时间将报错 16#8091。

（3）CPU 运行期间，可通过 SET_CINT 指令设置循环中断间隔时间、相移时间。

（4）如果 SET_CINT 指令的使能端 EN 为脉冲信号触发；则 CPU 的操作模式从 STOP 切换到 RUN 时执行一次，包括启动模式处于 RUN 模式时上电和执行 STOP 到 RUN 命令切换，循环中断间隔时间将复位为 OB 块属性中设置的数值。

（5）如果循环中断执行时间大于间隔时间，将会导致时间错误。

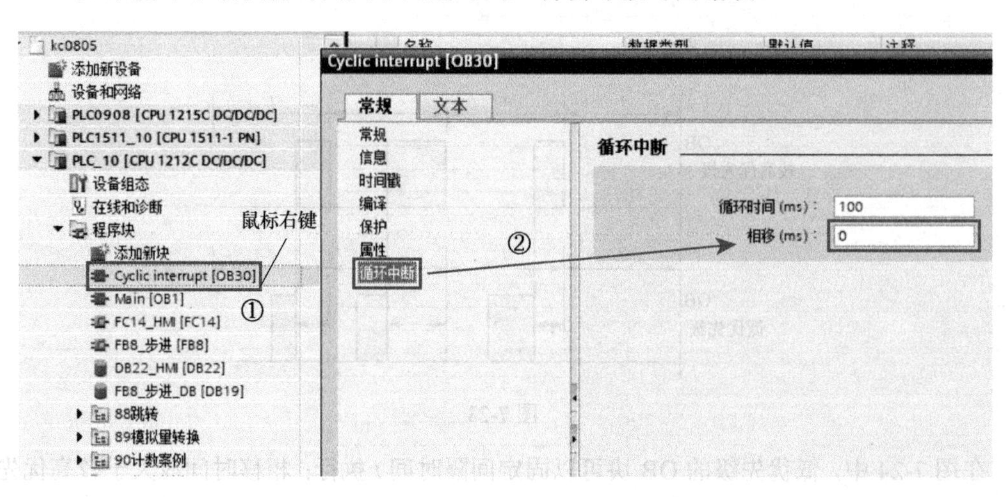

图 7-25

7.7 硬件中断 OB

7.7.1 硬件中断 OB 的功能

硬件中断 OB 在发生相关硬件事件时执行，可以快速地响应并执行硬件中断 OB 中的程序（如立即停止某些关键设备）。

硬件中断事件包括内置数字输入端的上升沿和下降沿事件及 HSC（高速计数器）事件。当发生硬件中断事件，硬件中断 OB 将中断正常的循环程序而优先执行。S7-1200 可以在硬件配置的属性中预先定义硬件中断事件，一个硬件中断事件只允许对应一个硬件中断 OB，而一个硬件中断 OB 可以分配给多个硬件中断事件。在 CPU 运行期间，ATTACH 指令和 DETACH 指令可以对中断事件进行重新分配。硬件中断 OB 的编号必须为 40～47，或者大于等于 123。

与硬件中断 OB 相关的指令功能如表 7-9 所示。

表 7-9

指令名称	功能说明
ATTACH	将硬件中断事件和硬件中断 OB 进行关联
DETACH	将硬件中断事件和硬件中断 OB 进行分离

7.7.2 硬件中断 OB 的使用示例

当硬件输入 I0.0 上升沿时，触发硬件中断 OB40（执行累加程序）；当硬件输入 I0.1 上升沿时，触发硬件中断 OB41（执行递减程序）。硬件中断事件和硬件中断 OB 的关系如图 7-26 所示。

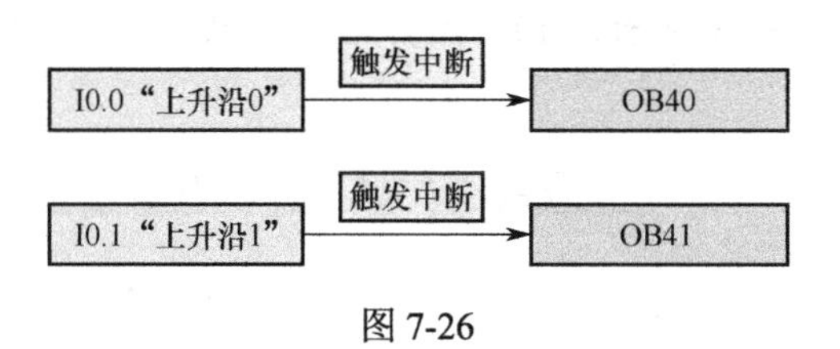

图 7-26

❶ 创建硬件中断 OB40 和 OB41，如图 7-27 所示。

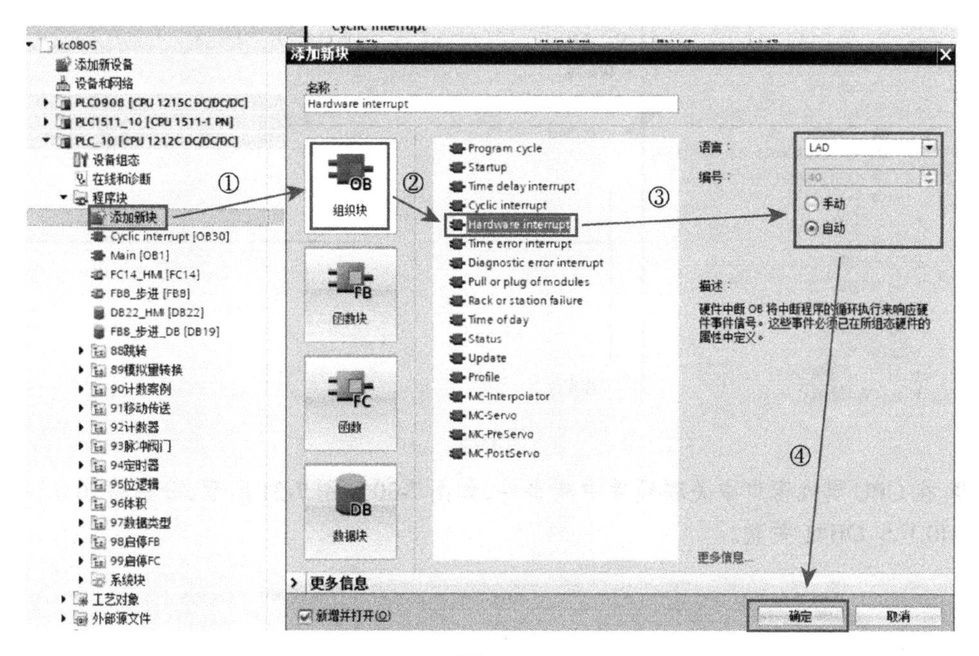

图 7-27

❷ 在 OB40 中编程，当硬件输入 I0.0 上升沿时，触发硬件中断执行 MW200 加 1，如图 7-28 所示。

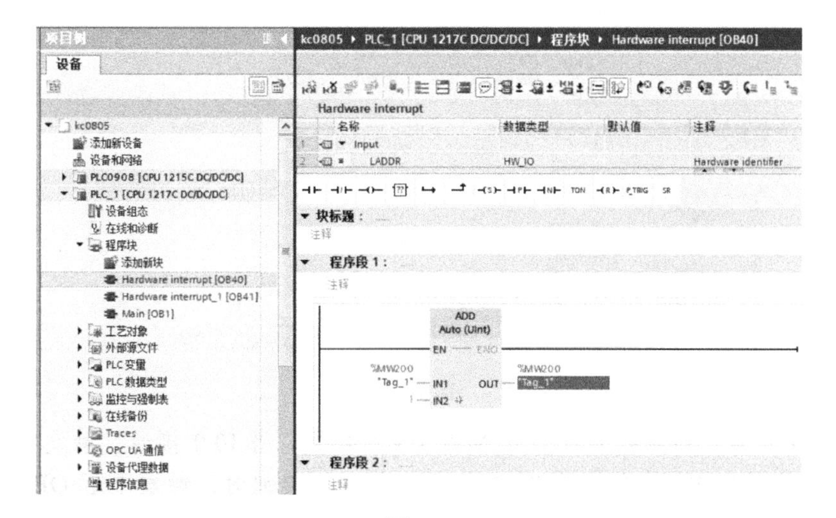

图 7-28

❸ 在 OB41 中编程，当硬件输入 I0.1 上升沿时，触发硬件中断执行 MW200 减 1，如图 7-29 所示。

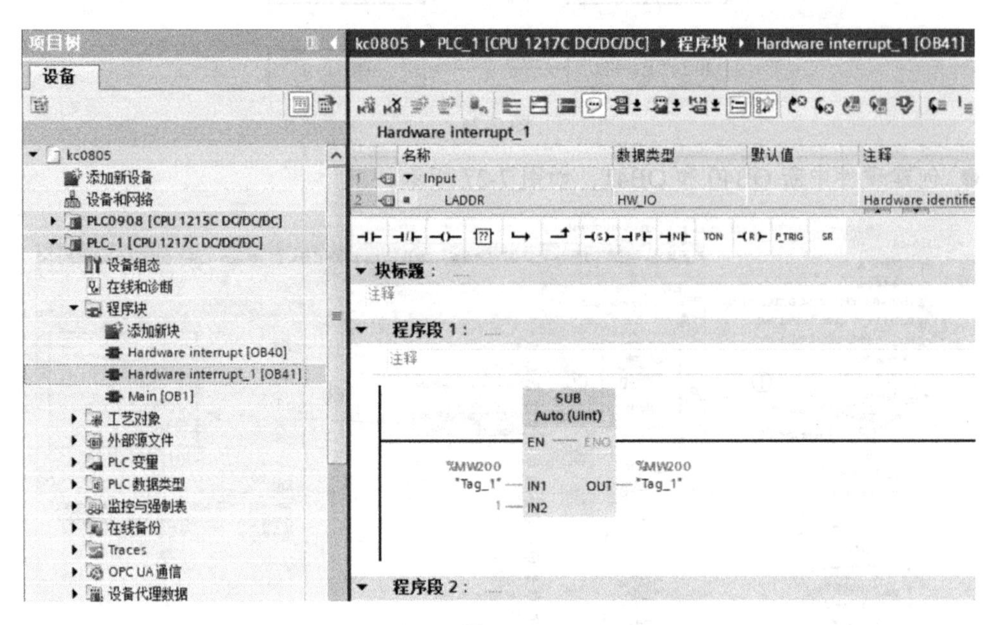

图 7-29

❹ 在 CPU 属性窗口中关联硬件中断事件，如图 7-30 和图 7-31 所示，分别将 I0.0 和 OB40 关联、I0.1 和 OB41 关联。

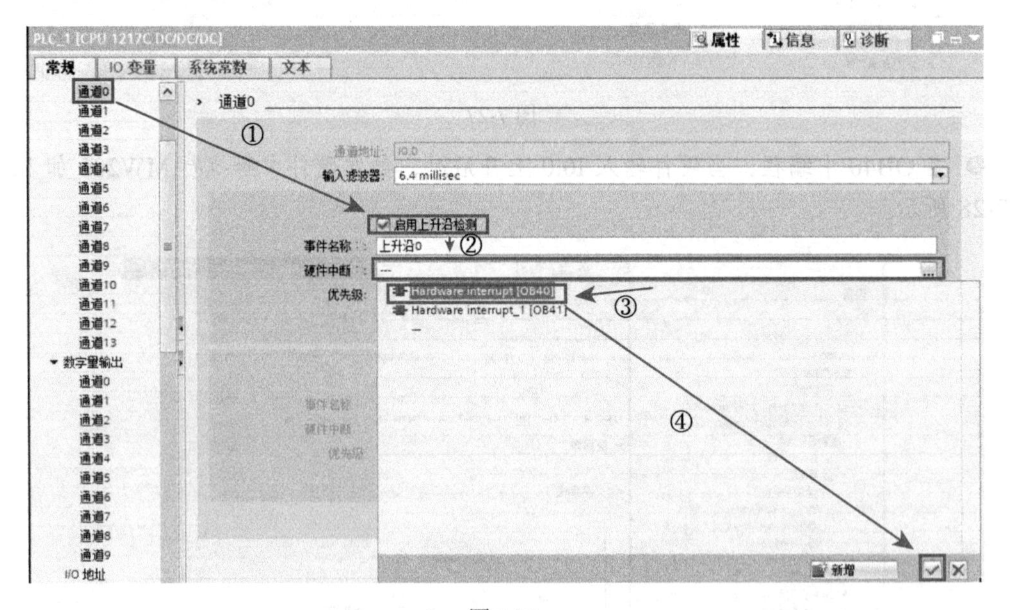

图 7-30

❺ 程序下载后，在监控表中查看 MW200 的数据。当 I0.0 接通，触发中断 OB40，MW200 的数值累加 1，结果如图 7-32 所示。当 I0.1 接通时，触发中断 OB41，MW200 的数值递减 1，结果如图 7-33 所示。

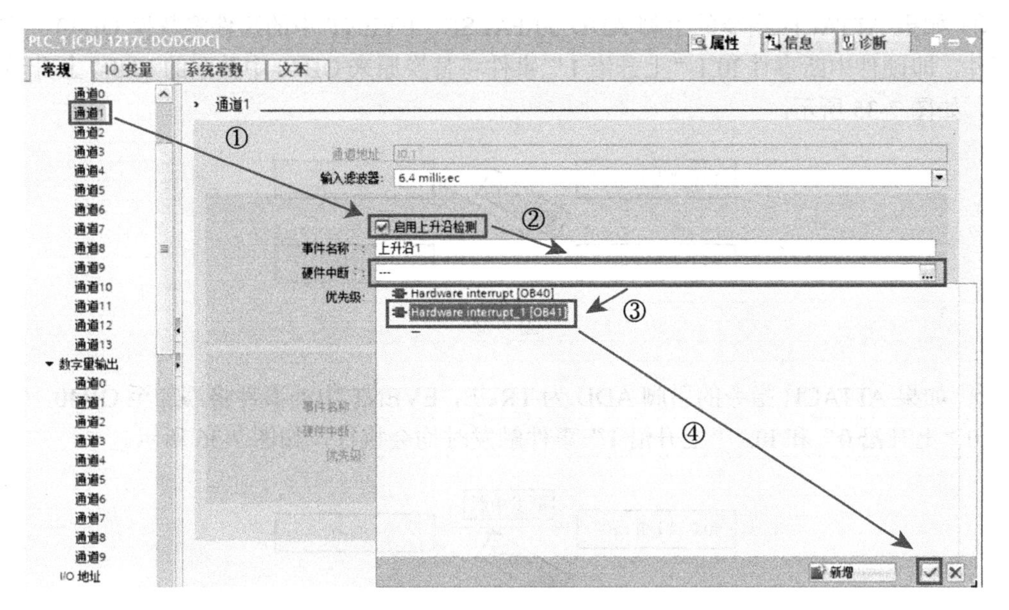

图 7-31

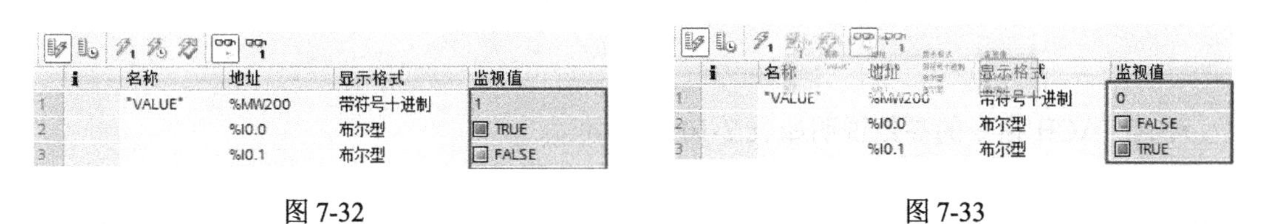

图 7-32　　　　图 7-33

❻ 如果需要在 CPU 运行期间对中断事件进行重新分配，可通过 ATTACH 指令实现。在 OB1 中的编程步骤如图 7-34 所示。

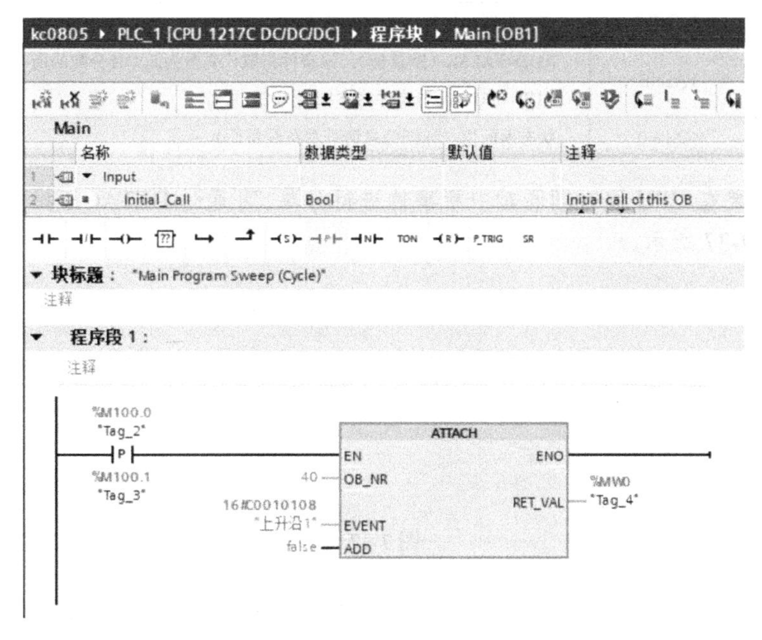

图 7-34

① 如果 ATTACH 指令的引脚 ADD 为 FALSE，EVENT 中的事件将替换 OB40 中的原有事件，即硬件中断事件 I0.1“上升沿 1”事件将替换原来 OB40 中关联的 I0.0“上升沿 0”事件，如图 7-35 所示。

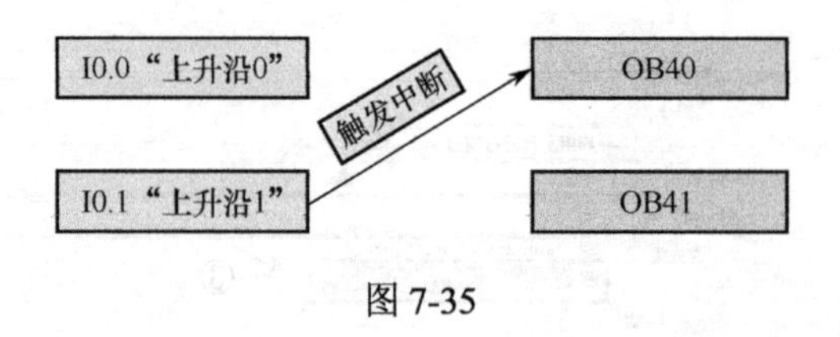

图 7-35

② 如果 ATTACH 指令的引脚 ADD 为 TRUE，EVENT 中的事件将添加至 OB40，OB40 在 I0.0“上升沿 0”和 I0.1“上升沿 1”事件触发时均会执行，如图 7-36 所示。

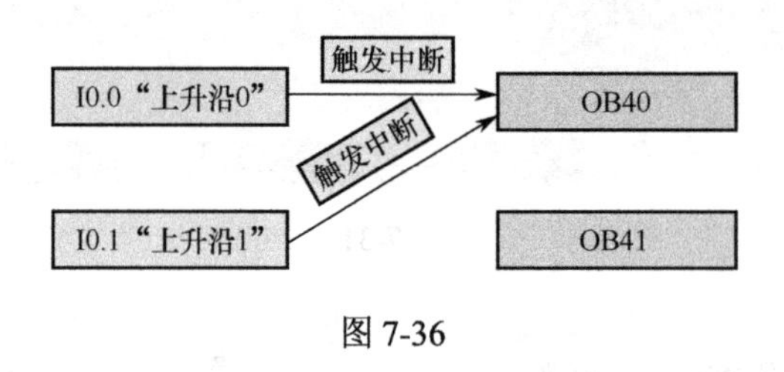

图 7-36

对 ATTACH 指令的参数说明如表 7-10 所示。

表 7-10

参　数	赋　值	说　明
EN	%M100.0	当 EN 端出现上升沿时，使能该指令
OB_NR	40	需要关联的 OB 的编号
EVENT	上升沿 1	需要关联的硬件中断事件名称
ADD	FALSE	ADD=FALSE（默认值）：该事件将取代先前为此 OB 分配的所有事件 ADD=TRUE：该事件将添加到此 OB 中
RET_VAL	%MW0	状态返回值（详细信息请查看在线帮助）

❼ 如果需要在 CPU 运行期间对中断事件进行分离，可通过 DETACH 指令实现。在 OB1 中的编程如图 7-37 所示。

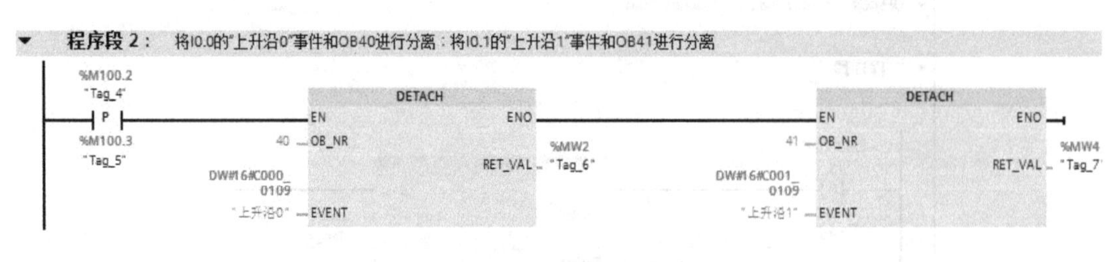

图 7-37

❽ 当 M100.2 置 1 使能 DETACH 指令后，硬件中断事件和硬件中断 OB 的关系如图 7-38 所示。

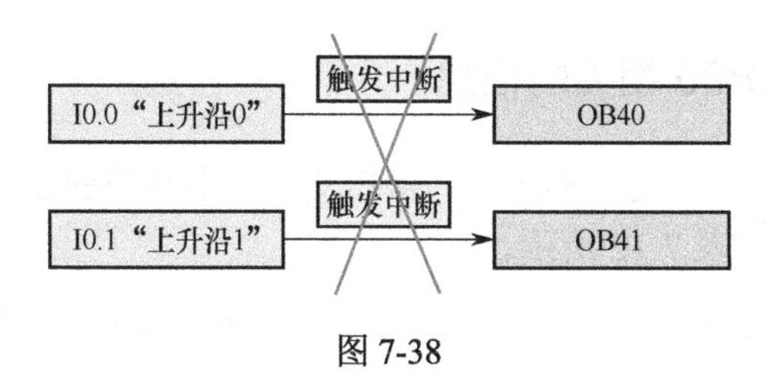

图 7-38

对 DETACH 指令的参数说明如表 7-11 所示。

表 7-11

参　数	赋　值	说　明
EN	%M100.2	当 EN 端出现上升沿时，使能该指令
OB_NR	40	需要分离的 OB 的编号
EVENT	上升沿 0	需要分离的硬件中断事件名称
RET_VAL	%MW2	状态返回值（详细信息请查看在线帮助）

在使用硬件中断 OB 时需要注意以下几点：

（1）一个硬件中断事件只能分配给一个硬件中断 OB，而一个硬件中断 OB 可以分配给多个硬件中断事件。

（2）用户程序中最多可使用 50 个互相独立的硬件中断 OB；数字量输入和高速计数器均可触发硬件中断。

（3）中断 OB 和中断事件在硬件组态中定义；在 CPU 运行时可通过 ATTACH 指令和 DETACH 指令进行中断事件重新分配。

（4）如果 ATTACH 指令的使能端 EN 为脉冲信号触发，在使用 ATTACH 指令进行中断事件重新分配后，若 CPU 的操作模式从 STOP 切换到 RUN 时执行一次，包括启动模式处于 RUN 模式时上电和执行 STOP 到 RUN 命令切换，则硬件中断 OB 和硬件中断事件将恢复为在硬件组态中定义的分配关系。

（5）如果一个中断事件发生，在该中断 OB 执行期间同一个中断事件再次发生，则新发生的中断事件丢失。

（6）如果一个中断事件发生，在该中断 OB 执行期间又发生多个不同的中断事件，则新发生的中断事件进入排队，等待第一个中断 OB 执行完毕后依次执行。

7.8　时间错误 OB80

7.8.1　时间错误 OB80 的功能

当 CPU 中的程序执行时间超过最大循环时间或发生时间错误事件（如循环中断 OB 仍在执行前一次调用时，该循环中断 OB 的启动事件再次发生）时，将触发时间错误中断优先执行 OB80。由于 OB80 的优先级最高，它将中断所有正常循环程序或其他所有 OB 事件的执行而优先执行。

7.8.2 与时间错误 OB80 相关的信息

当触发时间错误中断时，通过 OB80 的接口变量读取相应的启动信息。OB80 的接口变量及启动信息如图 7-39 和表 7-12 所示。

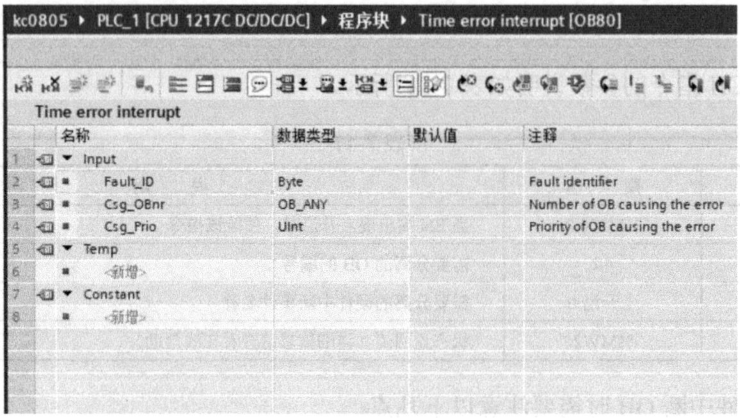

图 7-39

表 7-12

输　入	数 据 类 型	说　明
fault_id	BYTE	16#01：超出最大循环时间 16#02：请求的 OB 无法启动 16#07 和 16#09：发生队列溢出
csg_OBnr	OB_ANY	出错时正在执行的 OB 的编号
csg_prio	UINT	导致错误的 OB 的优先级

7.8.3 时间错误 OB 的使用示例

在 OB1 中做一个循环跳转程序，可通过设置时间控制该部分程序的循环时间，当该部分程序的执行时间大于 CPU 设定的最大循环时间时，触发时间错误事件。

❶ 创建时间错误 OB80，如图 7-40 所示。

❷ 在 OB80 中编程，创建地址为 MW100、MW102、MW104 的变量，用于存储出现时间错误时读取到的启动信息，如图 7-41 所示。

❸ 在 OB1 中编写一个循环跳转程序，其循环执行时间可通过变量“set_time”设定，如图 7-42 所示。

❹ 下载程序，进行如下测试。

① 如果在监控表中将变量“set_time”设置为 160ms，则 CPU 报故障且没有停机，可从监控表中读取到 OB80 的启动信息，同时查看故障缓冲区，如图 7-43 所示。

② 如果在监控表中将变量“set_time”设置为 310ms，则 CPU 立即停机，可从监控表中读取到 OB80 的启动信息，同时查看故障缓冲区，如图 7-44 所示。

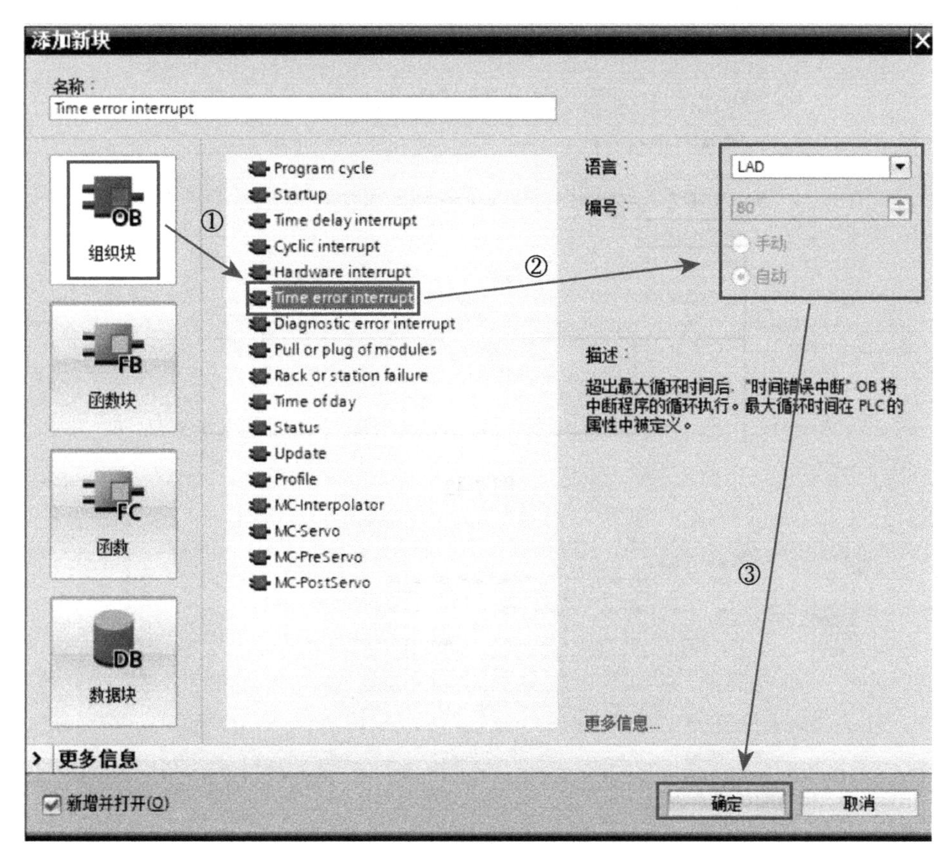
添加新块
名称：
Time error interrupt
组织块
函数块
函数
数据块
Program cycle
Startup
Time delay interrupt
Cyclic interrupt
Hardware interrupt
Time error interrupt
Diagnostic error interrupt
Pull or plug of modules
Rack or station failure
Time of day
Status
Update
Profile
MC-Interpolator
MC-Servo
MC-PreServo
MC-PostServo
①
②
③
语言：
LAD
编号：
80
手动
自动
描述：
超出最大循环时间后，"时间错误中断" OB 将中断程序的循环执行。最大循环时间在 PLC 的属性中被定义。
更多信息...
更多信息
新增并打开(O)
确定
取消

图 7-40

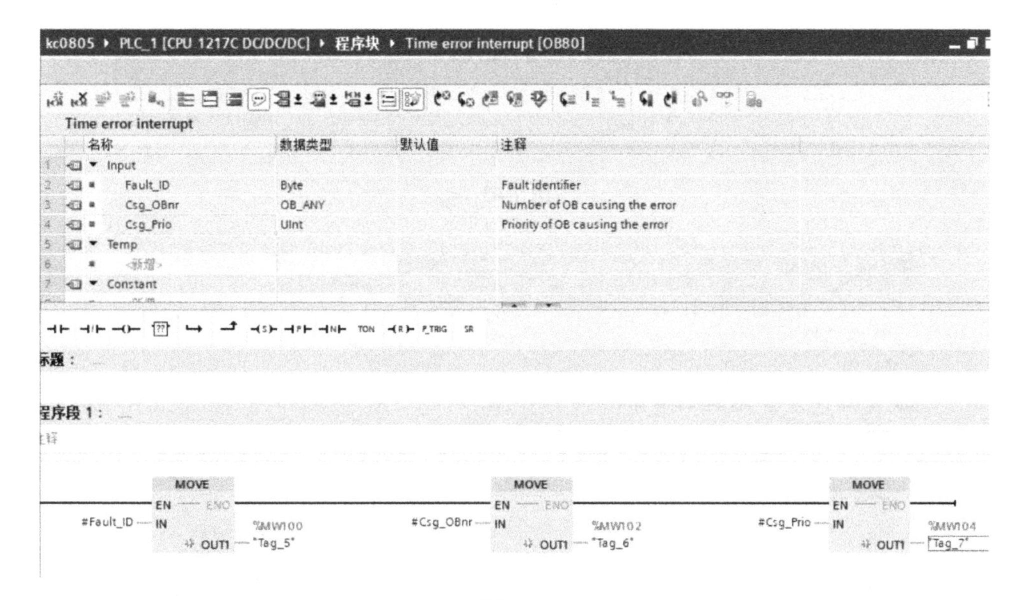
kc0805 ▸ PLC_1 [CPU 1217C DC/DC/DC] ▸ 程序块 ▸ Time error interrupt [OB80]
Time error interrupt
名称
数据类型
默认值
注释
Input
Fault_ID
Byte
Fault identifier
Csg_OBnr
OB_ANY
Number of OB causing the error
Csg_Prio
UInt
Priority of OB causing the error
Temp
Constant
程序段 1：
MOVE
EN
ENO
IN
OUT1
#Fault_ID
%MW100
"Tag_5"
#Csg_OBnr
%MW102
"Tag_6"
#Csg_Prio
%MW104
"Tag_7"

图 7-41

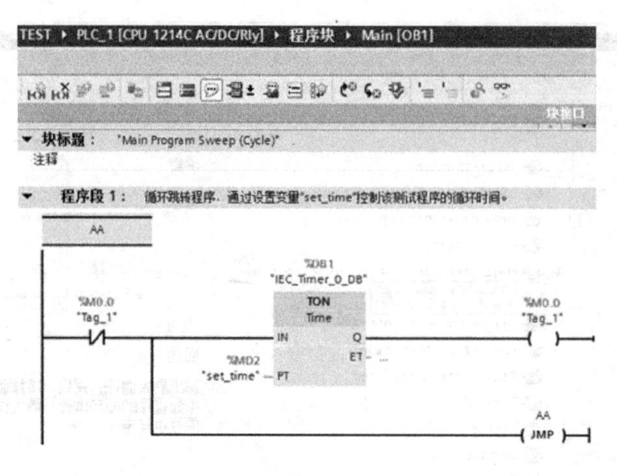

图 7-42

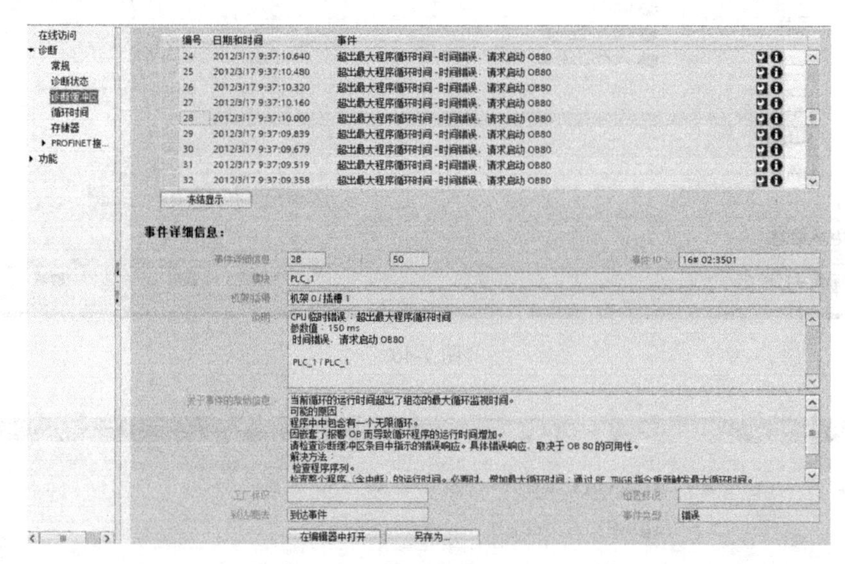

图 7-43

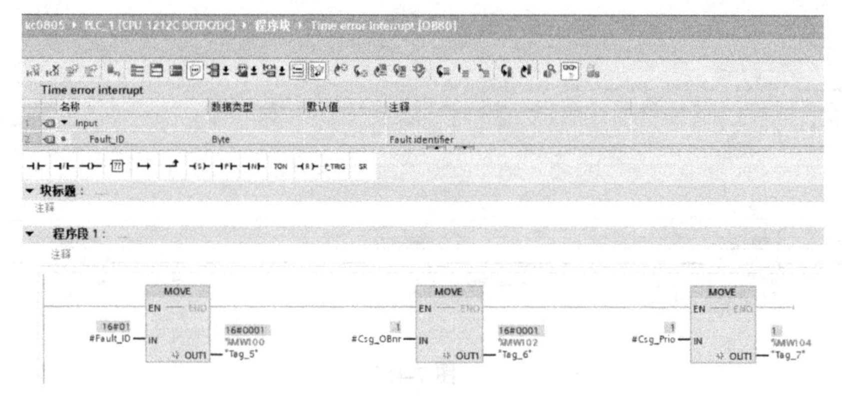

图 7-44

注意：S7-1200 CPU 默认最大循环时间为 150ms。

7.8.4　重新触发扫描循环看门狗指令 RE_TRIGR

RE_TRIGR 指令用于在单个扫描循环期间重新启动扫描循环监视定时器。其功能是执行一次 RE_TRIGR 指令，使允许的最大扫描周期延长一个最大循环时间段。

使用示例：在上个示例中的时间错误 OB80 块中调用 RE_TRIGR 指令，当 OB1 中的循环跳转程序执行时间大于 CPU 设定的最大循环时间时，触发时间错误 OB80 并执行 RE_TRIGR 指令重新触发扫描循环看门狗。

❶ 在 OB80 中编程调用 RE_TRIGR 指令。在“指令”→“基本指令”→“程序控制操作”→“运行时控制”中可以找到相关指令，如图 7-45 所示。

程序控制指令		V1.1
-(JMP)	若 RLO = "1" 则跳转	
-(JMPN)	若 RLO = "0" 则跳转	
LABEL	跳转标签	
JMP_LIST	定义跳转列表	
SWITCH	跳转分配器	
-(RET)	返回	
运行时控制		
ENDIS_PW	限制和启用密码验证	V1.1
RE_TRIGR	重置循环周期监视时间	V1.0
STP	退出程序	V1.0
GET_ERROR	获取本地错误信息	
GET_ERR_ID	获取本地错误 ID	
RUNTIME	测量程序运行时间	

图 7-45

❷ 在 OB80 中编程，即在程序段 2 中增加重新触发扫描循环看门狗指令 RE_TRIGR，如图 7-46 所示。

图 7-46

❸ 下载程序，进行如图 7-47 所示的测试：如果在监控表中将变量“set_time”设置为 400ms（大于两倍最大循环时间 300ms），由于 RE_TRIGR 指令的作用，CPU 报故障但没有停机，可从监控表中读取到 OB80 的启动信息，同时查看故障缓冲区。

下面列出了会触发时间错误中断的情况及 CPU 的响应。

（1）超出最大循环时间：在 CPU 属性中组态最大循环时间（默认 150ms），当 CPU 中的程序执行时间超过最大循环时间时，如果 OB80 不存在，CPU 将切换到 STOP 模式（例外情况：V1 版 CPU 仍然处于 RUN 模式）；如果 OB80 存在，则 CPU 执行 OB80 且不停机；如果同一程序循环中出现两次“超过最大程序循环时间”且没有通过 RE_TRIGR 指令复位循环定时器，则无论 OB80 是否存在，CPU 都将切换到 STOP 模式。

（2）请求的 OB 无法启动：如果循环中断、延时中断请求 OB，但请求的 OB 已经在执行，就会出现请求的 OB 无法启动的情况。

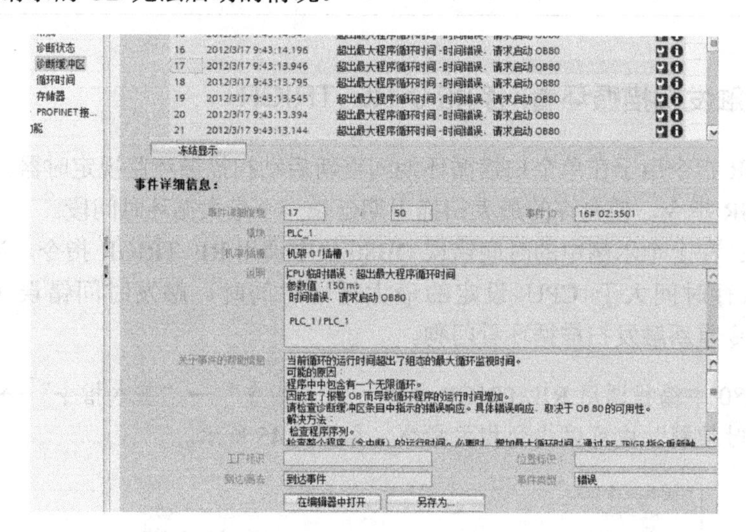

图 7-47

（3）发生队列溢出：如果中断的出现频率超过其处理频率，就会发生队列溢出。如果 OB80 不存在，则 CPU 将切换到 STOP 模式；如果 OB80 存在，则执行 OB80，CPU 将保持为 RUN 模式。

总结：发生任何上述事件都将在诊断缓冲区生成一个描述相应事件的条目。无论是否存在 OB80，都将生成诊断缓冲区条目。

7.9 诊断错误 OB82

7.9.1 诊断错误 OB82 的功能

S7-1200 支持诊断错误中断，可以为具有诊断功能的模块启用诊断错误中断功能来检测模块状态。

OB82 是唯一支持诊断错误事件的 OB，出现故障（进入事件）和故障解除（离开事件）时均会触发诊断中断 OB82。当模块检测到故障并且在软件中使能了诊断错误中断时，操作系统将启动诊断错误中断，诊断错误中断 OB82 将中断正常的循环程序优先执行。此时无论程序中有没有诊断中断 OB82，CPU 都会保持 RUN 模式，同时 CPU 的 ERROR 指示灯闪烁。如果希望 CPU 在接收到该类型的错误时进入 STOP 模式，可以在 OB82 中加入 STP 指令使 CPU 进入 STOP 模式。

7.9.2 与诊断错误 OB82 相关的信息

当触发诊断错误中断时，通过 OB82 的接口变量可以读取相应的启动信息，来帮助确定事件发生的设备、通道和错误原因。OB82 的接口变量及启动信息如图 7-48 和表 7-13 所示。

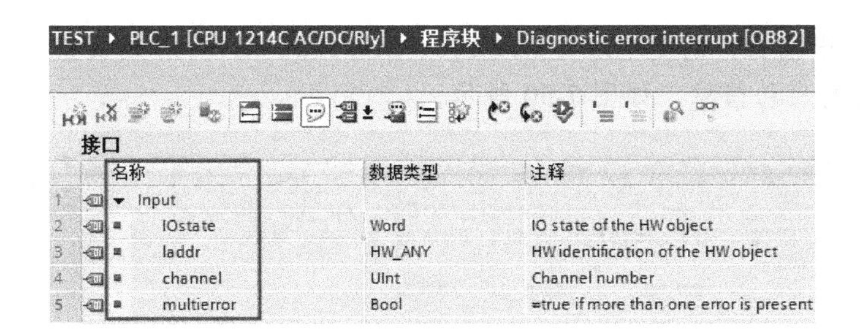

图 7-48

表 7-13

输　入	数 据 类 型	说　明
IOstate	Word	设备的 IO 状态： • 如果组态正确，则位 0 为 1；如果组态不再正确，则位 0 为 0。 • 如果出现错误（如断线），则位 4 为 1；如果没有错误，则位 4 为 0。 • 如果组态不正确，则位 5 为 1；如果组态再次正确，则位 5 为 0。 • 如果出现 I/O 访问错误，则位 6 为 1（有关存在访问错误的 I/O 的硬件标识符，请参见 laddr）；如果没有错误，则位 6 为 0
laddr	HW_ANY	报告错误的设备或功能单元的硬件标识符
channel	Uint	通道号
multierror	Bool	如果存在多个错误，参数值为 TRUE

7.9.3　诊断错误 OB 的使用示例

在模拟量输出模块 SM1232 的电压输出通道，对通道 1 使能短路诊断，当通道 1 出现短路错误时，随即触发诊断错误 OB82，此时可从 OB82 的启动参数中读取诊断信息。

❶ 创建诊断错误 OB82，如图 7-49 所示。

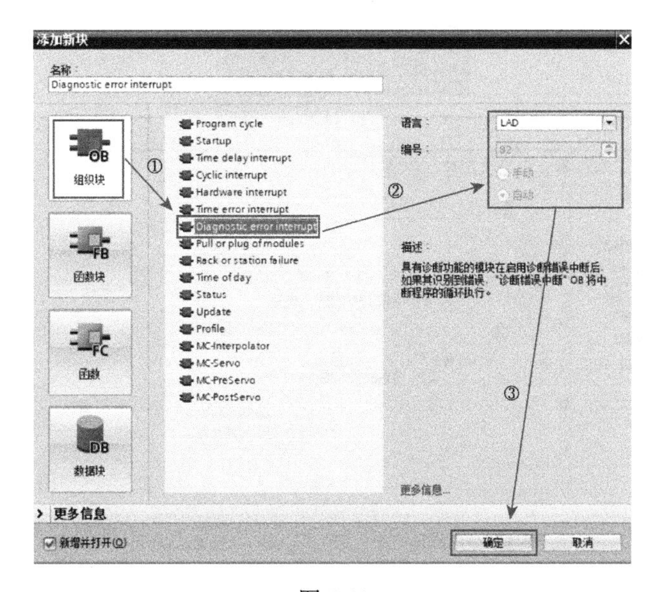

图 7-49

❷ 在 OB82 中编程，创建地址为 MW100、MW102、MW104 的变量，用于存储出现诊断错误时读取到的启动信息，如图 7-50 所示。

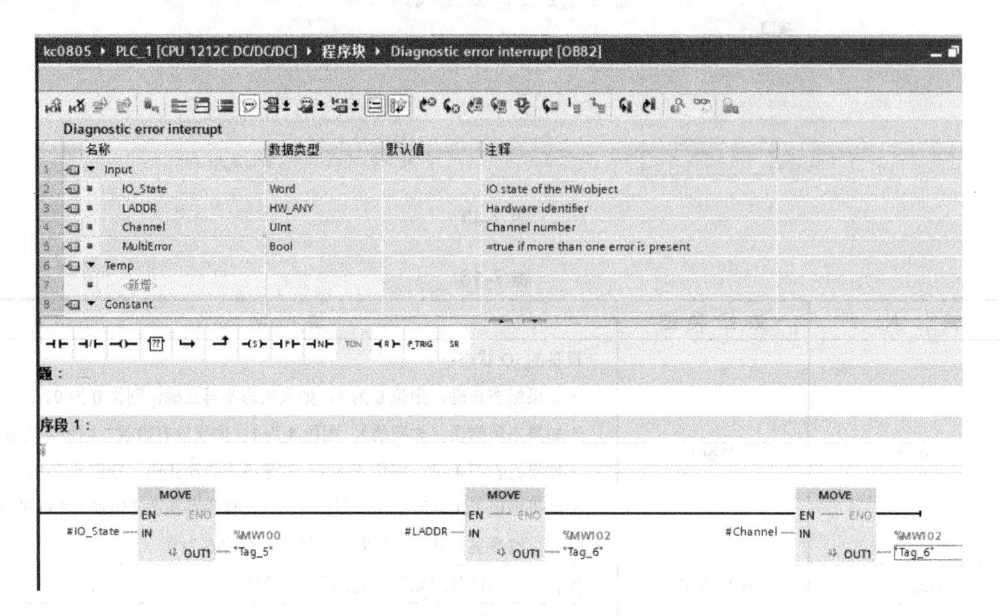

图 7-50

❸ 在硬件组态窗口中，选中模拟量输出模块，选择模拟量输出通道 1 的“启用短路诊断”功能，如图 7-51 所示。

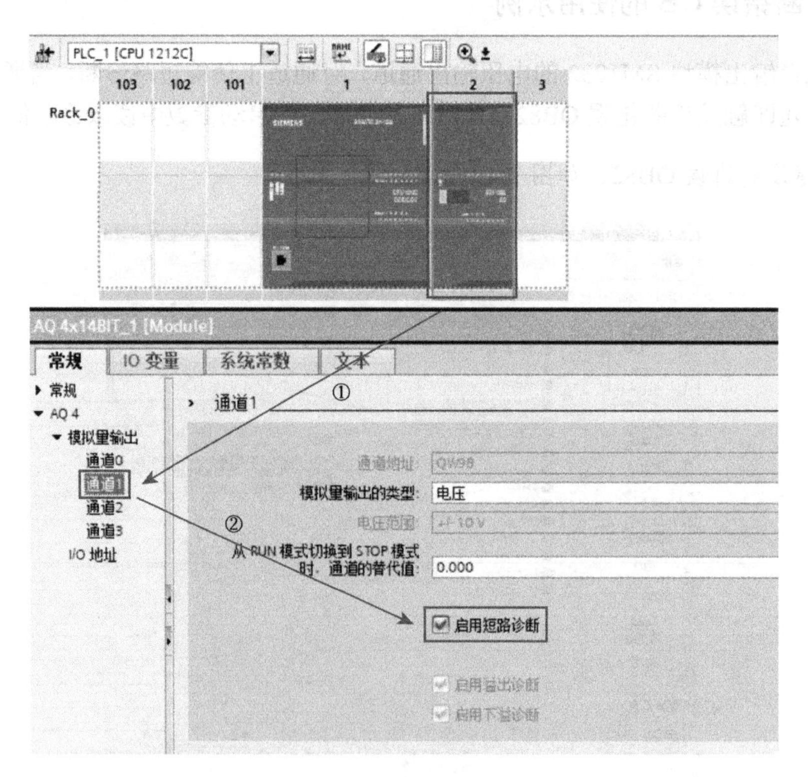

图 7-51

❹ 测试结果：程序下载后，在监控表中给“channel1”设置输出值 5000，如果此时出现了短路故障，则将立即触发诊断错误功能，如图 7-52 所示。

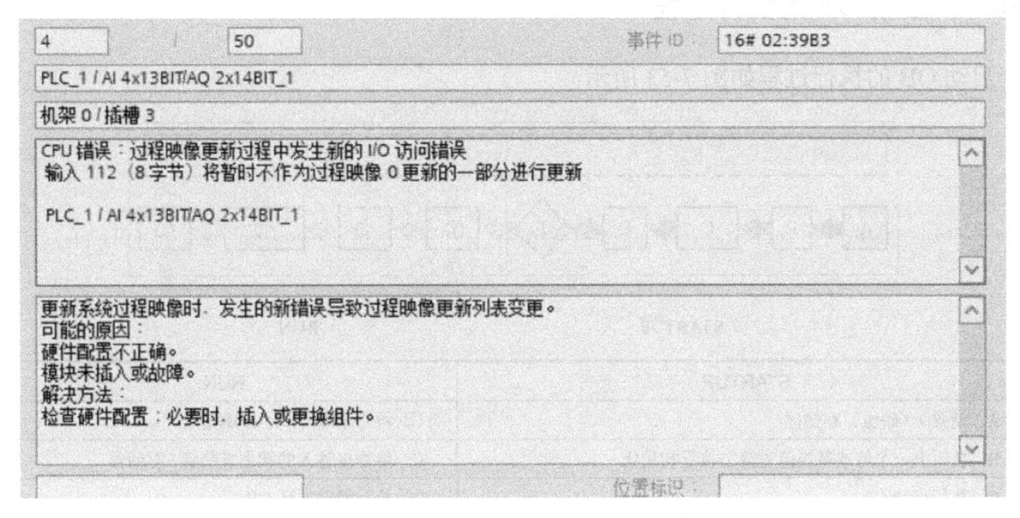

图 7-52

在触发诊断错误中断时，CPU 的响应如下：

（1）启用诊断错误中断且 CPU 中创建了 OB82。

（2）OB82 是唯一支持诊断错误事件的 OB；一次只能报告一个通道的诊断错误。

（3）如果多通道设备的两个通道出现错误，则第二个错误只会在以下情况触发 OB82：一是第一个通道错误已清除；二是由第一个错误触发的 OB82 已执行完毕，并且第二个错误仍然存在。

（4）事件的进入或离开都会触发一次 OB82。

（5）触发 OB82，CPU 不会进入 STOP 模式。

以下情况会触发诊断错误中断 OB82：

（1）无用户电源。

（2）超出上限。

（3）超出下限。

（4）断路（电流输出、电流 4～20mA 输入、RTD、TC）。

（5）短路（电压输出）。

7.10 启动 OB

7.10.1 启动 OB 的功能

如果 CPU 的操作模式从 STOP 切换到 RUN（包括启动模式处于 RUN 模式时 CPU 断电再上电和执行 STOP 到 RUN 命令切换时），启动组织块 OB 将被执行一次。启动组织块 OB 执行完毕后才开始执行主“程序循环”OB。S7-1200 CPU 中支持多个启动 OB，按照编号顺序（由小到大）依次执行，OB100 是默认设置。其他启动 OB 的编号必须大于等于 123。

7.10.2 启动 OB 的执行过程

启动 OB 的执行过程如图 7-53 所示。

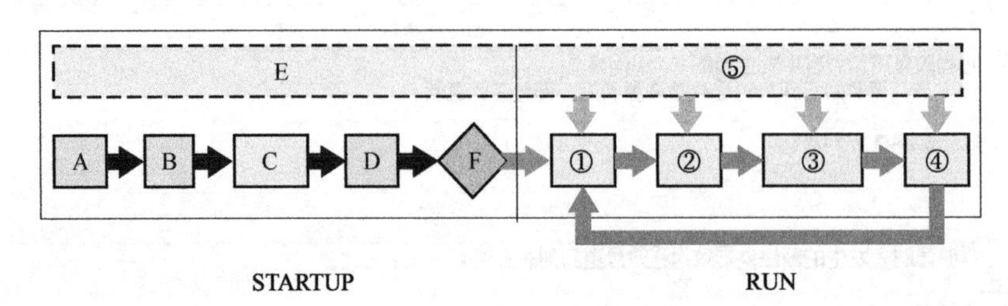

STARTUP	RUN
A. 清除 I（映像）存储区	① 将 Q 存储器写入物理输出
B. 使用上一个值或替换值对输出执行初始化	② 将物理输入的状态复制到 I 存储器
C. 执行启动 OB	③ 执行程序循环 OB
D. 将物理输入的状态复制到 I 存储器	④ 执行自检诊断
E. 将所有中断事件存储到要在进入 RUN 模式后处理的阵列中	⑤ 在扫描周期的任何阶段处理中断和通信
F. 启动 Q 存储器到物理输出的写入操作	

图 7-53

7.10.3 与启动 OB 相关的信息

启动 OB 中包含启动信息，可以用于判断保持性数据和实时时钟是否丢失，可以在启动 OB 中编写指令。启动 OB 的接口变量及启动信息如图 7-54 和表 7-14 所示。

图 7-54

表 7-14

输　入	数 据 类 型	说　明
LostRetentive	Bool	如果保持性数据存储区丢失，该位为真
LostRTC	Bool	如果时钟（实时时钟）丢失，该位为真

读取启动 OB 的启动信息的使用示例：当发生保持性数据丢失，输出 Q0.0 为 1；当发生实时时钟丢失，输出 Q0.1 为 1。在启动 OB 中编程，如图 7-55 所示。

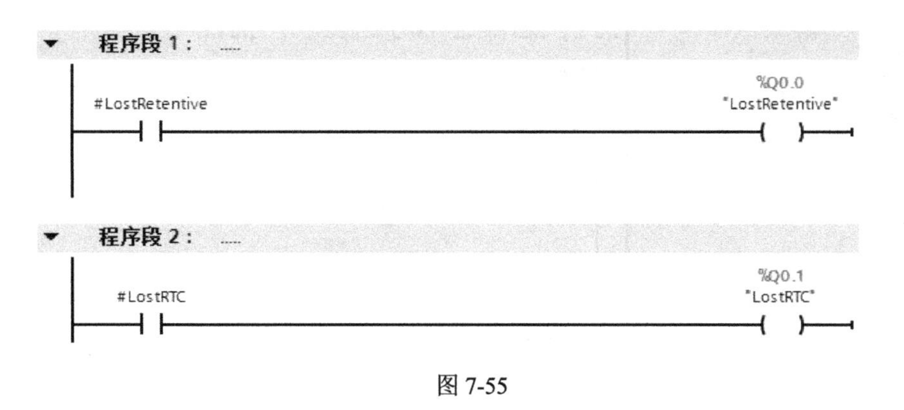

图 7-55

7.10.4　启动 OB 的使用示例

在启动 OB100 中，无条件为地址 MW100 赋初值 100；有条件（当 I0.0=true 时）为 MW102 赋初值 200，具体的实现过程如下。

❶ 创建启动组织块 OB100，如图 7-56 所示。

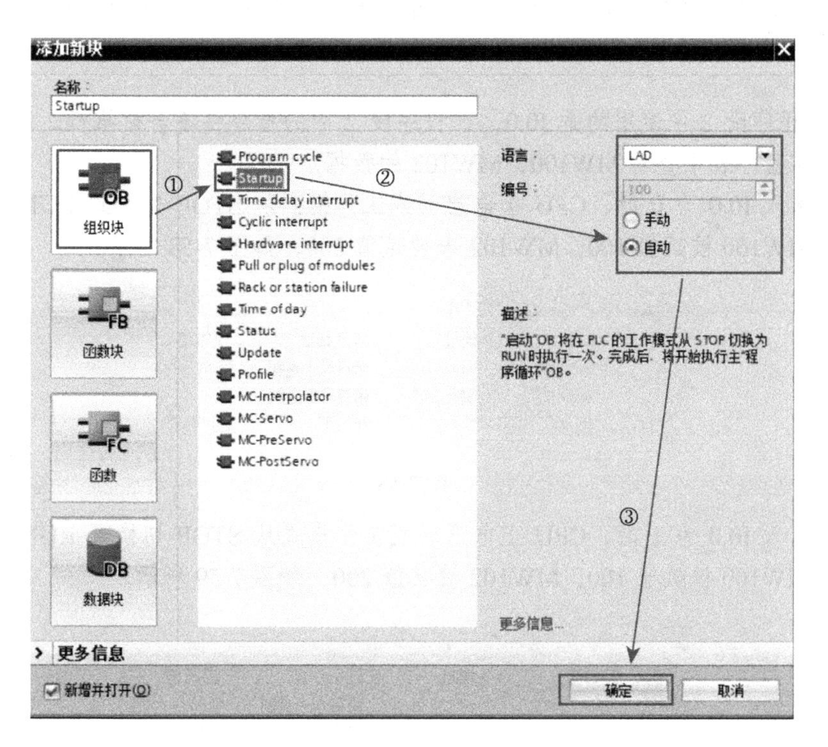

图 7-56

❷ 在 OB100 中编程，如图 7-57 所示。

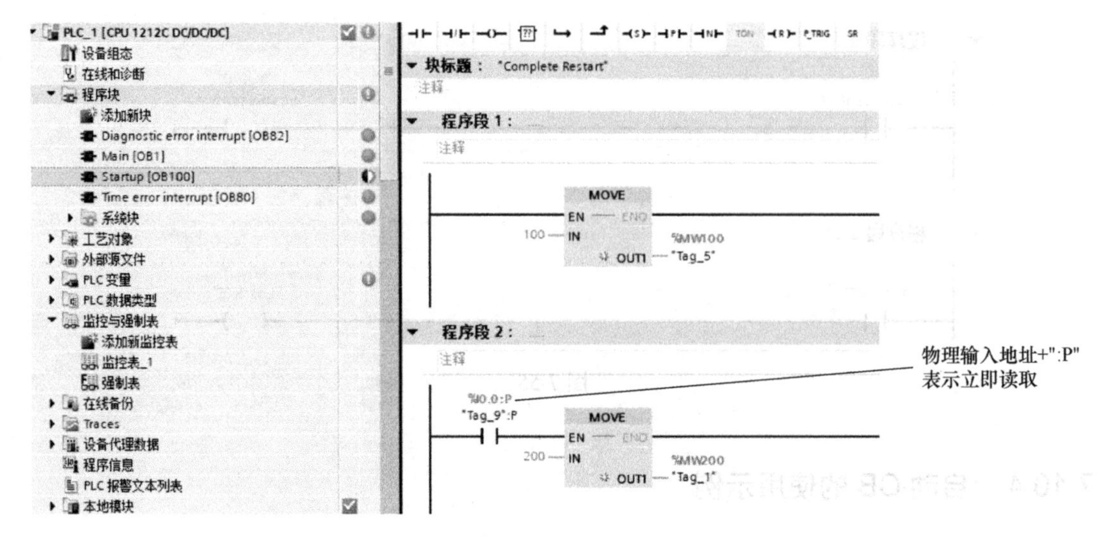

图 7-57

> **注意**：由于启动 OB 在执行过程中不更新过程映像区，所以读到的过程映像数值均为 0。因此，要在启动模式下读取物理输入的当前状态，必须对输入执行立即读取操作，如 I0.0：P。

❸ 如果程序段 2 中使用的是 I0.0，则程序段 2 中的指令将不会被执行。测试结果：程序下载后，在监控表中查看 MW100、MW102 的数据。

当硬件输入 I0.0 为 0 时，CPU 上电启动或工作模式从 STOP 切换到 RUN 时首先执行 OB100，即 MW100 被赋值 100，MW102 未被赋值 200，如图 7-58 所示。

	i	名称	地址	显示格式	监视值
1		"initial1"	%MW100	带符号十进制	100
2		"initial2"	%MW102	带符号十进制	0
3		"input"	%I0.0	布尔型	FALSE

图 7-58

当硬件输入 I0.0 为 1 时，CPU 上电启动或工作模式从 STOP 切换到 RUN 时首先执行 OB100，即 MW100 被赋值 100，MW102 被赋值 200，如图 7-59 所示。

	i	名称	地址	显示格式	监视值
1		"initial1"	%MW100	带符号十进制	100
2		"initial2"	%MW102	带符号十进制	200
3		"input"	%I0.0	布尔型	TRUE

图 7-59

在使用启动 OB 时需要注意以下几点：

（1）只要工作模式从 STOP 切换到 RUN，CPU 就会清除过程映像输入、初始化过程映像输出并处理启动 OB。

（2）要在启动模式下读取物理输入的当前状态，必须执行立即读取操作。

（3）在启动阶段，对中断事件进行排队但不进行处理，需要等到启动事件完成后才进行处理。

（4）启动 OB 的执行过程没有时间限制，不会激活程序最大循环监视时间。

（5）在启动模式下，可以更改 HSC（高速计数器）、PWM（脉冲宽度调制）及 PtP（点对点通信）模块的组态。

7.11 数据块

数据块（DB）用于保存程序执行期间写入的值。与代码块相比，数据块仅包含变量声明，不包含任何程序段或指令。变量声明用于定义数据块的结构，如表 7-15 所示。

表 7-15

列	说　明
名称	变量名称
数据类型	变量的数据类型
偏移	变量的相对地址。仅在一般访问的数据块中提供了该列。注：SIMATIC 系统库中的许多指令都具有“优化块访问”属性，因此不占用任何固定存储器地址。即使将这些指令用作标准访问块中的多重实例，这些指令也不显示偏移量
默认值	更高级别代码块接口或 PLC 数据类型中变量的默认值。“默认值”（Default Value）列中包含的值，只能在更高级别的代码块或 PLC 数据类型中更改。这些值仅显示在数据块中
起始值	在启动时变量采用的值。创建数据块时，代码块中定义的默认值将用作起始值，之后即可使用实例特定的起始值替换所用的默认值。可选择是否指定起始值。如果未指定任何值，则在启动时变量将采用默认值。如果也没有定义默认值，将使用相应数据类型的有效默认值。例如，将值“FALSE”指定为 BOOL 的标准值
监视值	CPU 中的当前数据值。只有当在线连接可用并单击“监视”按钮时，此列才会出现
快照	显示从设备加载的值
保持性	将变量标记为具有保持性。即使在关断电源后，保持性变量的值也将保留不变
在 HMI 工程组态中可见	显示默认情况下，该变量在 HMI 选择列表中是否显示
从 HMI/OPCUA 可访问	指示在运行过程中，HMI/OPCUA 是否可访问该变量
从 HMI/OPCUA 可写	指示在运行过程中，是否可从 HMI/OPCUA 写入变量
设定值	在调试过程中可能需要微调的值。经过调试之后，这些变量的值可作为起始值传输到离线程序中并进行保存
监控	指示是否已为该变量的过程诊断创建监视
注释	用于说明变量的注释信息

7.11.1 数据块类型

数据块的类型有全局数据块和背景数据块两种。

（1）全局数据块。全局数据块不能分配给代码块，可以从任何代码块访问全局数据块的值。全局数据块仅包含静态变量。全局数据块的结构可以任意定义。在数据块的声明表中，可以声明在全局数据块中要使用的数据元素。

（2）背景数据块。背景数据块可直接分配给函数块（FB）。背景数据块的结构不能任意定义，取决于函数块的接口声明。背景数据块只包含已声明的那些块参数和变量，但可以在背景数据块中定义实例特定的值，如声明变量的起始值。

7.11.2 数据块声明表的结构

如图 7-60 所示是数据块的声明表结构，其显示会因块类型和访问方式而不同。

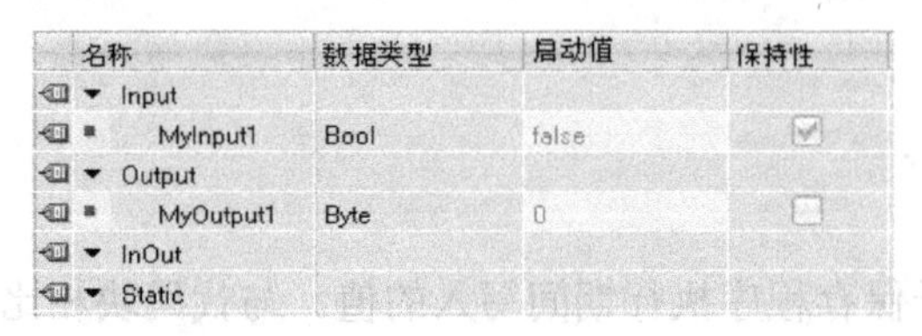

名称	数据类型	启动值	保持性
▼ Input			
MyInput1	Bool	false	☑
▼ Output			
MyOutput1	Byte	0	☐
▼ InOut			
▼ Static			

图 7-60

显示实例特定值：在背景数据块中，可以应用所分配函数块接口中已定义的值，也可以定义实例特定的起始值，对于来自函数块的值，不能进行编辑，可以使用实例特定值替换灰色部分的值，替换的值将不再以灰色显示。

各列的含义：可根据需要显示或隐藏各列。显示的列数取决于 CPU 的类型。

7.11.3 数据块的添加制作

数据块的添加制作步骤如下：

❶ 双击“添加新块”选项，弹出“添加新块”对话框，单击“数据块（DB）”按钮，如图 7-61 所示。

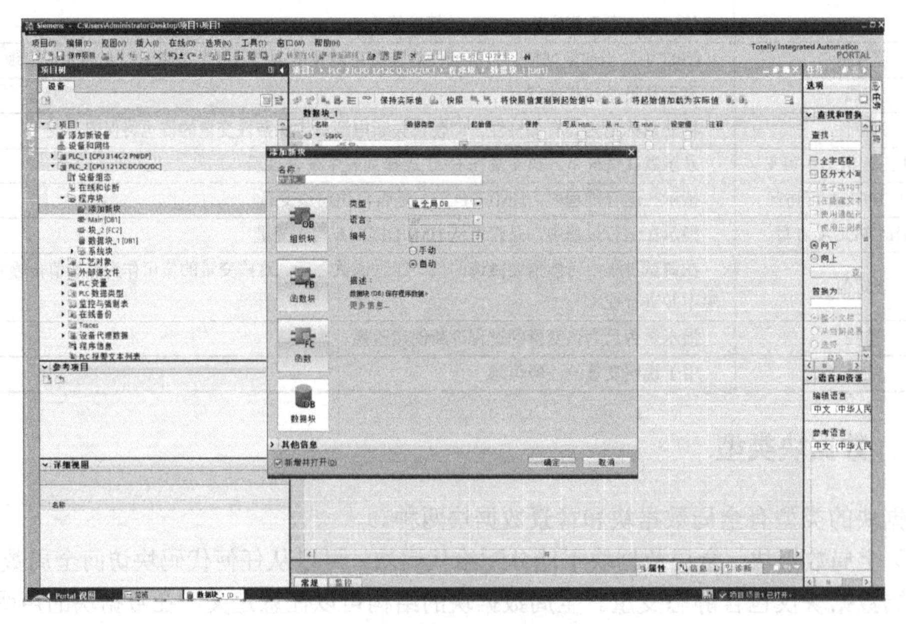

图 7-61

❷ 选择数据类型，设置变量名称和属性，如图 7-62 所示。

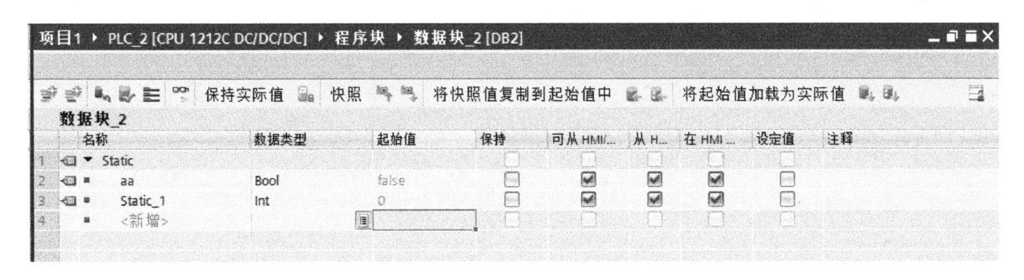

图 7-62

本章练习

❶ 制作程序块（FB），A、B、C 3 台电动机具备手动和自动功能，手动时单个电动机分别启动和停止，自动启动时电动机启动顺序为 A→B→C，自动停止顺序为 C→B→A。

❷ 西门子 S7-1200 有哪些程序块、数据块？

❸ 西门子 S7-1200 有哪些中断？

PART

进 阶 篇

第 8 章

通信

学习内容

了解以太网通信和 Profeibus DP 通信的特点，了解以太网和 Profeibus DP 通信相关配置方法，了解通信指令的使用方法。

8.1 以太网通信

8.1.1 PROFINET 通信口

在 S7-1200 CPU 中集成了一个 PROFINET 通信口，支持以太网和基于 TCP/IP 及 UDP 的通信标准。PROFINET 通信口是支持 10/100MB/s 的 RJ45 口，支持电缆交叉自适应，因此一个标准的或是交叉的以太网线都可以用于此接口。使用该通信口可以实现 S7-1200 CPU 与编程设备的通信，与 HMI 触摸屏的通信，以及与其他 CPU 之间的通信。

8.1.2 支持的协议和最大的连接资源

S7-1200 CPU 的 PROFINET 通信口支持以下通信协议及服务：TCP、ISO on TCP（RCF 1006）、UDP（V1.0 不支持）。

S7-1200 的连接资源：分配给每个类别的预留连接资源数为固定值；无法更改这些值，但可组态 6 个“可用自由连接”，以按照应用要求增加任意类别的连接数，如表 8-1 所示。

表 8-1

可用自由连接	编程终端（PG）	人机界面（HMI）	GET/PUT 客户端/服务器	开放式用户通信	Web 浏览器
连接资源的最大数量	3（保证支持 1 个 PG 设备）	12（保证支持 4 个 HMI 设备）	8	8	30（保证支持 3 个 Web 浏览器）

示例 1： 1 个 PG 具有 3 个可用连接资源。根据当前使用的 PG 功能，该 PG 实际可能使用其可用连接资源的 1 个、2 个或 3 个。在 S7-1200 中，始终保证至少有 1 个 PG，但不允许超过 1 个 PG。在“CPU 属性”→“常规”→“连接资源”中的显示，如图 8-1 所示。

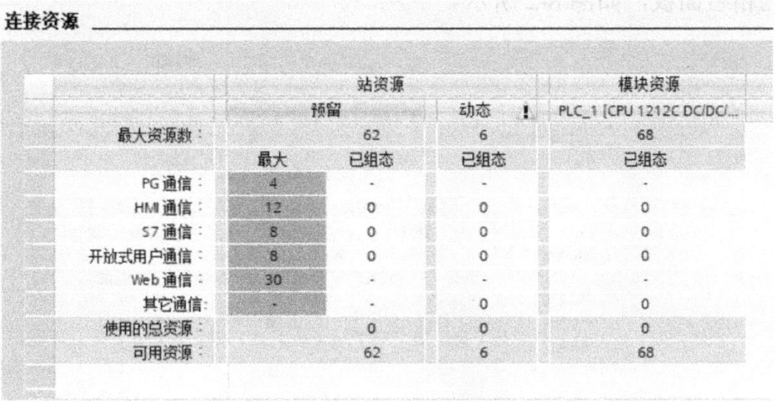

连接资源

	站资源			模块资源
	预留		动态 !	PLC_1 [CPU 1212C DC/DC/...
最大资源数：	62		6	68
	最大	已组态	已组态	已组态
PG 通信：	4	-	-	-
HMI 通信：	12	0	0	0
S7 通信：	8	0	0	0
开放式用户通信：	8	0	0	0
Web 通信：	30	-	-	-
其它通信：	-	-	0	0
使用的总资源：		0	0	0
可用资源：		62	6	68

图 8-1

示例 2：HMI 具有 12 个可用连接资源。根据拥有的 HMI 类型或型号及使用的 HMI 功能，每个 HMI 实际可能使用其可用连接资源中的 1 个、2 个或 3 个。考虑到正在使用的可用连接资源数，可以同时使用 4 个以上的 HMI。HMI 可利用其可用连接资源（每个 1 个，共 3 个）实现下列功能：读取、写入、报警和诊断，如表 8-2 所示。

表 8-2

项　　目	HMI 1	HMI 2	HMI 3	HMI 4	HMI 5	HMI
使用的连接资源	2	2	2	3	3	12

以上示例共有 5 个 HMI 设备访问 S7-1200，占用了 S7-1200 的 12 个 HMI 连接资源。

对于 S7-1200 V4.1 以上版本，有 6 个动态连接资源可以用于 HMI 连接。所以它们的最大 HMI 连接资源数可以达到 18 个。对于之前的版本只能用预留的 HMI 连接资源用于 HMI 访问。

HMI 设备占 S7-1200 的 HMI 连接资源个数。

基于 WinCC TIA Portal 的组态如表 8-3 所示。

表 8-3

项　　目	资源数（默认）	简 单 通 信	系 统 诊 断	运行系统 报警记录
基本面板	1	1	1	—
多功能面板	2	1	—	—
精智面板	2	1	2	—
WinCC RT Advanced	2	1	2	—
WinCC RT Professional	3	2	2	3

注意：“资源数（默认）”是当 HMI 与 S7-1200 在一个项目中组态 HMI 连接时，会占用 S7-1200 的组态的 HMI 连接个数。

HMI_2 为精智面板，如图 8-2 所示。

拓扑视图 | 网络视图 | 设备视图

网络概览 | 连接 | IO 通信 | VPN

本地连接名称	本地站点	本地 ID（十...	伙伴 ID（十...	伙伴	连接类型
HMI_Connection_1	HMI_2			PLC_1 [CPU 1214C ...	HMI 连接

	站资源			模块资源
	预留		动态	PLC_1 [CPU 1214C DC/DC/...
最大资源数：		62	6	68
	最大	已组态	已组态	已组态
PG 通信：	4	-	-	-
HMI 通信：	12	2	0	2
S7 通信：	8	0	0	0
开放式用户通信：	8	0	0	0
Web 通信：	30	-	-	-
其它通信：	-	-	0	0
使用的总资源：		2	0	2
可用资源：		60	6	66

图 8-2

该连接个数是 HMI 设备所能占用 S7-1200 的最大 HMI 连接个数，可以作为选型参考。

以太网 S7 通信如图 8-3 所示。

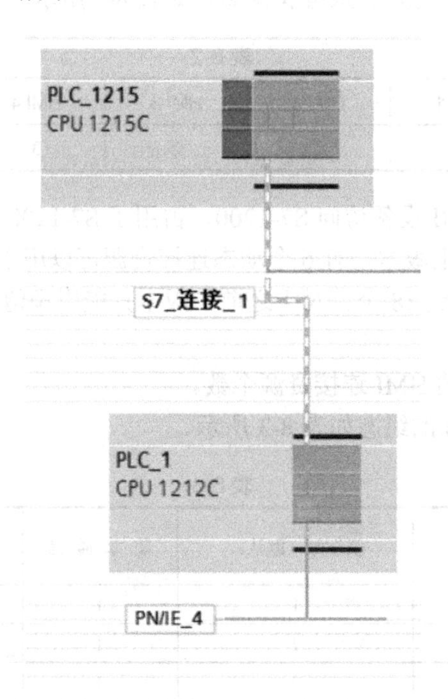

图 8-3

S7-1200 CPU 的 PROFINET 通信口有以下两种网络连接方法。

（1）直接连接：当一个 S7-1200 CPU 与一个编程设备，或 HMI，或另一个 PLC 通信时，也就是说只有两个通信设备时，实现的是直接通信。直接连接不需要使用交换机，用网线直接连接两个设备即可，如图 8-4 所示。

（2）网络连接：当多个通信设备进行通信时，也就是说通信设备为两个以上时，实现的是网络连接，如图 8-5 所示。多个通信设备的网络连接需要使用以太网交换机来实现，可以使用导轨安装的西门子 CSM1277 的 4 口交换机连接其他 CPU 及 HMI 设备。CSM1277 交换机是即插即用的，使用前不用进行任何设置。

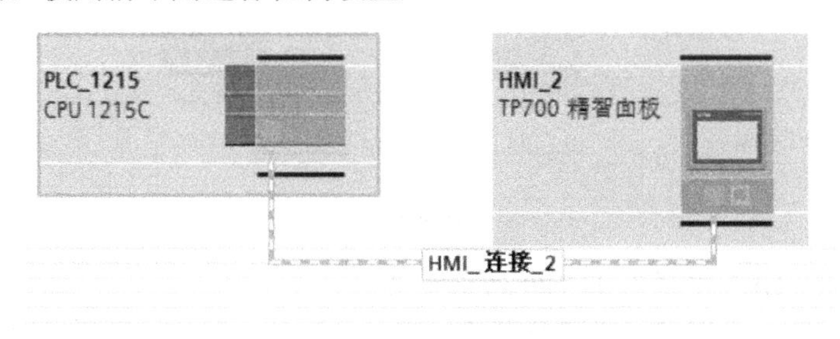

图 8-4

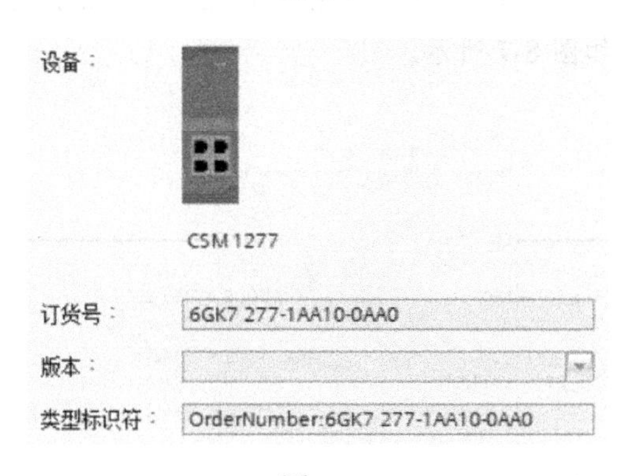

图 8-5

8.1.3　PLC 与 PLC 之间通信的过程

❶ 实现两个 CPU 之间的通信。

① 建立硬件通信物理连接。由于 S7-1200 CPU 的 PROFINET 物理接口支持交叉自适应功能，因此连接两个 CPU 既可以使用标准的以太网电缆，也可以使用交叉的以太网线。两个 CPU 的连接可以直接连接，不需要使用交换机。

② 配置硬件设备。在 Device View 中配置硬件组态。

③ 配置永久 IP 地址。为两个 CPU 配置不同的永久 IP 地址。

④ 在网络连接中建立两个 CPU 的逻辑网络连接。

⑤ 编程配置连接及发送、接收数据参数。在两个 CPU 里分别调用 TSEND_C 或 TSEND、TRCV_C 或 TRCV 通信指令，并配置参数，使能双边通信。

❷ 配置 CPU 之间的逻辑网络连接。

配置完 CPU 的硬件后，在项目树 Project tree→Devices&Networks→Networks view 视图下，创建两个设备的连接。

要想创建 PROFINET 的逻辑连接，用鼠标单击第一个 PLC 上的 PROFINET 通信口的绿色小方框，然后拖曳出一条线到另外一个 PLC 上的 PROFINET 通信口上，松开鼠标，连接就建立起来了，如图 8-6 所示。

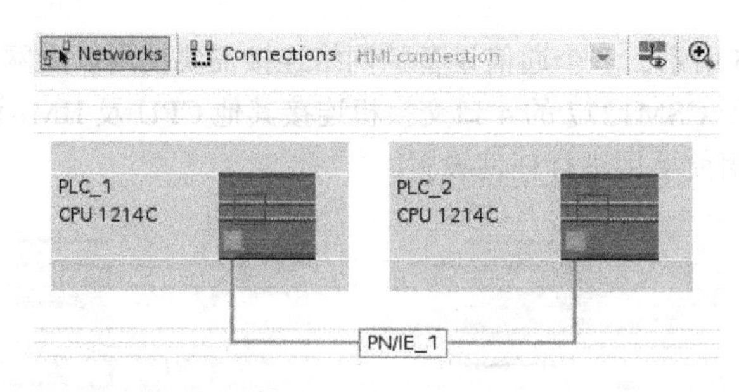

图 8-6

❸ 在 PLC_1 的 OB1 中调用 TCON 通信指令。

① 在第一个 CPU 中调用发送通信指令，进入 Project tree→PLC_1→Program blocks→OB1 主程序中，从右侧窗口 Instructions→Communications→Open user communications 下调用 TCON 指令，创建连接，如图 8-7 所示。

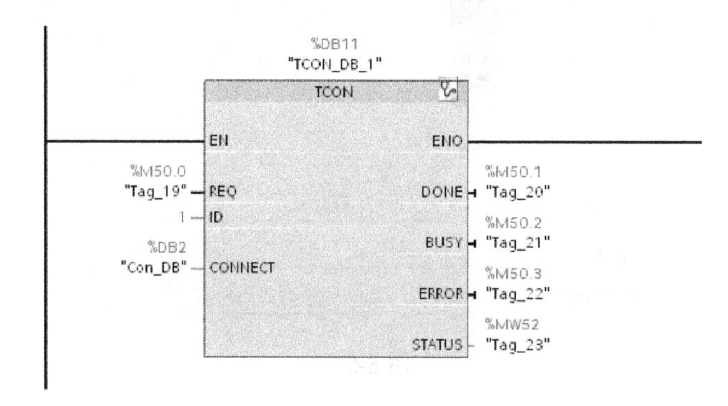

图 8-7

② 创建 DB2 分配连接参数，如图 8-8 所示。

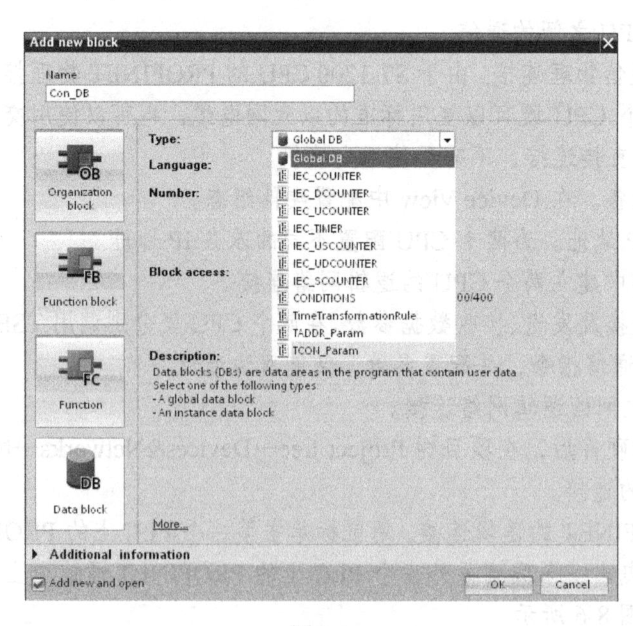

图 8-8

③ 定义 PLC_1 的 TCON 连接参数。PLC_1 的 TCON 指令的连接参数需要在指令下方的属性窗口 Properties→Configuration→Connection parameter 中设置，如图 8-9 所示。

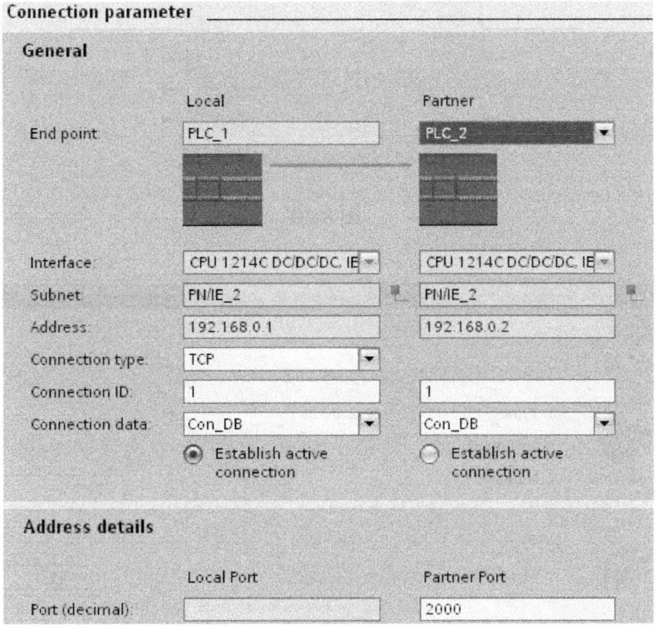

图 8-9

对连接参数的说明如表 8-4 所示。

表 8-4

参　　数	说　　明
End point	可以通过下拉箭头选择伙伴 CPU：PLC_2
Connection type	选择通信协议为 TCP（也可以选择 ISO on TCP 或 UDP 协议）
Connection ID	连接的地址 ID 号，这个 ID 号在后面的编程里会用到
Connection data	创建连接时生成的 Con_DB 块
Active connection setup	选择本地 PLC_1 作为主动连接
Address details	定义通信伙伴方的端口号为 2000；如果选用的是 ISO on TCP 协议，则需要设定 TSAP 地址（ASCII 形式），本地 PLC_1 可以设置成 PLC1，伙伴方 PLC_2 可以设置成 PLC2

❹ 定义 PLC_1 的 TSEND 发送通信块接口参数。

① 调用 TSEND 在 OB1 内调用发送 100 个字节数据到 PLC2 中。进入 Project tree→PLC_1→Program blocks→OB1 主程序中，从右侧窗口 Instructions→Communications→Open user communications 下调用 TSEND 指令，如图 8-10 所示。

② 创建并定义 PLC_1 的发送数据区 DB 块。选择 Project tree→PLC_1→Program blocks→Add new block，选择 Data block，创建 DB 块，选择绝对寻址，单击 OK 按钮，定义发送数据区为 100 个字节的数组，如图 8-11 所示。

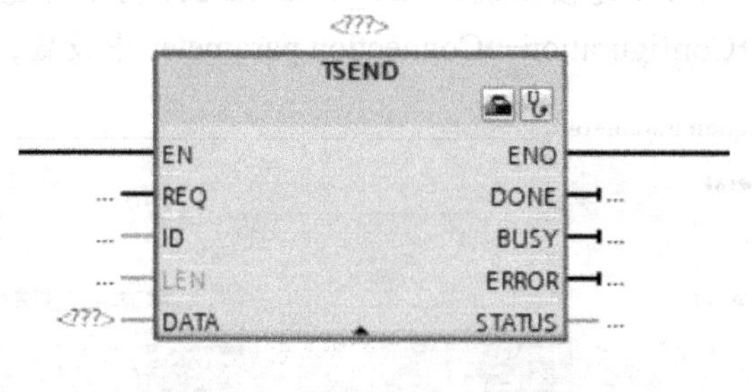

图 8-10

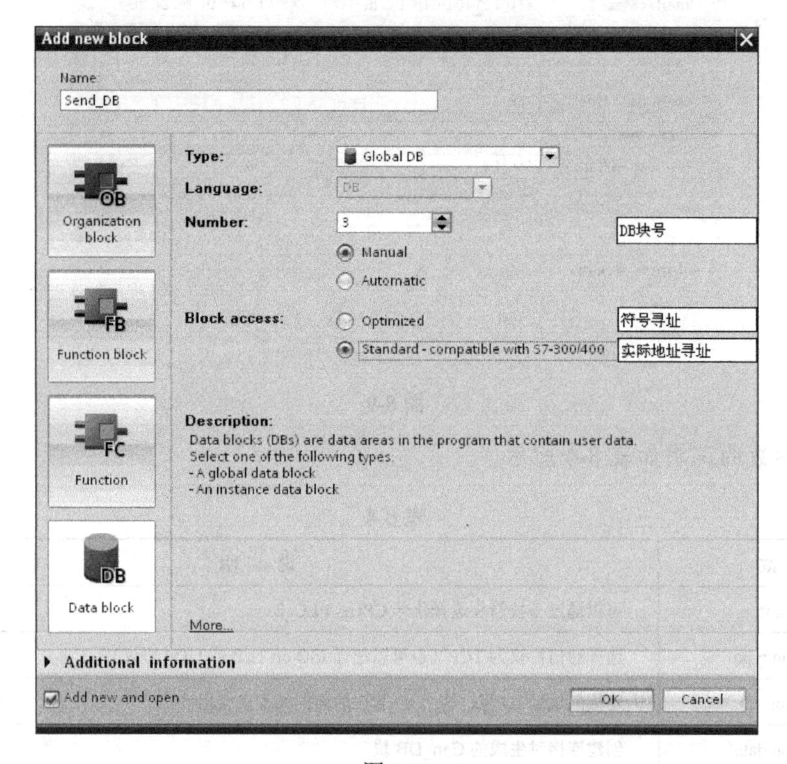

图 8-11

注意：对于双边编程通信的 CPU，如果通信数据区使用 DB 块，既可以将 DB 块定义成符号寻址，也可以定义成绝对寻址。使用指针寻址方式时必须创建绝对寻址的 DB 块。定义发送数据区为字节类型的数组 PLC1_TSENDC_DATA，如图 8-12 所示。

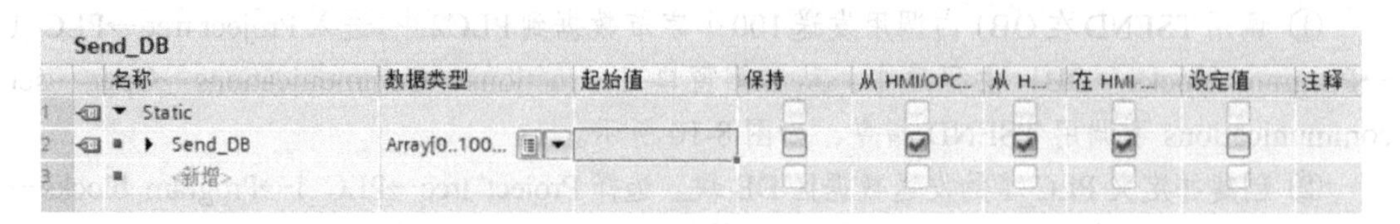

图 8-12

③ 定义 PLC_1 的 TSEND 发送通信块接口参数，如图 8-13 所示。

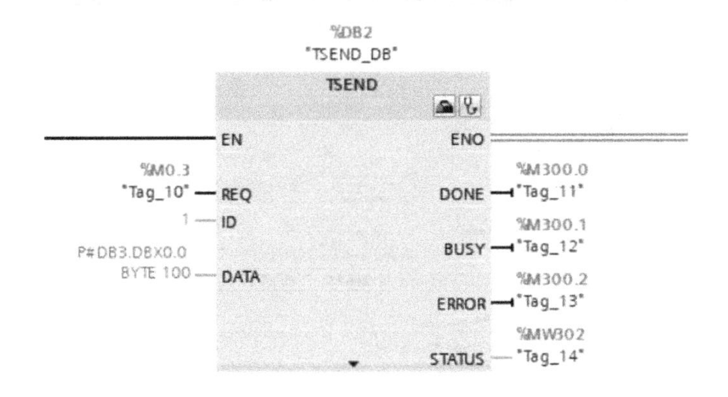

图 8-13

对输入接口参数的说明如表 8-5 所示。

表 8-5

参　数	赋　值	说　明
REQ	M0.3	使用 2Hz 的时钟脉冲，上升沿激活发送任务
ID	1	创建连接 ID
LEN	100	发送数据长度
DATA	P#DB3.DBX0.0 BYTE 100	发送数据区的数据，使用指针寻址时，DB 块要选用绝对寻址

对输出接口参数的说明如表 8-6 所示。

表 8-6

参　数	赋　值	说　明
DONE	M300.0	任务执行完成并且没有错误，该位置 1
BUSY	M300.1	该位为 1，代表任务未完成，不能激活新任务
ERROR	M300.2	通信过程中有错误发生，该位置 1
STATUS	MW302	有错误发生时，会显示错位信息号

❺ 在 PLC_1 的 OB1 中调用接收指令 T_CV 并配置基本参数。为了实现 PLC_1 接收来自 PLC_2 的数据，则在 PLC_1 中调用接收指令 T_RCV 并配置基本参数。

① 创建并定义 PLC_1 的接收数据区 DB 块，如图 8-14 所示。选择 Project tree→PLC_1→Program blocks→Add new block→Data block，创建 DB 块，选择绝对寻址，单击 OK 按钮，定义发送数据区为 100 个字节的数组。

注意：对于双边编程通信的 CPU，如果通信数据区使用 DB 块，既可以将 DB 块定义成符号寻址，也可以定义成绝对寻址。使用指针寻址方式时必须创建绝对寻址的 DB 块。定义接收数据区为字节类型的数组，如图 8-15 所示。

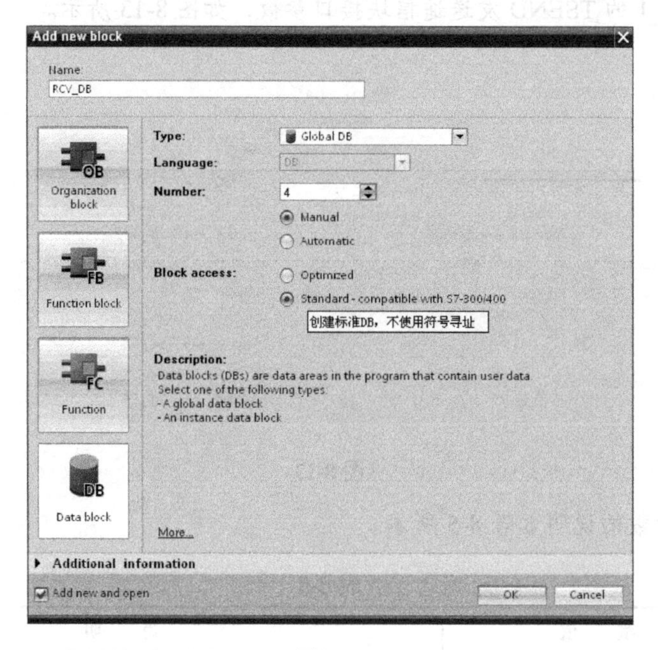

图 8-14

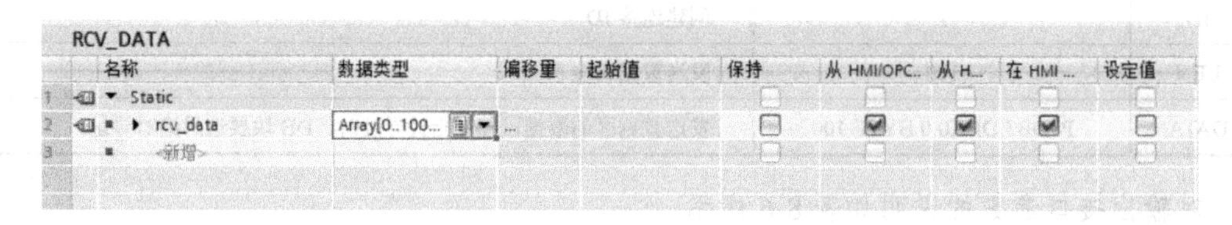

	名称	数据类型	偏移量	起始值	保持	从 HMI/OPC...	从 H...	在 HMI ...	设定值
1	▼ Static				☐	☐	☐	☐	☐
2	▶ rcv_data	Array[0..100...	...		☐	☑	☑	☑	☐
3	<新增>								

图 8-15

② 调用 TRCV 指令并配置接口参数。进入 Project tree→PLC_1→Program blocks→OB1 主程序中，从右侧窗口 Instructions→Communications→Open user communications 下调用 TRCV 指令，配置接口参数，如图 8-16 所示。

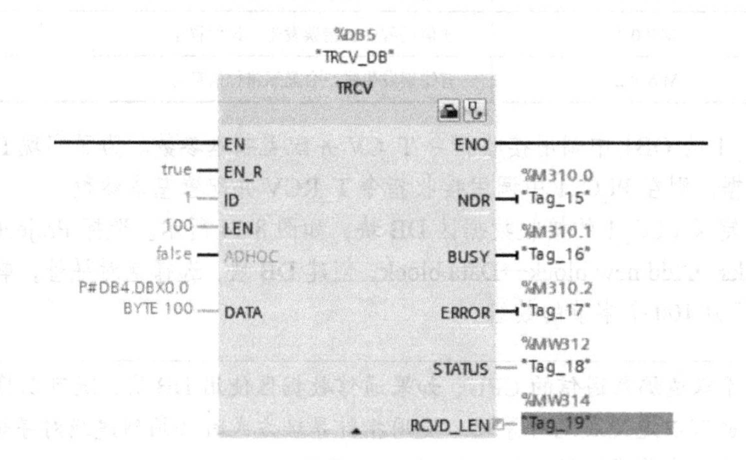

图 8-16

对输入接口参数的说明如表 8-7 所示。

表 8-7

参 数	赋 值	说 明
EN_R	TRUE	准备好接收数据
ID	1	连接号，使用的是 TCON 的连接参数中的 ID 号
LEN	100	接收数据长度为 100 个字节
DATA	P#DB4.DBX0.0 BYTE 100	接收数据区的地址

对输出接口参数的说明如表 8-8 所示。

表 8-8

参 数	赋 值	说 明
NDR	M310.0	该位为 1，代表接收任务成功完成
BUSY	M310.1	该位为 1，代表任务未完成，不能激活新任务
ERROR	M310.2	通信过程中有错误发生，该位置 1
STATUS	MW312	有错误发生时会显示错误信息号
RCVD_LEN	MW314	实际接收数据的字节数

注意：LEN 设置为 65 535 可以接收变长数据。

❻ 在 PLC_2 的 OB1 中调用 TCON 通信指令。

① 在第一个 CPU 中调用 TCON 通信指令，进入 Project tree→PLC_2→Program blocks→OB1 主程序中，从右侧窗口 Instructions→Communications→Open user communications 下调用 TCON 指令，创建连接，如图 8-17 所示。

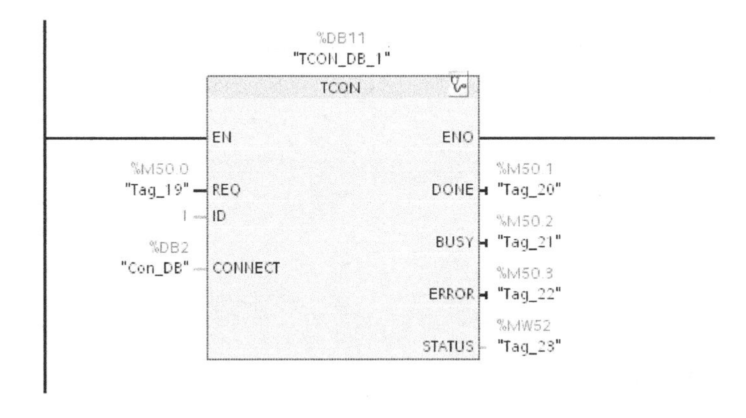

图 8-17

② 创建 DB2 分配连接参数，如图 8-18 所示。

③ 定义 PLC_2 的连接参数 TCON。PLC_1 的 TCON 指令的连接参数需要在指令下方的属性窗口 Properties→Configuration→Connection parameter 中设置，如图 8-19 所示。

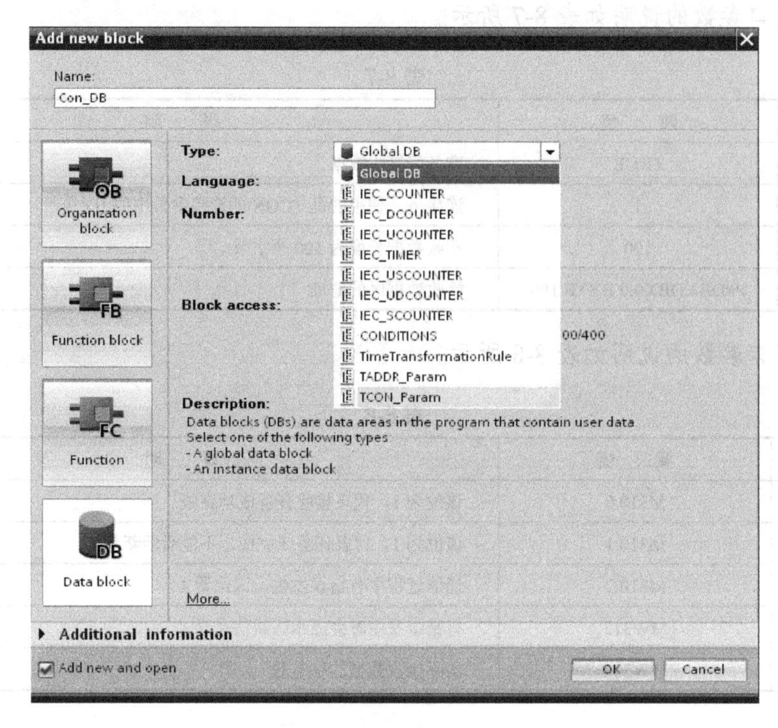

图 8-18

图 8-19

对连接参数的说明如表 8-9 所示。

表 8-9

参　数	说　明
End point	可以通过下拉箭头选择伙伴 CPU：PLC_2
Connection type	选择通信协议为 TCP（也可以选择 ISO on TCP 或 UDP 协议）
Connection ID	连接的地址 ID 号，这个 ID 号在后面的编程里会用到
Connection data	创建连接时生成的 Con_DB 块
Active connection setup	选择通信伙伴 PLC_1 作为主动连接
Address details	定义通信伙伴方的端口号为 2000；如果选用的是 ISO on TCP 协议，则需要设定 TSAP 地址（ASCII 形式），本地 PLC_2 可以设置成 PLC2，伙伴方 PLC_1 可以设置成 PLC1

❼ 在 PLC_2 的 OB1 中调用 TRCV 通信指令。

① 接收从 PLC_1 发送到 PLC_2 的 100 个字节数据，创建并定义接收数据区 DB 块。选择 Project tree→PLC_2→Program blocks→Add new block→Data block，创建 DB 块，选择符号寻址，单击 OK 按钮，定义接收数据区为 100 个字节的数组。创建接收数据区 DB 块，如图 8-20 所示；定义接收区为 100 个字节的数组，如图 8-21 所示。

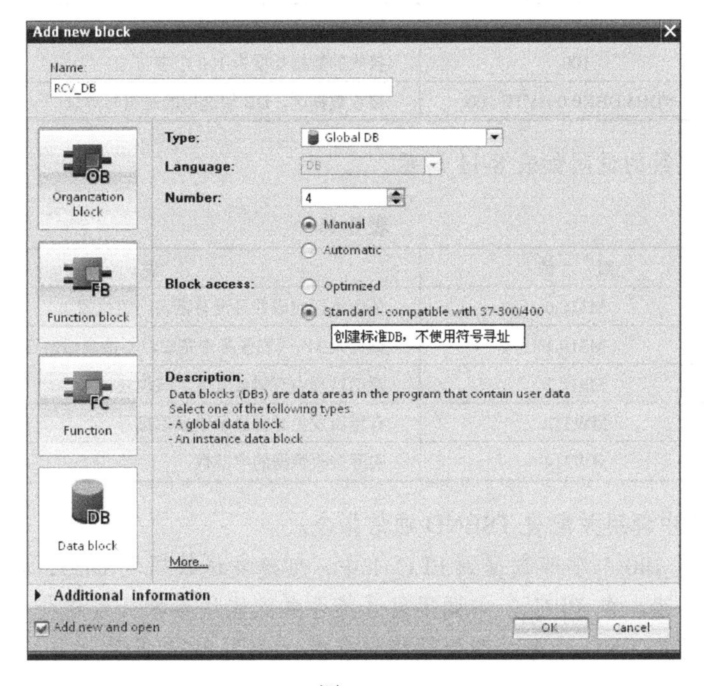

图 8-20

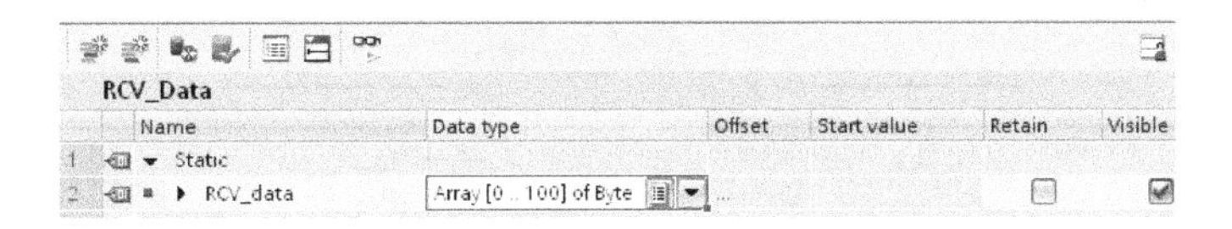

图 8-21

② 定义调用 TRCV 程序，进行 TRCV 块参数配置，如图 8-22 所示。

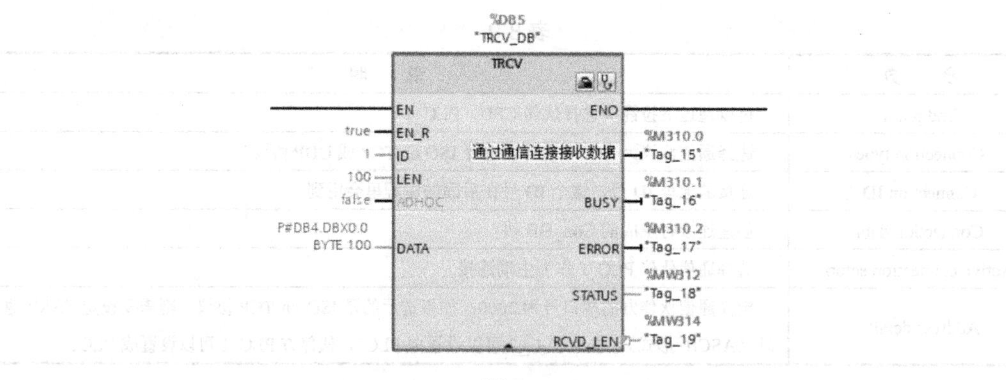

图 8-22

对输入接口参数的说明如表 8-10 所示。

表 8-10

参　数	赋　值	说　明
EN_R	TRUE	准备好接收数据
ID	1	建立连接并一直保持连接
LEN	100	接收的数据长度为 100 个字节
DATA	P#DB4.DBX0.0 BYTE 100	接收数据区，DB 块选用的是符号寻址

对输出接口参数的说明如表 8-11 所示。

表 8-11

参　数	赋　值	说　明
NDR	M310.0	任务执行完成并且没有错误，该位置 1
BUSY	M310.1	该位为 1，代表任务未完成，不能激活新任务
ERROR	M310.2	通信过程中有错误发生，该位置 1
STATUS	MW312	有错误发生时会显示错误信息号
RCVD_LEN	MW314	实际接收数据的字节数

❽ 在 PLC_2 中调用并配置 TSEND 通信指令。

PLC_2 将发送 100 个字节数据到 PLC_1 中，创建发送数据块 DB3，与创建接收数据块方法相同，不再详述。在 PLC_2 中调用发送指令并配置块参数，发送指令与接收指令使用同一个连接。调用 TSEND 指令并配置块接口参数，如图 8-23 所示。

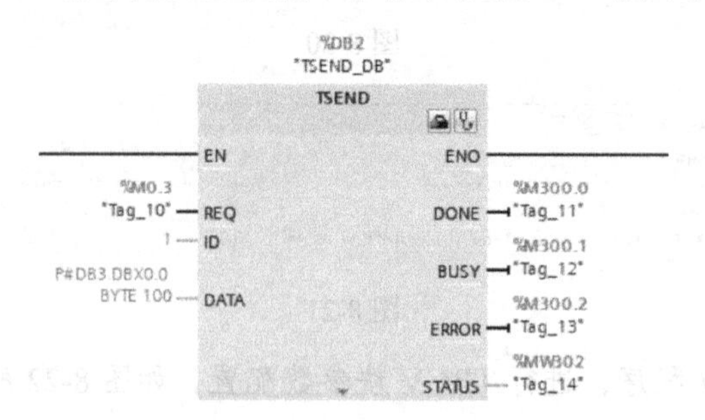

图 8-23

对输入接口参数的说明如表 8-12 所示。

表 8-12

参 数	赋 值	说 明
REQ	M0.3	使用 2Hz 的时钟脉冲，上升沿激活发送任务
ID	1	连接 ID 号，通过 TCON 创建的连接
LEN	100	发送数据长度为 100 个字节
DATA	P#DB3.DBX0.0 BYTE 100	发送数据区的符号地址

对输出接口参数的说明如表 8-13 所示。

表 8-13

参 数	赋 值	说 明
DONE	M300.0	任务执行完成并且没有错误，该位置 1
BUSY	M300.1	该位为 1，代表任务未完成，不能激活新任务
ERROR	M300.2	通信过程中有错误发生，该位置 1
STATUS	MW302	有错误发生时会显示错误信息号

8.1.4 S7-1200 间的 S7 通信

S7-1200 的 PROFINET 通信口可以用作 S7 通信的服务器端或客户端（CPU V2.0 及以上版本）。S7-1200 仅支持 S7 单边通信，仅需在客户端单边组态连接和编程，而服务器端只准备好通信的数据就可以。

硬件：CPU 1214C DC/DC/DC，V2.0；CPU 1214C DC/DC/DC，V4.1。

软件：博途。

所完成的通信任务：S7-1200 CPU Client 将通信数据区 DB1 块中的 10 个字节的数据发送到 S7-1200 CPU Server 的接收数据区 DB1 块中；S7-1200 CPU Client 将 S7-1200 CPU Server 发送数据区 DB2 块中的 10 个字节的数据读到 S7-1200 CPU Client 的接收数据区 DB2 块中。

S7-1200 之间的 S7 通信可以分为以下两种情况来操作。

（1）第一种情况：两个 S7-1200 在一个项目中。

（2）第二种情况：两个 S7-1200 不在一个项目中。

1. 第一种情况：两个 S7-1200 在一个项目中

使用博途软件在同一个项目中新建两个 S7-1200 站点，然后做 S7 通信。使用博途软件创建一个新项目，并通过“添加新设备”组态 S7-1200 站 client V4.1，选择 CPU 1214C DC/DC/DC V4.1（clientIP：192.168.0.10）；接着组态另一个 S7-1200 站 server v2.0，选择 CPU 1214C DC/DC/DC V2.0（serverIP：192.168.0.12）。在新项目中插入两个 S7-1200 站点，如图 8-24 所示。

❶ 网络配置，组态 S7 连接。在“设备组态”中，选择“网络视图”栏进行配置网络，单击左上角的“连接”图标，连接框中选择“S7 连接”，然后选中 client v4.1 CPU（客户端），

右键选择“添加新连接”，在“创建新连接”对话框内，选择连接对象“server v2.0 CPU”，选择“主动建立连接”后建立新连接。

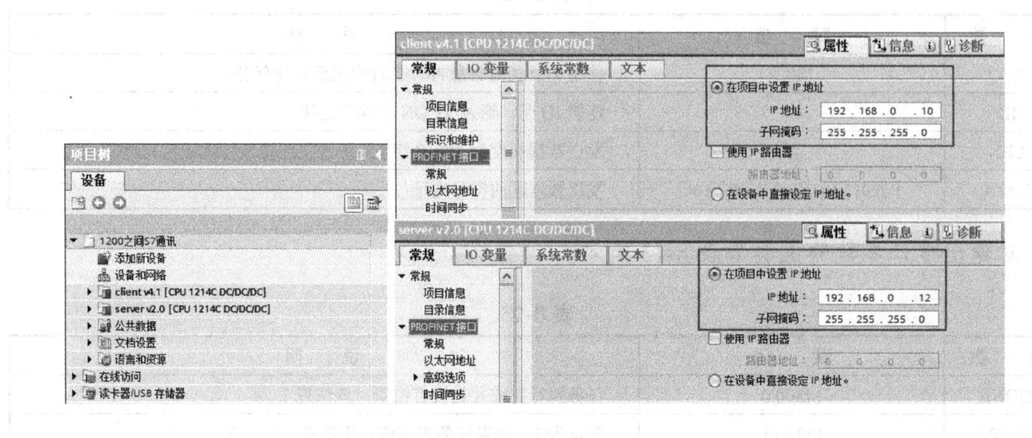

图 8-24

❷ S7 连接及其属性说明。在“连接”选项卡中可以看到已经建立的“S7_连接_1”，如图 8-25 所示。

网络概览 | 连接 | IO 通信 | VPN

本地连接名称	本地站点	本地 ID (...	伙伴 ID...	通信伙伴	连接类型
S7_连接_1	client v4.1	100	100	server v2.0	S7 连接
S7_连接_1	server v2.0	100	100	client v4.1	S7 连接

图 8-25

单击上面的连接，在“S7_连接_1”的连接属性中查看各参数，如图 8-26 所示。在“常规”选项卡中，显示连接双方的设备、IP 地址。

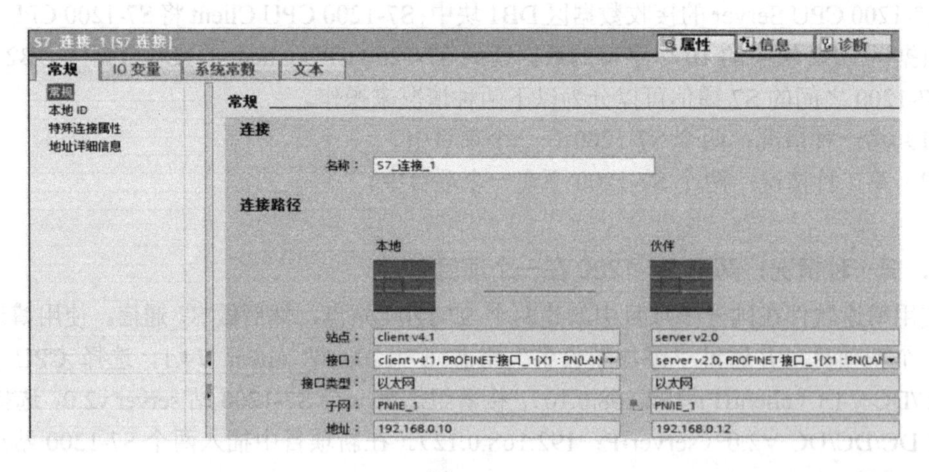

图 8-26

在“本地 ID”中显示通信连接的“本地 ID（十六进制）”号，这里 ID 为 W#16#100（编程使用），如图 8-27 所示。

在“特殊连接属性”中可以选择是否为“主动建立连接”，这里 client v4.1 是主动建立连接，如图 8-28 所示。

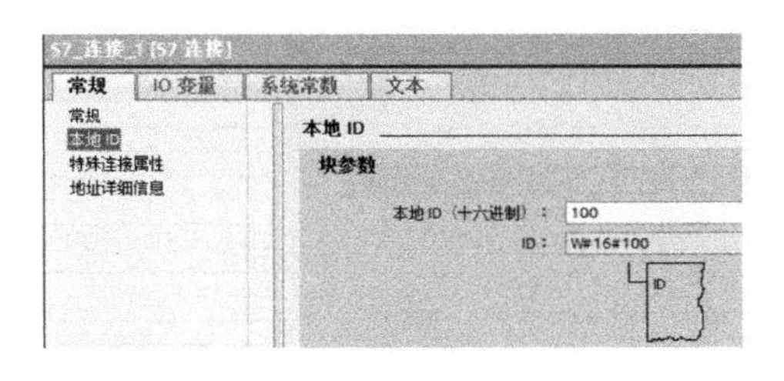

图 8-27

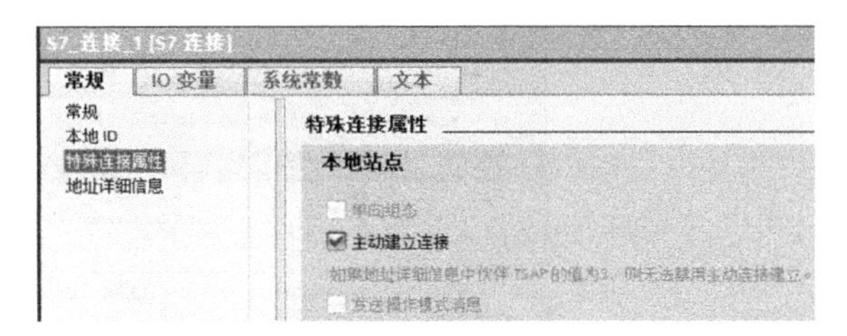

图 8-28

在“地址详细信息”中可以定义通信双方的 TSAP 号，这里不需要修改，如图 8-29 所示。

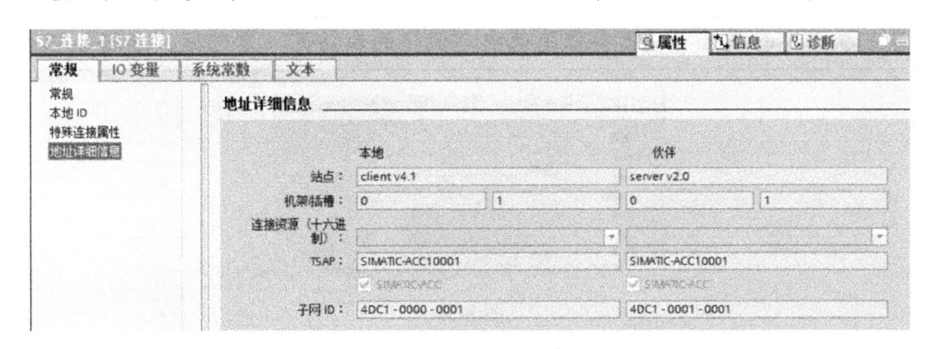

图 8-29

配置完网络连接，双方都编译存盘并下载。如果通信连接正常，连接在线状态，如图 8-30 所示。

网络概览　连接　IO 通信　VPN

本地连接名称	本地站点	本地 ID (...	伙伴 ID...	通信伙伴	连接类型
S7_连接_1	client v4.1	100	100	server v2.0	S7 连接
S7_连接_1	server v2.0	100	100	client v4.1	S7 连接
ES 连接_192....	client v4.1			192.168.0.11	ES 连接

图 8-30

❸ 软件编程。在 S7-1200 两侧，分别创建发送和接收数据块 DB1 和 DB2，定义成 10 个字节的数组，如图 8-31 和图 8-32 所示。

1200之间S7通讯 ▸ client v4.1 [CPU 1214C DC/DC/DC] ▸ 程序块 ▸ client send [DB1]

client send

	名称	数据类型	偏移量	启动值	保持性	可从 HMI ...	在 HMI ...	设置值
1	▼ Static							
2	▸ send	Array[1..10] of Byte	0.0		☐	☑	☑	☐

1200之间S7通讯 ▸ client v4.1 [CPU 1214C DC/DC/DC] ▸ 程序块 ▸ client rcv [DB2]

client rcv

	名称	数据类型	偏移量	启动值	保持性	可从 HMI ...	在 HMI ...	设置值
1	▼ Static							
2	▸ rcv	Array[1..10] ...	0.0		☐	☑	☑	☐

图 8-31

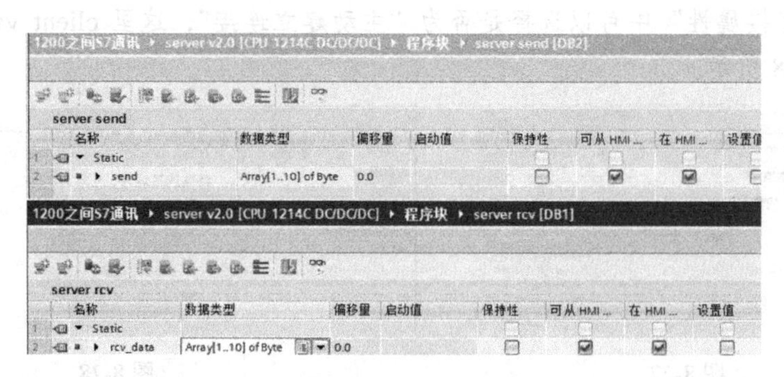

图 8-32

注意：数据块的属性中，需要取消选中“优化的块访问”复选框，如图 8-33 所示。

图 8-33

在主动建立连接侧编程（client v4.1 CPU），在 OB1 中，在 Instruction→Communication→S7 Communication 下，调用 Get、Put 通信指令，如图 8-34 所示。

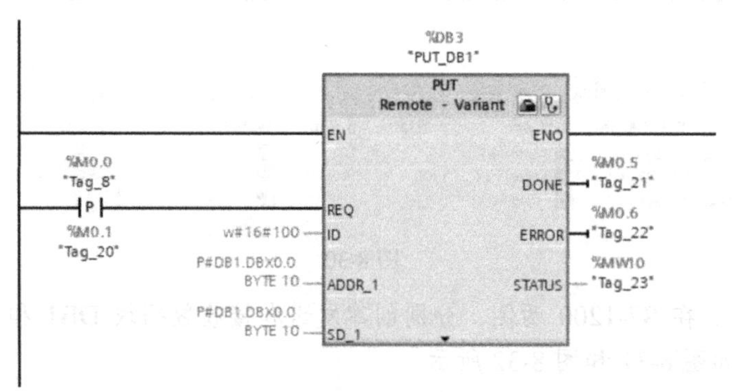

（a）发送指令调用

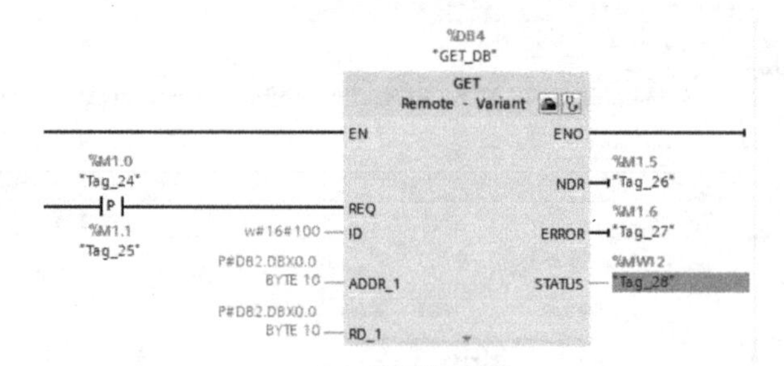

（b）接收指令调用

图 8-34

对功能块参数的说明如表8-14和表8-15所示。

表8-14

参　数	赋　值	说　明
CALL “PUT”	%DB3	调用PUT，使用背景块DB：DB3
REQ	%M0.0	上升沿触发
ID	W#16#100	连接号，要与连接配置中一致，创建连接时的本地连接号
DONE	%M0.5	为1时，发送完成
ERROR	%M0.6	为1时，有故障发生
STATUS	%MW10	状态代码
ADDR_1	P#DB1.DBX0.0 BYTE 10	发送到通信伙伴数据区的地址
SD_1	P#DB1.DBX0.0 BYTE 10	本地发送数据区

表8-15

参　数	赋　值	说　明
CALL “GET”	%DB4	调用GET，使用背景块DB：DB4
REQ	%M1.0	上升沿触发
ID	W#16#100	连接号，要与连接配置中一致，创建连接时的本地连接号
NDR	%M1.5	为1时，接收到新数据
ERROR	%M1.6	为1时，有故障发生
STATUS	%MW12	状态代码
ADDR_1	P#DB2.DBX0.0 BYTE 10	从通信伙伴数据区读取数据的地址
RD_1	P#DB2.DBX0.0 BYTE 10	本地接收数据地址

❹ 监控结果。通过在S7-1200客户机侧编程进行S7通信，实现两个CPU之间的数据交换，监控结果如图8-35所示。

2. 第二种情况：两个S7-1200不在一个项目中

使用西门子博途软件在不同项目中新建两个S7-1200站点，然后做S7通信。

❶ 使用西门子博途软件生成项目。使用西门子博途软件创建一个新项目，并通过“添加新设备”组态S7-1200站client V4.1，选择CPU 1214C DC/DC/DC V4.1；接着在另一个项目组态S7-1200站server v2.0，选择CPU 1214C DC/DC/DC V2.0。

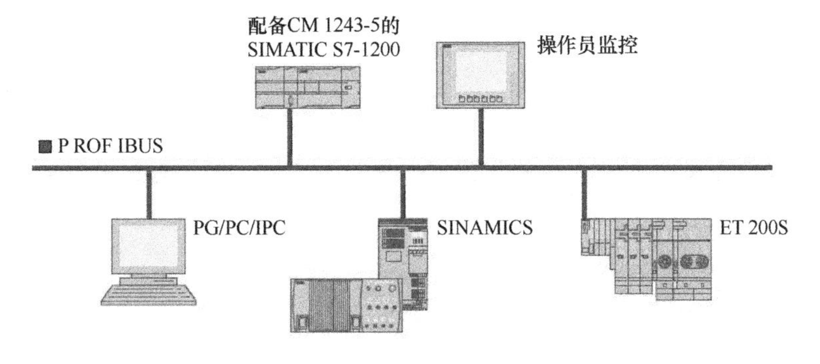

图8-35

S7-1200 Client

	i	名称	地址	显示格式	监视值	修改值
1		"Tag_1"	%M0.0	布尔型	TRUE	TRUE
2		"client send".send.	%DB1.DBB0	十六进制	16#01	16#01
3		"client send".send.	%DB1.DBB1	十六进制	16#02	16#02
4		"client send".send.	%DB1.DBB2	十六进制	16#03	16#03
5		"client send".send.	%DB1.DBB3	十六进制	16#04	16#04
6		"client send".send.	%DB1.DBB4	十六进制	16#05	16#05
7		"client send".send.	%DB1.DBB5	十六进制	16#06	16#06
8		"client send".send.	%DB1.DBB6	十六进制	16#07	16#07
9		"client send".send.	%DB1.DBB7	十六进制	16#08	16#08
10		"client send".send.	%DB1.DBB8	十六进制	16#09	16#09
11		"client send".send.	%DB1.DBB9	十六进制	16#10	16#10
12		"Tag_6"	%M1.0	布尔型	TRUE	TRUE
13		"client rcv".rcv[1]	%DB2.DBB0	十六进制	16#11	
14		"client rcv".rcv[2]	%DB2.DBB1	十六进制	16#22	
15		"client rcv".rcv[3]	%DB2.DBB2	十六进制	16#33	
16		"client rcv".rcv[4]	%DB2.DBB3	十六进制	16#44	
17		"client rcv".rcv[5]	%DB2.DBB4	十六进制	16#55	
18		"client rcv".rcv[6]	%DB2.DBB5	十六进制	16#66	
19		"client rcv".rcv[7]	%DB2.DBB6	十六进制	16#77	
20		"client rcv".rcv[8]	%DB2.DBB7	十六进制	16#88	
21		"client rcv".rcv[9]	%DB2.DBB8	十六进制	16#99	
22		"client rcv".rcv[10]	%DB2.DBB9	十六进制	16#00	

S7-1200 Server

	i	名称	地址	显示格式	监视值
1		"server rcv".rcv_data[1]	%DB1.DBB0	十六进制	16#01
2		"server rcv".rcv_data[2]	%DB1.DBB1	十六进制	16#02
3		"server rcv".rcv_data[3]	%DB1.DBB2	十六进制	16#03
4		"server rcv".rcv_data[4]	%DB1.DBB3	十六进制	16#04
5		"server rcv".rcv_data[5]	%DB1.DBB4	十六进制	16#05
6		"server rcv".rcv_data[6]	%DB1.DBB5	十六进制	16#06
7		"server rcv".rcv_data[7]	%DB1.DBB6	十六进制	16#07
8		"server rcv".rcv_data[8]	%DB1.DBB7	十六进制	16#08
9		"server rcv".rcv_data[9]	%DB1.DBB8	十六进制	16#09
10		"server rcv".rcv_data[10]	%DB1.DBB9	十六进制	16#10
11					
12		"server send".send[1]	%DB2.DBB0	十六进制	16#11
13		"server send".send[2]	%DB2.DBB1	十六进制	16#22
14		"server send".send[3]	%DB2.DBB2	十六进制	16#33
15		"server send".send[4]	%DB2.DBB3	十六进制	16#44
16		"server send".send[5]	%DB2.DBB4	十六进制	16#55
17		"server send".send[6]	%DB2.DBB5	十六进制	16#66
18		"server send".send[7]	%DB2.DBB6	十六进制	16#77
19		"server send".send[8]	%DB2.DBB7	十六进制	16#88
20		"server send".send[9]	%DB2.DBB8	十六进制	16#99
21		"server send".send[10]	%DB2.DBB9	十六进制	16#00
22					

图 8-35（续）

❷ 网络配置，组态 S7 连接。在“设备组态”中，选择“网络视图”栏进行配置网络，单击左上角的“连接”图标，连接框中选择“S7 连接”，然后选中“client v4.1CPU（客户端）”，单击右键，在弹出的快捷菜单中选择“添加新连接”，弹出“创建新连接”对话框，选择“通信伙伴”为“未指定”，如图 8-36 所示。

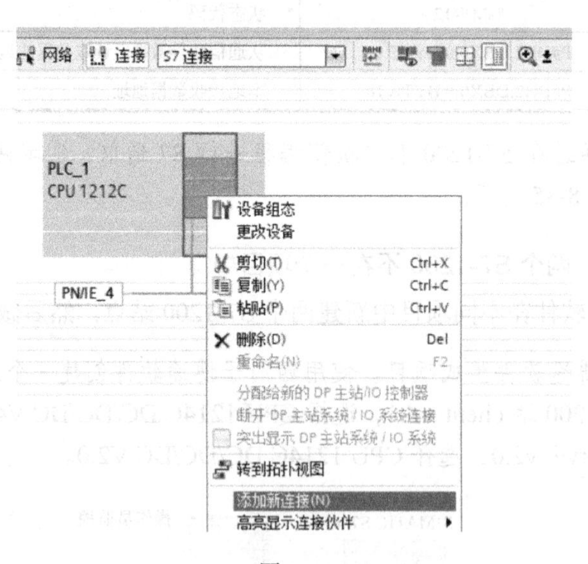

图 8-36

❸ S7 连接及其属性说明。在中间栏的“连接”条目中，可以看到已经建立的“S7_连接_1”，如图 8-37 所示。

网络概览 | 连接 | IO 通信 | VPN

本地连接名称	本地站点	本地 ID (...	伙伴 ID (...	通信伙伴	连接类型
S7_连接_1	client v4.1	100		未指定	S7 连接

图 8-37

单击上面的连接，可以在“S7_连接_1”的连接属性中查看各参数，如图8-38所示。

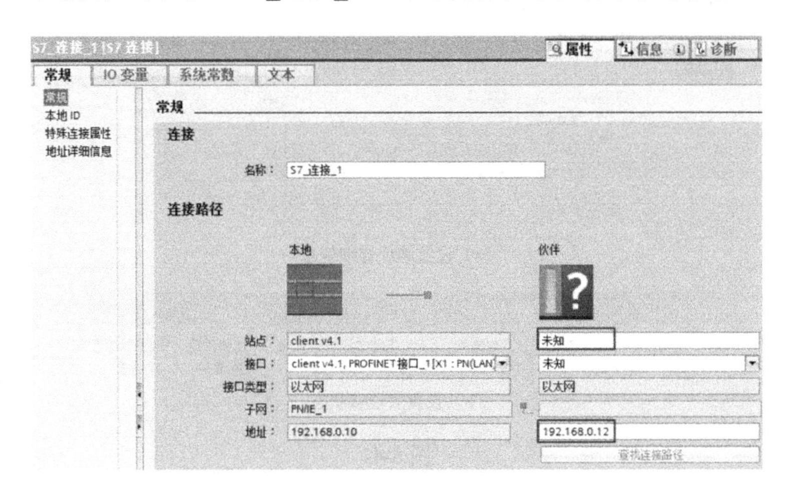

图8-38

在“常规”中显示连接双方的设备，在伙伴方“站点”栏选择“未知”；在“地址”栏填写伙伴的IP地址192.168.0.12。

在“本地ID”中显示通信连接的“本地ID（十六进制）”号，这里“ID”为W#16#100，如图8-39所示。

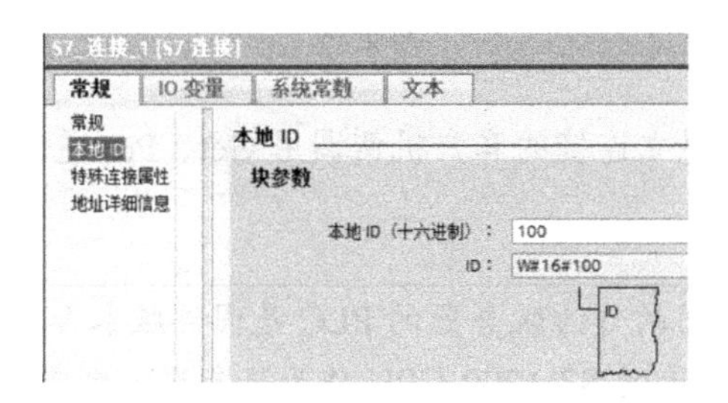

图8-39

在“特殊连接属性”中建立未指定的连接，建立连接侧为主动连接，这里client v4.1是主动建立连接，如图8-40所示。

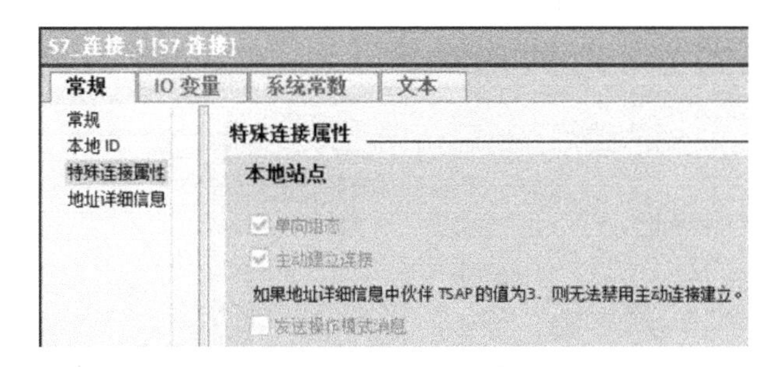

图8-40

在“地址详细信息”中定义伙伴侧的TSAP号（注意：S7-1200预留给S7连接两个TSAP地址：03.01和03.00），这里设置伙伴的TSAP号为03.00，如图8-41所示。

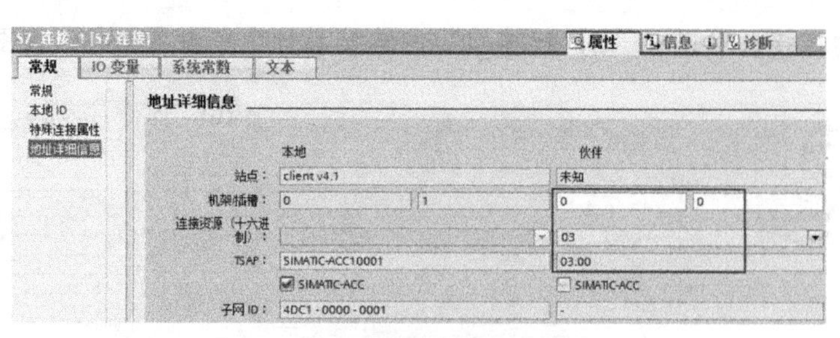

（a）设置地址详细信息

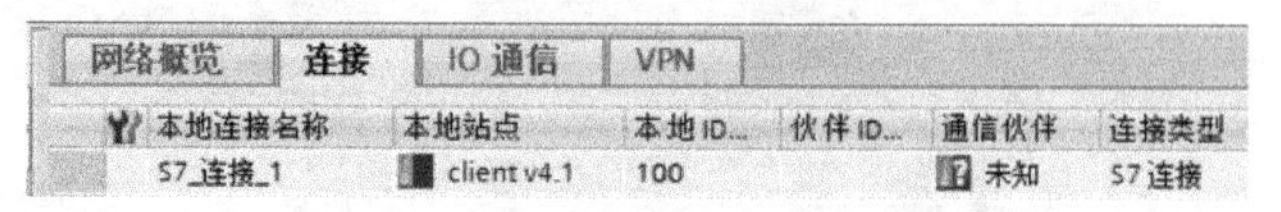

（b）设置后连接状态

图 8-41

网络连接配置完，编译存盘并下载。如果通信连接正常，连接在线状态，如图 8-42 所示。

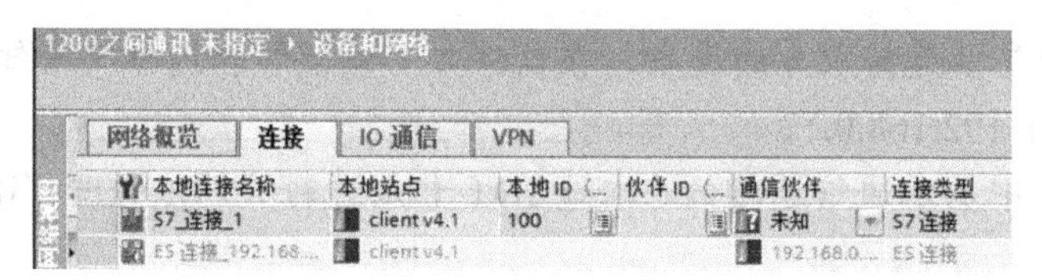

图 8-42

❹ 软件编程。在主动建立连接的客户机侧调用 Get、Put 通信指令，具体使用同上一种情况。

> **注意**：以上例子中使用的作为服务器的 PLC 是固件版本 V2.0 的 S7-1200 CPU，如果您使用固件版本为 V4.0 以上的 S7-1200 CPU 作为服务器，则需要如下额外设置才能保证 S7 通信正常。

打开作为 S7 服务器（server）的 CPU 的设备组态，选择“属性”→“常规”→“防护与安全”→“连接机制”，勾选“允许来自远程对象的 PUT/GET 通信访问”，如图 8-43 所示。

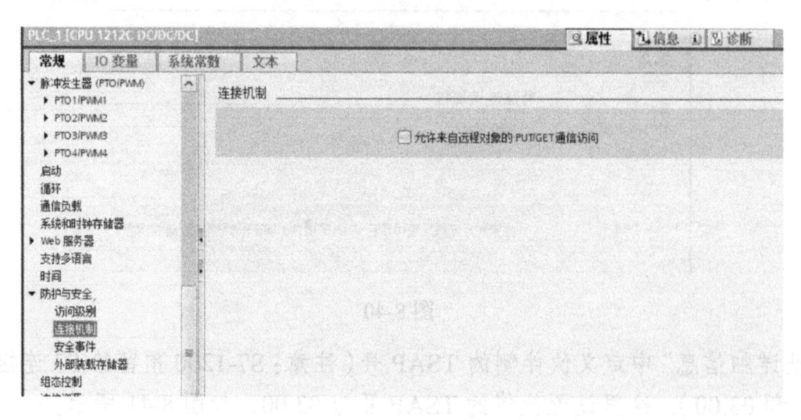

图 8-43

8.2 S7-1200 PROFIBUS DP 通信

8.2.1 S7-1200 PLC 概述

S7-1200 CPU 固件版本从 V2.0 开始，组态软件 STEP 7 版本从 V11.0 开始，支持 PROFIBUS DP 通信。使用 STEP 7 Basic V11 或 STEP 7 Professional V11 可对 S7-1200 进行 PROFIBUS DP 通信组态。

S7-1200 支持 PROFIBUS DP 通信的模块有：CM 1243-5 DP 主站模块，订货号为 6GK7 243-5DX30-0XE0；CM 1242-5 DP 从站模块，订货号为 6GK7 242-5DX30-0XE0。

S7-1200 PROFIBUS DP 特性数据如表 8-16 所示。

表 8-16

特性数据	参　数
传输速率	9.6Kbps～12Mbps
PROFIBUS DP（地址范围）	0~127： • 0：一般用于编程设备。 • 1：一般用于操作员站。 • 126：为不具有开关设置，必须通过网络重新寻址的出厂设备保留。 • 127：用于广播。 • DP：设备的有效地址范围是 2~125
S7-1200 DP（主站数据区的大小）	最大 1024 字节；输入区最大 512 字节；输出区最大 512 字节
S7-1200 DP（从站数据区的大小）	输入区最大 240 字节；输出区最大 240 字节；每个 DP 从站的诊断数据区最大 240 字节

S7-1200 PROFIBUS CM 使用 PROFIBUS DP V1 协议实现以下类型的通信。

（1）周期性通信：CM 1242-5 和 CM 1243-5 都支持，可在 DP 从站和 DP 主站之间传送过程数据；由 CPU 的操作系统进行处理，不需要特殊指令块，直接在 CPU 的过程映像中读取或写入 I/O。

（2）非周期性通信：主站 CM 1243-5 支持使用软件指令块进行非周期性通信，从站 CM 1242-5 不支持。RALRM 指令用于处理中断；RDREC 和 WRREC 指令可用于传送组态和诊断数据。

CM 1243-5 支持的其他通信服务如下：

（1）S7 通信：可通过 PROFIBUS 与其他 S7 控制器使用 PUT/GET 指令通信。

（2）PG/OP 通信：通过 CM 1243-5，可对 S7-1200 进行下载、诊断操作，或连接 S7-1200 到 HMI 面板、装有 WinCC flexible 的 SIMATIC PC、支持 S7 通信的 SCADA 系统。

（3）电气连接：CM 1242-5 通过背板总线供电；CM 1243-5 通过模块附带的 24 VDC 电源连接器供电。

CM 1243-5 和 CM 1242-5 都可以通过 RS485 网络总线连接器连接到 PROFIBUS DP 网络，9 针 D 形头的引脚分配如图 8-44 所示。

组态示例：做从站，如图 8-45 所示。

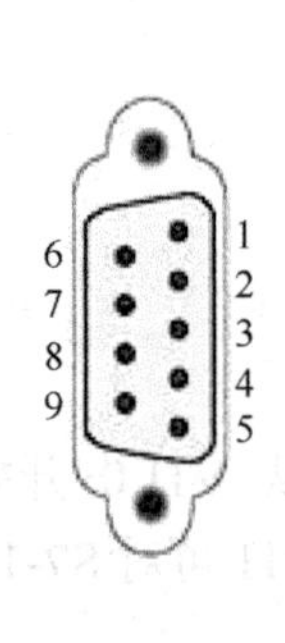

引脚	说明	引脚	说明
1	-未使用-	6	VP：+5V电源，仅用于总线终端电阻；不用于为外部设备供电
2	-未使用-	7	-未使用-
3	RxD/TxD-P：数据线B	8	RxD/TxD-N：数据线A
4	CNTR-P：RTS	9	-未使用-
5	DGND：数据信号和VP的接地	外壳	接地连接器

图 8-44

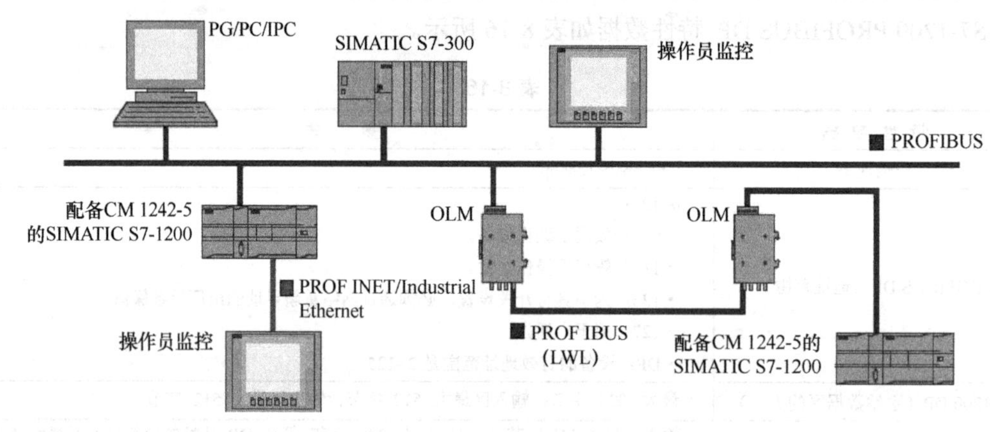

图 8-45

组态示例：做主站，如图 8-46 所示。

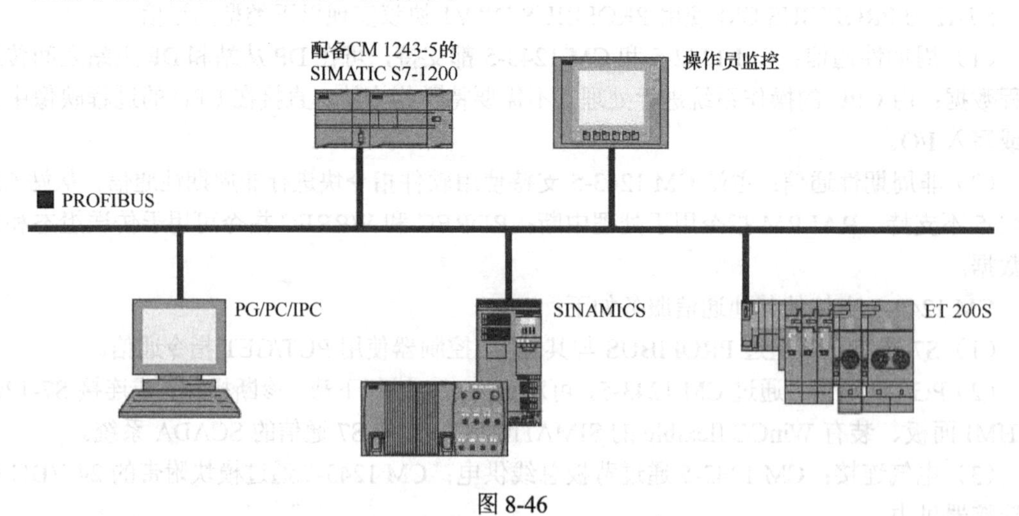

图 8-46

8.2.2 PROFIBUS DP 主从配置方法

PROFIBUS DP 主从配置方法步骤：创建 STEP 7 项目；插入所需的 SIMATIC S7-1200

站；在站中插入通信模块和其他所需模块；添加 PROFIBUS DP 网络，分配 DP 地址，定义操作模式和 DP 参数（因为 PROFIBUS 令牌只传递给主站，设置合适的最高 PROFIBUS 地址可优化总线）；连接 DP 从站到主站；组态其他模块；保存项目并下载。

下面以 S7-1200 和 ET200S 为例，说明一般 DP 从站的组态过程。

❶ S7-1200 通过 CM1243-5 做 DP 主站，如图 8-47 所示。

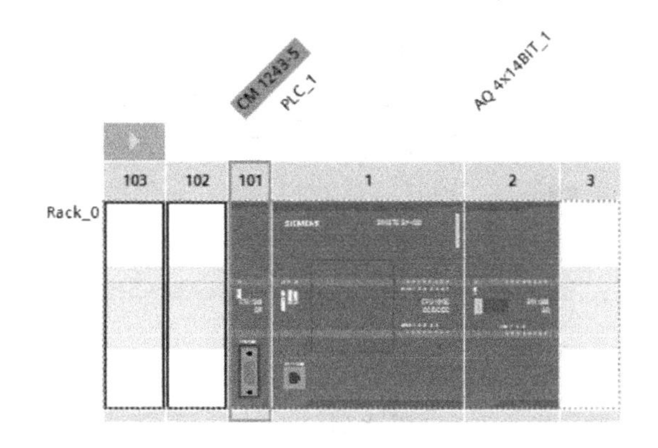

图 8-47

❷ 创建 DP 主站系统。在网络视图中右键单击 DP 主站模块 CM1243-5 的 DP 接口，选择“分配主站系统”来创建 DP 主站，如图 8-48 所示。

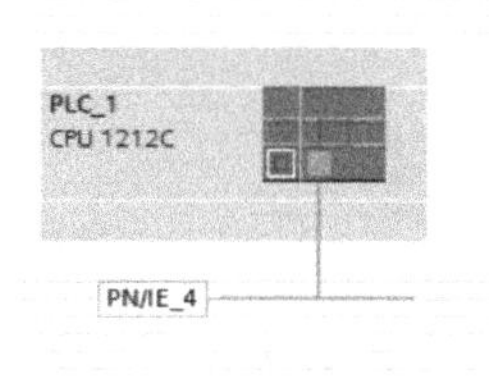

图 8-48

❸ 从“硬件目录”→“分布式 I/O”中将 ET200S 拖入网络视图，鼠标拖动从站通信接口到主站接口，释放鼠标按钮，即可创建 PROFIBUS 连接，如图 8-49 所示。

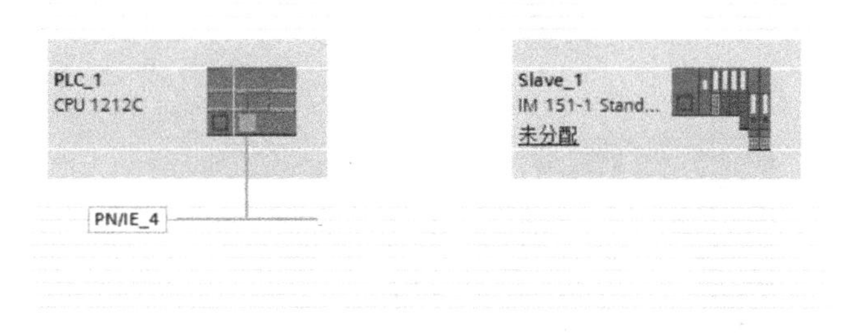

图 8-49

❹ 单击 ET200S 上的“未分配”，将从 ET200S 分配给 CM1243-5，如图 8-50 所示。

❺ 右键单击网线可查看网络参数，在“网络设置”栏中可修改“传输率”“最高 PROFIBUS 地址”等，如图 8-51 和图 8-52 所示。

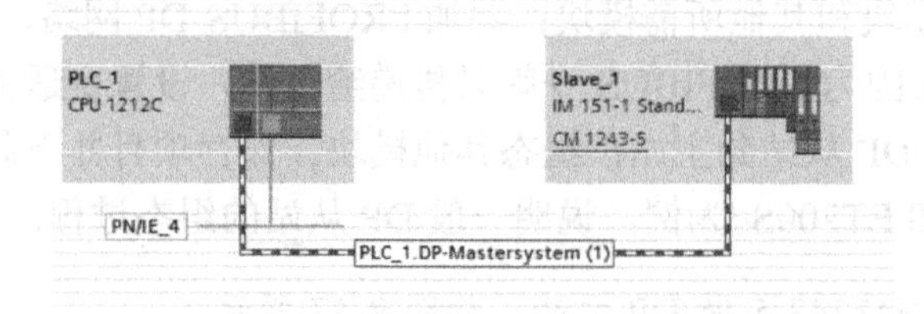

图 8-50

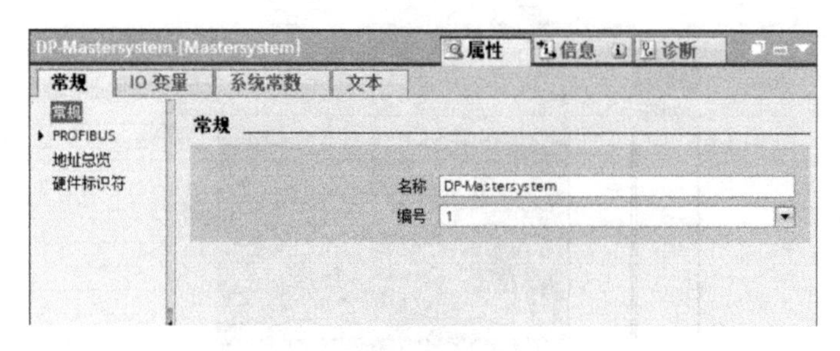

图 8-51

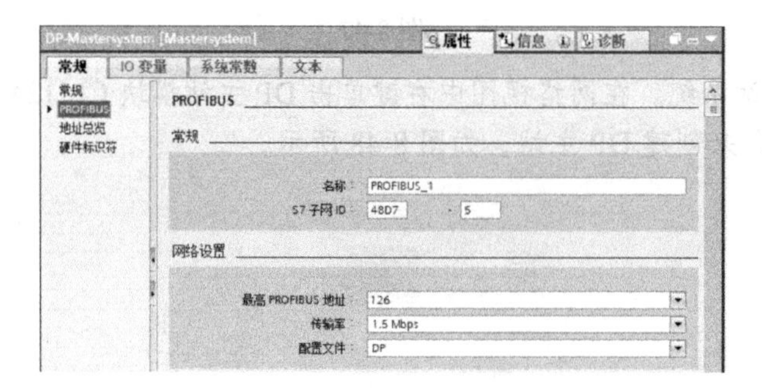

图 8-52

❻ 双击 ET200S 组态从站的其他模块，分别插入 PM-E 电源模块、DO 模块和 DI 模块，如图 8-53 所示。

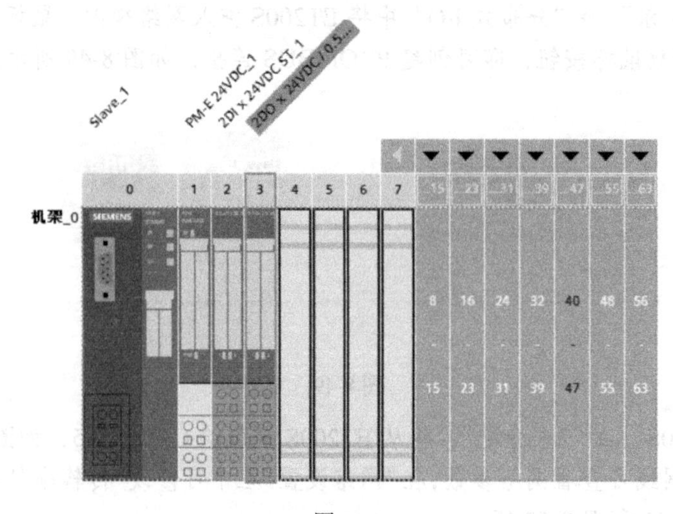

图 8-53

❼ 编译存盘，下载到 S7-1200 CPU。

8.2.3　智能从站组态方法

下面以两个 S7-1200 DP 组态通信为例，说明智能从站的组态方法。

❶ PLC_1 通过 CM 1243-5 做 PROFIBUS DP 主站，PLC_2 通过 CM 1242-5 做 PROFIBUS DP 从站。组态设备并创建 DP 主站网络，如图 8-54 所示。

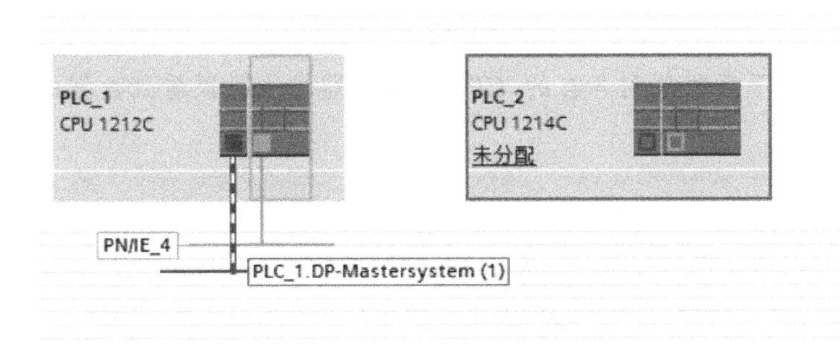

图 8-54

❷ 从站连接到主站，将 DP 从站 CM 1242-5 分配给 DP 主站 CM 1243-5，如图 8-55 所示。

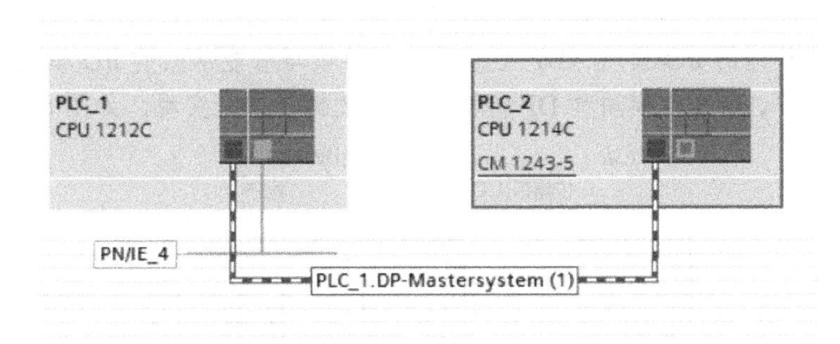

图 8-55

❸ 双击 CM 1242-5，单击 DP 通过属性组态数据传输区，如图 8-56 所示。

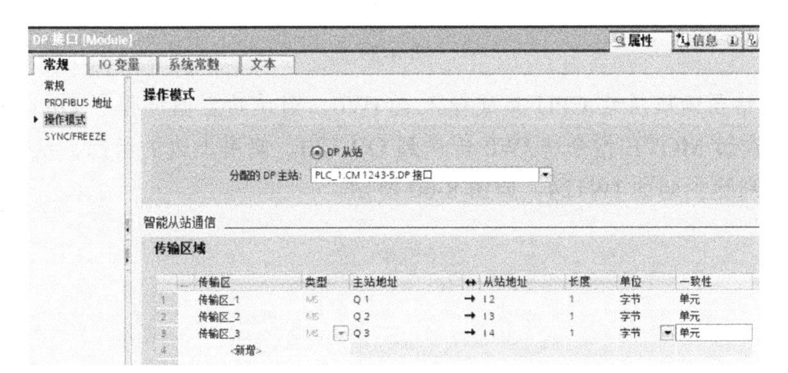

图 8-56

❹ 从“传输区_1”主站读取从站 33 个字，“传输区_2”主站发送 10 字节到从站，按长度单位保持数据的一致性。“按长度单位”一致性数据的读取，不需要编写通信程序，如图 8-57 所示。例如，在传输区_1，主站将从站 QW100 开始的 33 个字读取到从 IW104 开始的地址里。

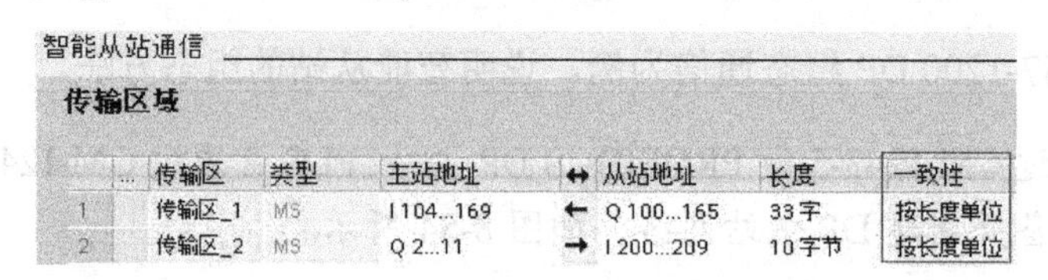
智能从站通信

传输区域

	...	传输区	类型	主站地址	↔	从站地址	长度	一致性
1		传输区_1	MS	I 104...169	←	Q 100...165	33 字	按长度单位
2		传输区_2	MS	Q 2...11	→	I 200...209	10 字节	按长度单位

图 8-57

❺ 编译并存盘，下载程序到各自的 CPU。通过监控表可以看到数据的对应关系，如图 8-58 所示。

S7-1200-DP ▸ 监控与强制表 ▸ 监控表_Master

	i	名称	地址	显示格式	监视值
1			%IW104	十六进制	16#0110
2			%IW106	十六进制	16#0112
3			%IW108	十六进制	16#0114
4			%IW110	十六进制	16#0116
5			%IW112	十六进制	16#0118
6			%IW114	十六进制	16#0120

S7-1200-DP ▸ 监控与强制表 ▸ 监控表_Slave

	i	名称	地址	显示格式	监视值
1			%QW100	十六进制	16#0110
2			%QW102	十六进制	16#0112
3			%QW104	十六进制	16#0114
4			%QW106	十六进制	16#0116
5			%QW108	十六进制	16#0118
6			%QW110	十六进制	16#0120

图 8-58

❻ 对于智能从站的 I/O 模块，DP 主站无法直接读写智能从站的 I/O 模块，要通过智能从站 CPU 编写程序，将 I/O 模块和 DP 传输区进行数据交换来实现，如图 8-59 所示。

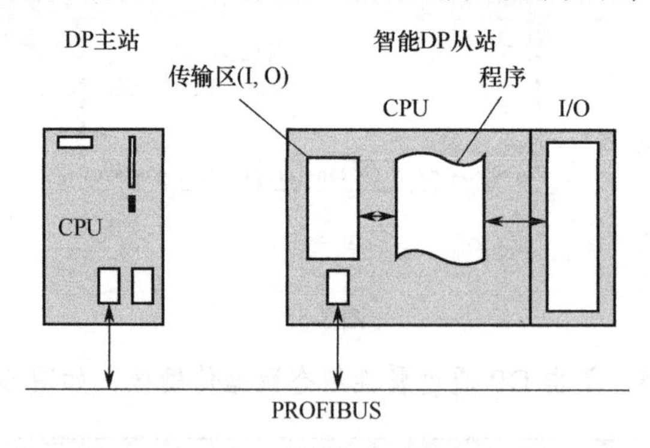

图 8-59

❼ 假如主站要读取从站 CPU 集成输入点 IW0，则从站主循环程序 OB1 需要插入一段 MOVE 程序，通过 MOVE 指令将 IW0 传送到 QW120。使用上边的组态，从站数据 QW120 通过传输区_1 到达主站的 IW124，如图 8-60 所示。

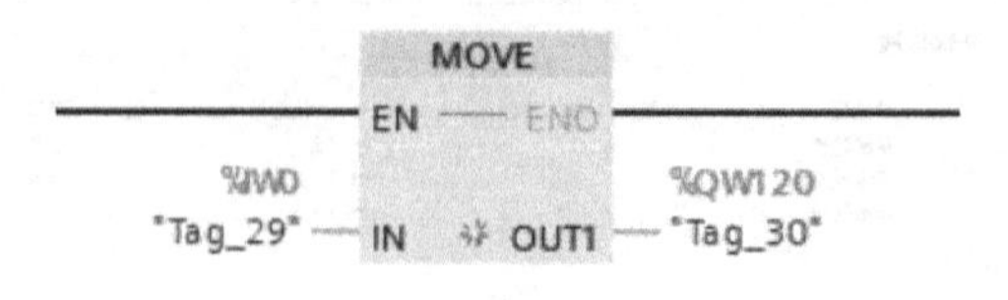

图 8-60

❽ 通过监控表可以看到主站在 IW124 读到了从站 CPU 的集成点 IW0，如图 8-61 所示。

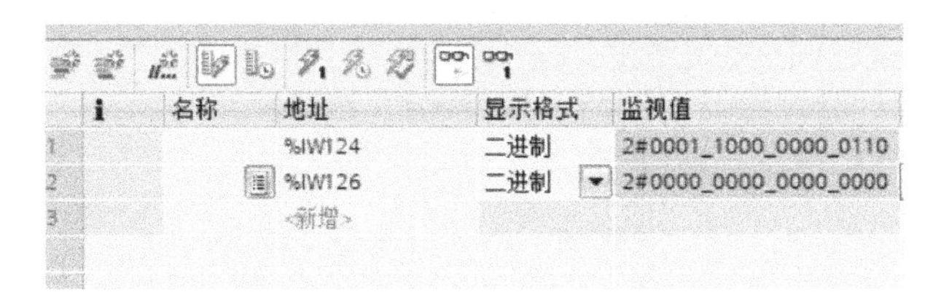

	i	名称	地址	显示格式	监视值
1			%IW124	二进制	2#0001_1000_0000_0110
2			%IW126	二进制	2#0000_0000_0000_0000
3			<新增>		

图 8-61

8.2.4 组态基于 GSD 的 DP 从站

当 DP 从站为第三方设备或在博途软件硬件列表中找不到的西门子设备，可通过安装 GSD 文件将该设备添加到博途软件，这样该设备就被添加到了系统中。

设备的 GSD 文件由设备供应商提供。下面以 S7-1200 通过 CM 1243-5 做主站、EM277 做从站为例介绍组态过程。

❶ 在安装 GSD 文件前，要关闭硬件和网络编辑器。在“选项（N）”下拉菜单中，选择命令“安装设备描述文件（GSD）（D）”，如图 8-62 所示。

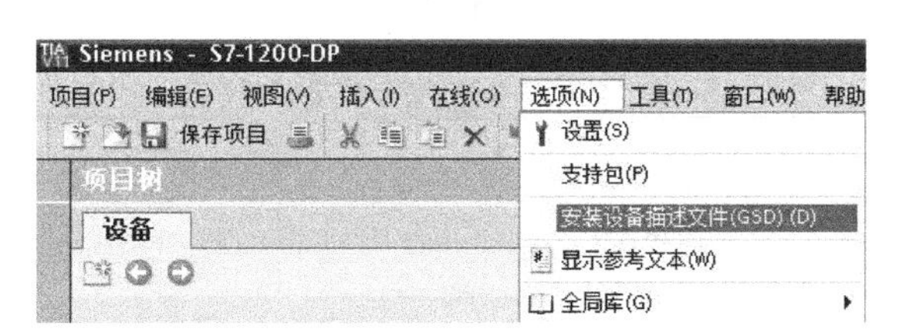

图 8-62

❷ 在“源路径”栏选择要安装 GSD 文件的文件夹，从所显示 GSD 文件的列表中选择要安装的文件，单击“安装”按钮，如图 8-63 所示。

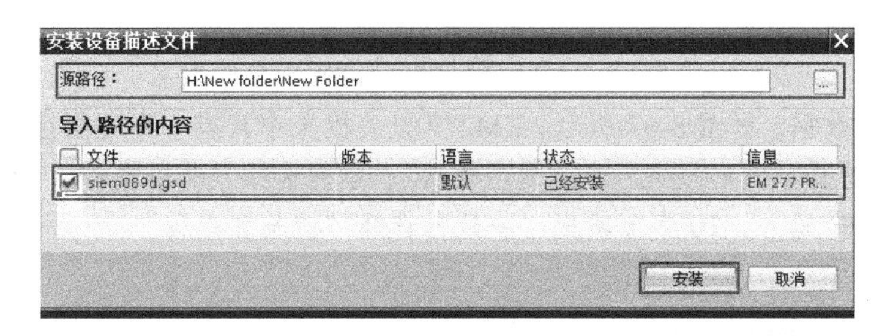

图 8-63

❸ 重启博途软件后，在硬件目录中“Other field devices”文件夹下，就可以找到通过 GSD 文件安装的 DP 从站，如图 8-64 所示。

❹ 将 EM277 拖放到网络视图，并连接到主站模块 CM 1243-5，如图 8-65 所示。

❺ 双击 EM277，在“属性”选项卡中查看 PROFIBUS 地址，EM277 DP 的“地址”为 4，I/O Offset in the V-memory（V 区偏移地址）是 0，如图 8-66 所示。

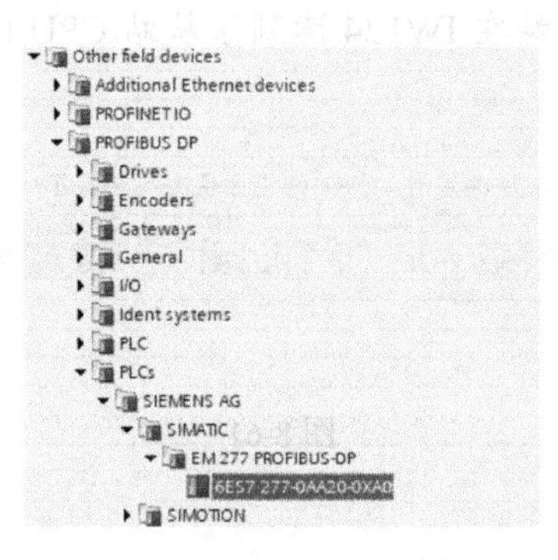

图 8-64

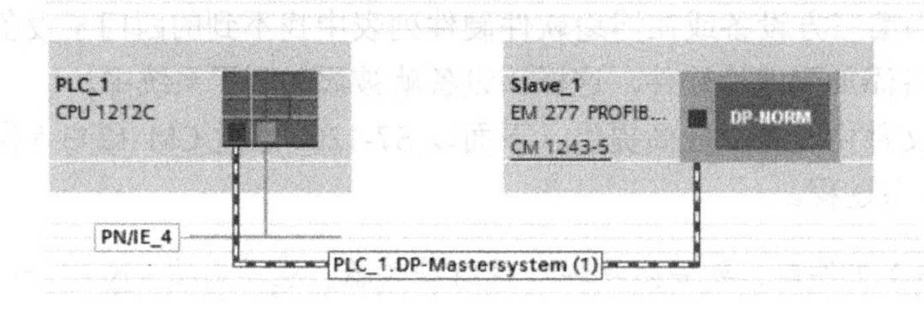

图 8-65

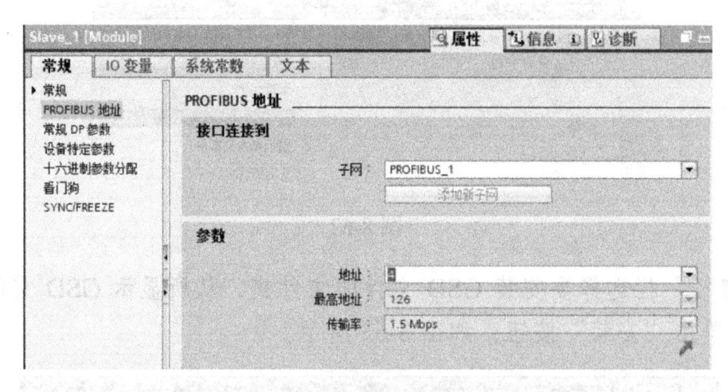

图 8-66

❻ 组态通信数据，如图 8-67 所示。EM277 设备概览中只有一个可组态的槽位，根据通信数据的要求可选择“固定报文”或“通用模块”，本例选择“通用模块”，定义了与主站的数据交换为 10 字节输入、10 字节输出，一致性选择“按长度单位”。

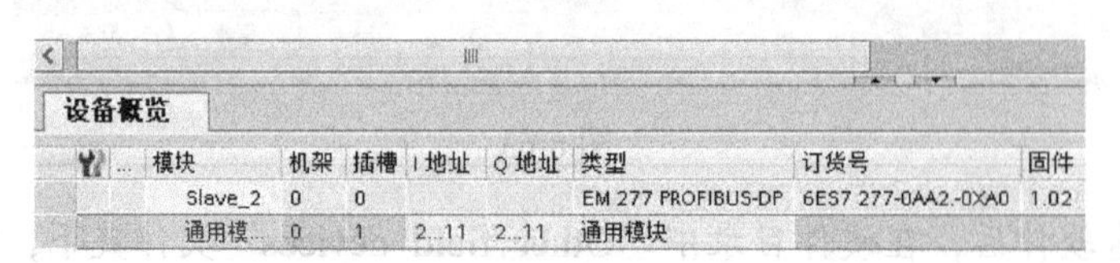

模块	机架	插槽	I 地址	Q 地址	类型	订货号	固件
Slave_2	0	0			EM 277 PROFIBUS-DP	6ES7 277-0AA2.-0XA0	1.02
通用模...	0	1	2...11	2...11	通用模块		

图 8-67

❼ 编译检查组态，下载到 S7-1200 CPU。

❽ 将 EM277 地址拨码开关拨到 4，启动 PLC。通过 S7-1200 的监控表和 S7-1200 的状态表查看通信数据，如图 8-68 所示。

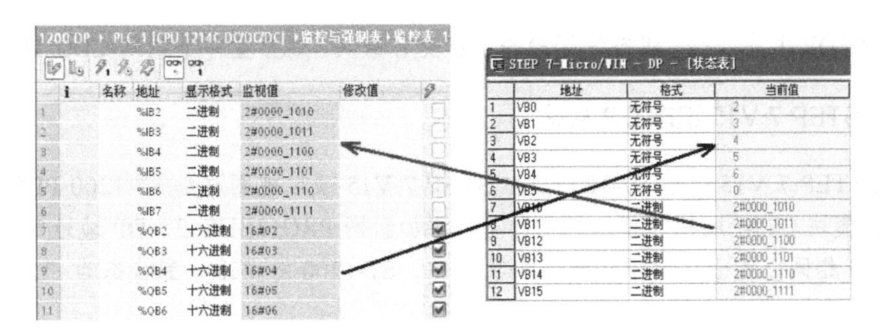

图 8-68

8.2.5 主站和从站不在一个项目中

当 DP 主站和 DP 从站不在同一个项目中时，DP 通信组态要在各自的项目中完成。下面以 CPU 315-2PN/DP 做 DP 主站，CPU 1214C 和 CM1 242-5 做 DP 智能从站为例，说明 CPU 315-2PN/DP 在 STEP 7 V5.5 完成组态、S7-1200 使用 STEP 7 V15 组态的过程。

1. 在 STEP 7 V5.5 组态 DP 主站

❶ 在 STEP 7 V5.5 安装 CM 1242-5 GSD 文件。选择 Option→Install GSD File，将 CM 1242-5 GSD 文件安装到 STEP 7 V5.5，如图 8-69 所示。

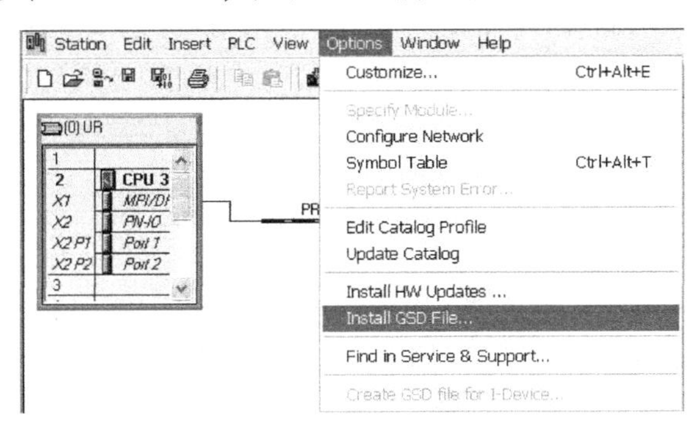

图 8-69

❷ 组态主、从通信。将地址为 3 的 DP 从站模块 CM 1242-5 连接到 CPU 315-2PN/DP。槽 1 插入通用模块，2 字节的输入；槽 2 插入通用模块，2 字节的输出，如图 8-70 所示。

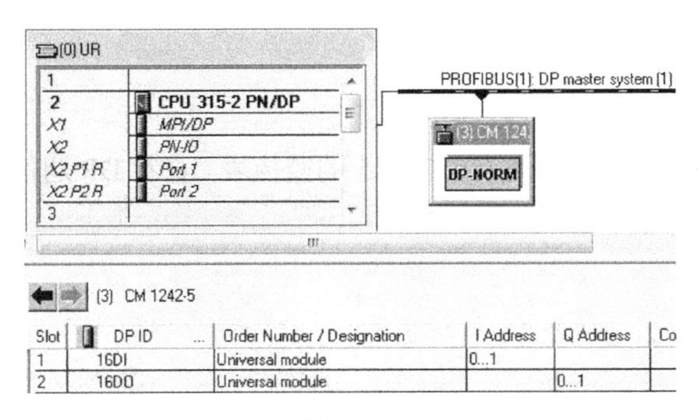

Slot	DP ID	Order Number / Designation	I Address	Q Address	Co
1	16DI	Universal module	0...1		
2	16DO	Universal module		0...1	

图 8-70

❸ 下载 DP 主站组态。组态编译检查，若没有错误，则存盘并下载到 CPU 315-2PN/DP。

2. 在 STEP 7 V15 组态 DP 从站

❶ 在 STEP 7 V15 组态 S7-1200。在 STEP 7 V15 项目视图添加 S7-1200 PLC 站，以及 CM 1242-5 模块。CM 1242-5 模块的 DP 网口添加新网 PROFIBUS_2，DP 地址定义为 3，与 STEP 7 V5.5 相同。由于主站不在同一个项目中，S7-1200 的主站分配状态为“未分配”，如图 8-71 所示。

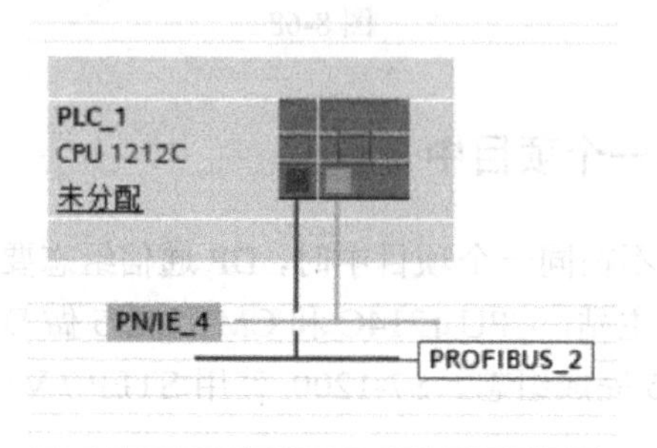

图 8-71

❷ 组态通信传输区：选择模块 CM 1242-5 上的 DP 口属性，添加与主站通信的数据传输区。1 槽插入 2 个字节的输出，2 槽插入 2 个字节的输入，与主站通信组态的槽交叉对应，如图 8-72 所示。

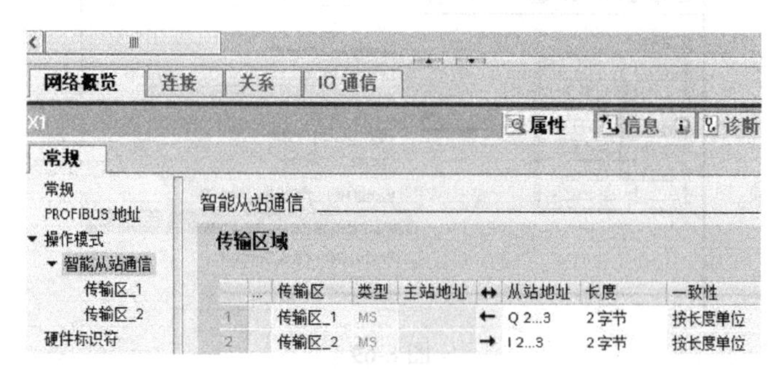

图 8-72

❸ 下载到 S7-1200 的 CPU。选择 S7-1200 PLC 站进行编译，若没有错误，则将组态下载到 CPU 1214C。

3. 查看通信状态

通过 STEP 7 V5.5 的变量表及 STEP 7 V15 的监控表，查看 DP 通信结果，如图 8-73 所示。

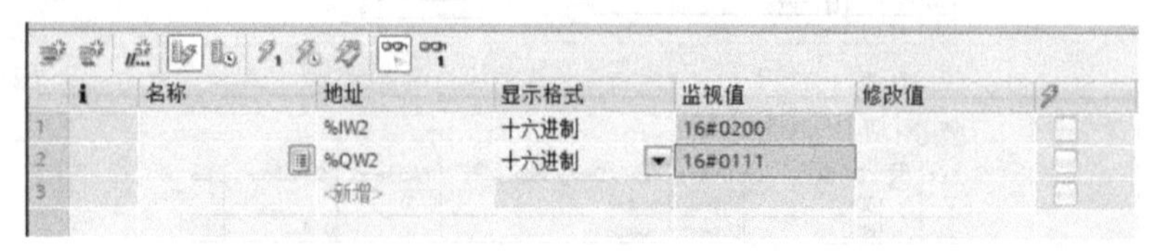

	i	名称	地址	显示格式	监视值	修改值
1			%IW2	十六进制	16#0200	
2			%QW2	十六进制	16#0111	
3			<新增>			

图 8-73

本章练习

❶ 西门子 PLC 之间的 S7 通信指令有哪些？
❷ TCP/IP 通信用哪些指令？
❸ PROFIBUS DP 通信怎样设置？

第 9 章

S7-1200 运动控制

学习内容

掌握运动控制的配置方法，了解运动控制使用方法，学会利用配置和指令实现连续动作。

运动控制系统通过对电动机电压、电流、频率等输入电量的控制，来改变工作机械的转矩、速度、位移等机械量，使各种工作机械按人们期望的要求运行，以满足生产工艺及其他应用的需要。工业生产和科学技术的发展对运动控制系统提出了日益复杂的要求，同时也为研制和生产各类新型的控制装置提供了可能。运动控制电动机有交流电动机和直流电动机，PLC 可以通过伺服或变频器控制电动机的运动。

直流伺服电动机是指输入或输出为直流电能的旋转电动机。它具有动态响应快、抗干扰能力强等优点。直流伺服电动机分为有刷和无刷电动机，有刷电动机成本低，结构简单，启动转矩大，调速范围宽，控制容易，需要维护，但维护方便（换碳刷），会产生电磁干扰，对环境有要求。因此它只用于对成本敏感的普通工业和民用场合，并不适合复杂的运动控制要求。无刷直流电动机是采用半导体开关器件来实现电子换向的，即用电子开关器件代替传统的接触式换向器和电刷。它具有可靠性高、无换向火花、机械噪声低等优点，广泛应用于高档录音座、录像机、电子仪器及自动化办公设备中。

交流伺服电动机是指输入或输出为交流电能的旋转电动机。它的速度控制特性良好，在整个速度区内可实现平滑控制，几乎无振荡，90%以上的高效率，发热少，高速控制，高精确度位置控制（取决于编码器精度），额定运行区域内可实现恒力矩，惯量低，噪声低，无电刷磨损，免维护（适用于无尘、易爆环境）。交流伺服电动机也是无刷电动机，分为同步和异步电动机，目前运动控制中一般都用同步电动机，它的功率范围大。它的惯量大，最高转动速度低，且随着功率增大而快速降低，因而适合做低速平稳运行的应用。

综上所述，不管是直流伺服电动机还是交流伺服电动机，都有着它们各自的优点和特性，要根据自身实际情况挑选合适的伺服电动机。

PLC 可以通过变频器、伺服驱动器实现外部设备的运动控制。变频器是利用电力半导体器件的通断作用将工频电源变换成另一频率的电能控制装置，实现对交流异步电动机的软启动、变频调速、提高运转精度、改变功率因素等功能。变频器可驱动变频电动机、普通交流电动机，主要是充当调节电动机转速的角色。变频器通常由整流单元、中间电路、逆变器和控制器 4 部分组成。伺服系统是使物体的位置、方位、状态等输出被控量能够跟随输入目标

（或给定值）任意变化的自动控制系统。主要任务是按控制命令的要求、对功率进行放大、变换与调控等处理，使驱动装置输出的力矩、速度和位置控制得非常灵活方便。

9.1　S7-1200 运动控制概述

根据连接驱动方式的不同，S7-1200 运动控制分为 3 种控制方式，如图 9-1 所示。

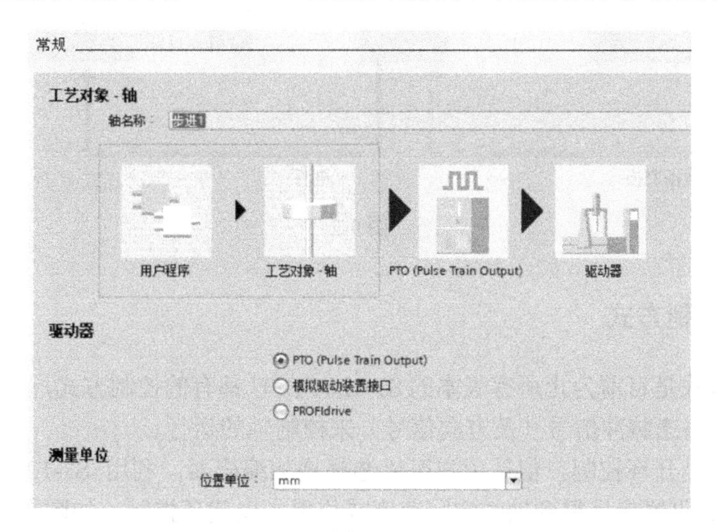

图 9-1

- PROFIdrive：S7-1200 PLC 通过基于 PROFIBUS/PROFINET 的 PROFIdrive 方式与支持 PROFIdrive 的驱动器连接，进行运动控制。
- PTO：S7-1200 PLC 通过发送 PTO 脉冲的方式控制驱动器，可以是脉冲+方向、A/B 正交，也可以是正/反脉冲的方式。
- 模拟量：S7-1200 PLC 通过输出模拟量来控制驱动器。

对于 Firmware V1.0、V2.0/2.1/2.2、V3.0 和 V4.0 的 S7-1200 CPU 来说，运动控制功能只有 PTO 一种方式。

9.1.1　PROFIdrive 控制方式

PROFIdrive 是通过 PROFIBUS DP 和 PROFINET IO 连接驱动装置和编码器的标准化驱动技术配置文件。支持 PROFIdrive 配置文件的驱动装置都可根据 PROFIdrive 标准进行连接。控制器和驱动装置/编码器之间通过各种 PROFIdrive 消息帧进行通信。每个消息帧都有一个标准结构，可根据具体应用选择相应的消息帧。通过 PROFIdrive 消息帧，可传输控制字、状态字、设定值和实际值，如图 9-2 所示。这种控制方式可以实现闭环控制。

注意： Firmware V4.1 的 S7-1200 CPU 才具有 PROFIdrive 控制方式。

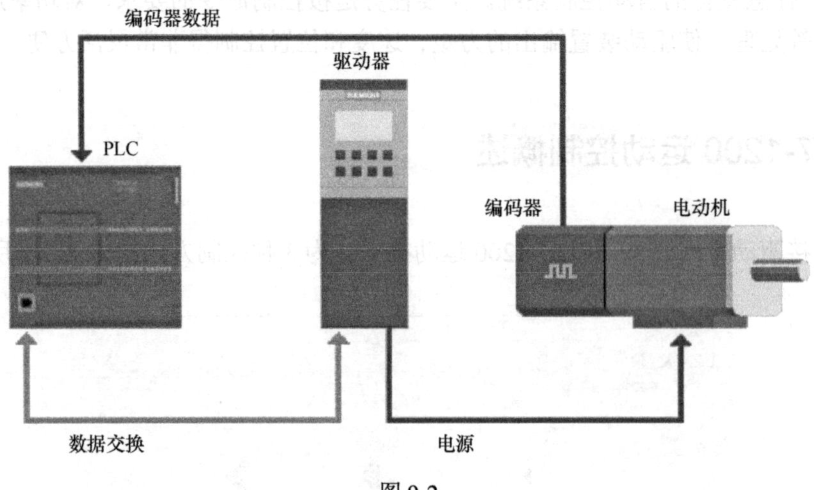

图 9-2

9.1.2 PTO 控制方式

PTO 控制方式是目前为止所有版本的 S7-1200 CPU 都有的控制方式，该控制方式由 CPU 向轴驱动器发送高速脉冲信号（及方向信号）来控制轴的运行。

该控制方式是开环控制，但是用户可以选择增加编码器，利用 S7-1200 高速计数功能（HSC）来采集编码器信号得到轴的实际速度或位置实现闭环控制，如图 9-3 所示。

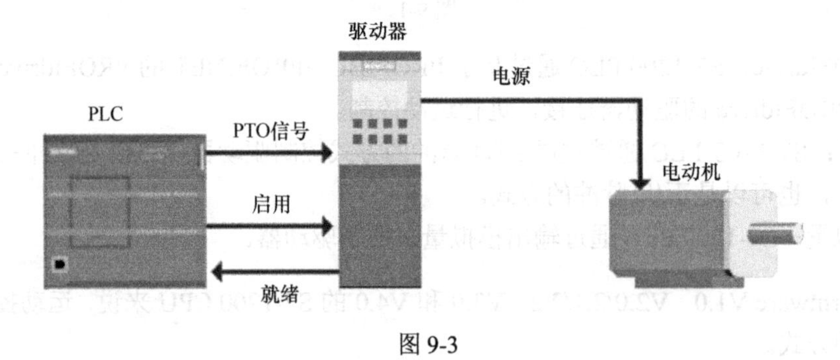

图 9-3

9.1.3 模拟量控制方式

Firmware V4.1 版本的 S7-1200 PLC 的另一种运动控制方式是模拟量控制方式。以 CPU 1215C 为例，本机集成了两个 AO 点，如果用户只需要 1 或 2 轴的控制，则不需要扩展模拟量模块。然而，CPU 1214C 没有集成 AO 点，如果用户想采用模拟量控制方式，则需要扩展模拟量模块。

模拟量控制方式也是一种闭环控制方式，编码器信号有 3 种方式反馈到 S7-1200 CPU 中，如图 9-4 所示。

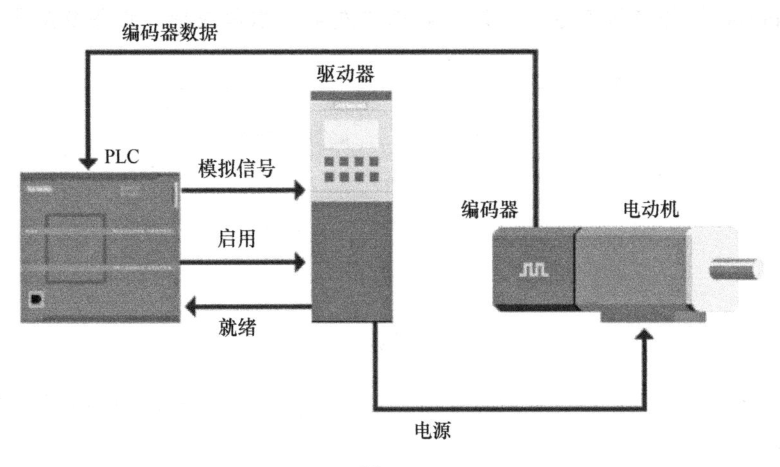

图 9-4

S7-1200 运动控制组态的步骤如下：

❶ 在 Portal 软件中对 S7-1200 CPU 进行硬件组态。

❷ 插入轴工艺对象，设置参数，下载项目。

❸ 使用“调试面板”进行调试。S7-1200 运动控制功能的调试面板是一个重要的调试工具，在编写控制程序前用来测试轴的硬件组件及轴的参数是否正确。

❹ 调用“工艺”程序进行编程并调试，最终完成项目的编写。

9.1.4 基本组态配置

1. 硬件组态

下面以 DC/DC/DC 类型的 S7-1200 为例进行说明。在 Portal 软件中插入 S7-1200 CPU（DC 输出类型），在“设备视图”中配置 PTO。

❶ 进入 CPU“常规”选项卡，勾选“启用该脉冲发生器”复选框，如图 9-5 所示。

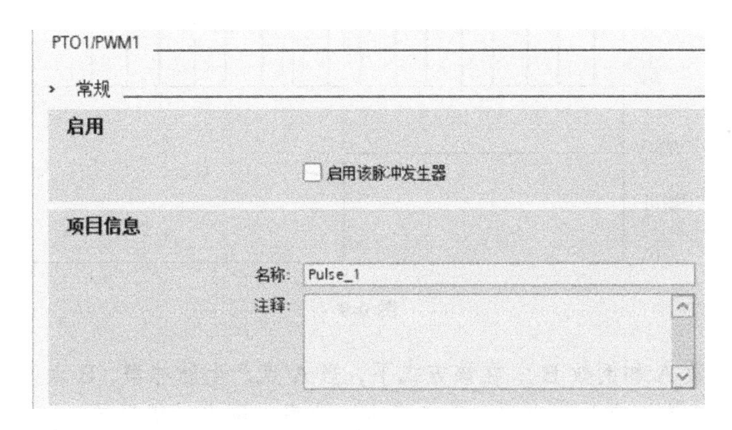

图 9-5

设置“常规”选项：启用脉冲发生器，可以给该脉冲发生器起一个名字，也可以不做任何修改采用 Portal 软件默认名字；可以对该脉冲发生器添加注释，如图 9-6 所示。

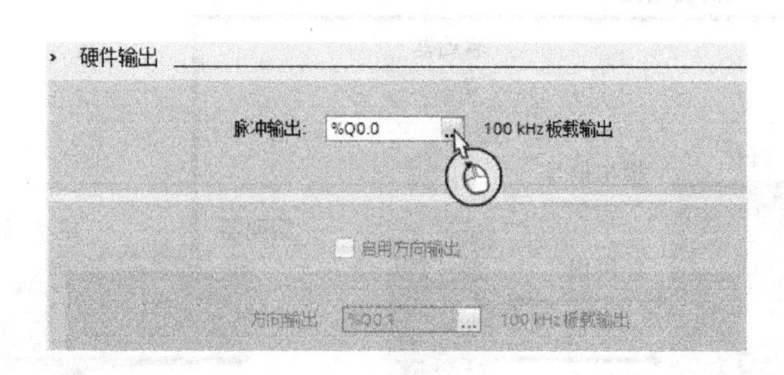

图 9-6

设置“参数分配”选项：设置脉冲的信号类型，如图 9-7 所示。PTO 脉冲输出有 4 种方式，如图 9-8 所示。

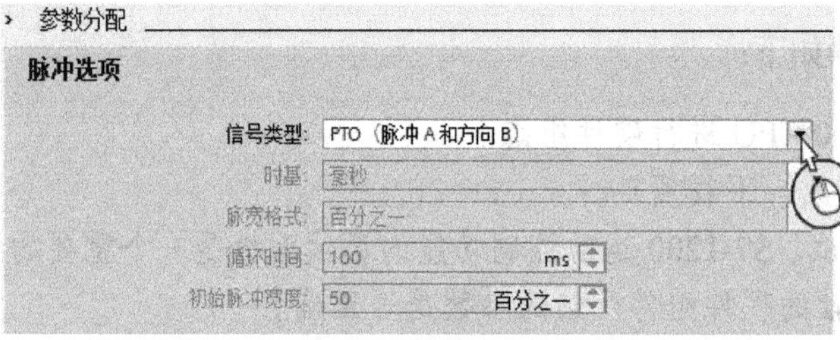

参数分配
脉冲选项
信号类型: PTO（脉冲 A 和方向 B）
时基: 毫秒
脉宽格式: 百分之一
循环时间: 100 ms
初始脉冲宽度: 50 百分之一

图 9-7

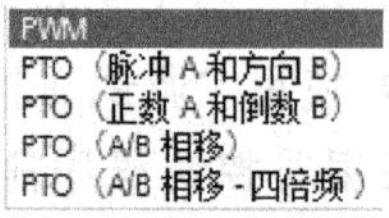

PWM
PTO（脉冲 A 和方向 B）
PTO（正数 A 和倒数 B）
PTO（A/B 相移）
PTO（A/B 相移 - 四倍频）

图 9-8

① PTO（脉冲 A 和方向 B）：该方式是比较常见的“脉冲+方向”方式，其中 A 点用来产生高速脉冲串，B 点用来控制轴运动的方向，如图 9-9 所示。

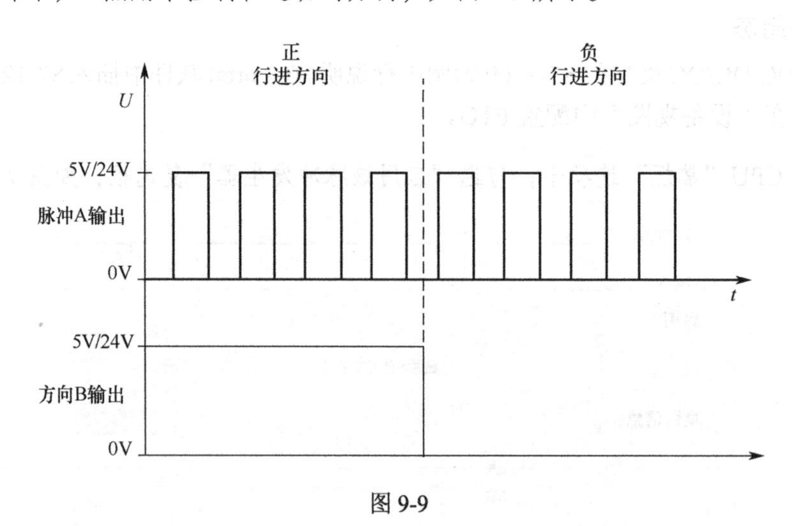

图 9-9

② PTO（正数 A 和倒数 B）：在该方式下，当 A 点产生脉冲串，B 点为低电平，则电动机正转；相反，如果 A 点为低电平，B 点产生脉冲串，则电动机反转，如图 9-10 所示。

③ PTO（A/B 相移）：该方式就是常见的 AB 正交信号，当 A 相超前 B 相 1/4 周期时，电动机正转；相反，当 B 相超前 A 相 1/4 周期时，电动机反转，如图 9-11 所示。

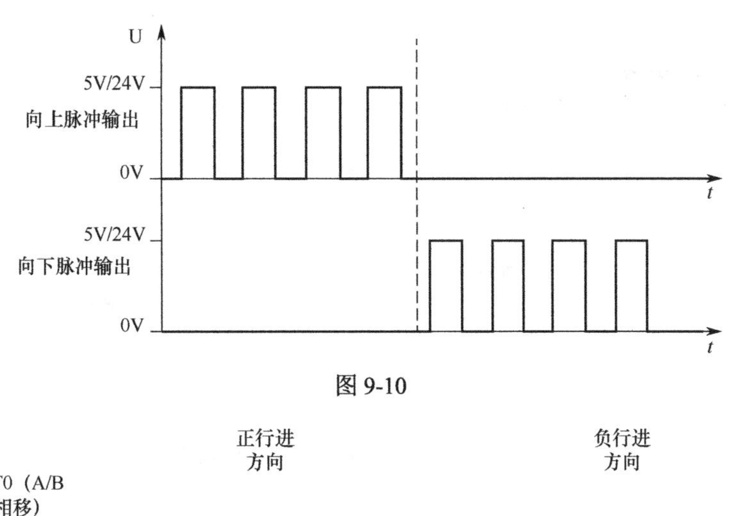

图 9-10

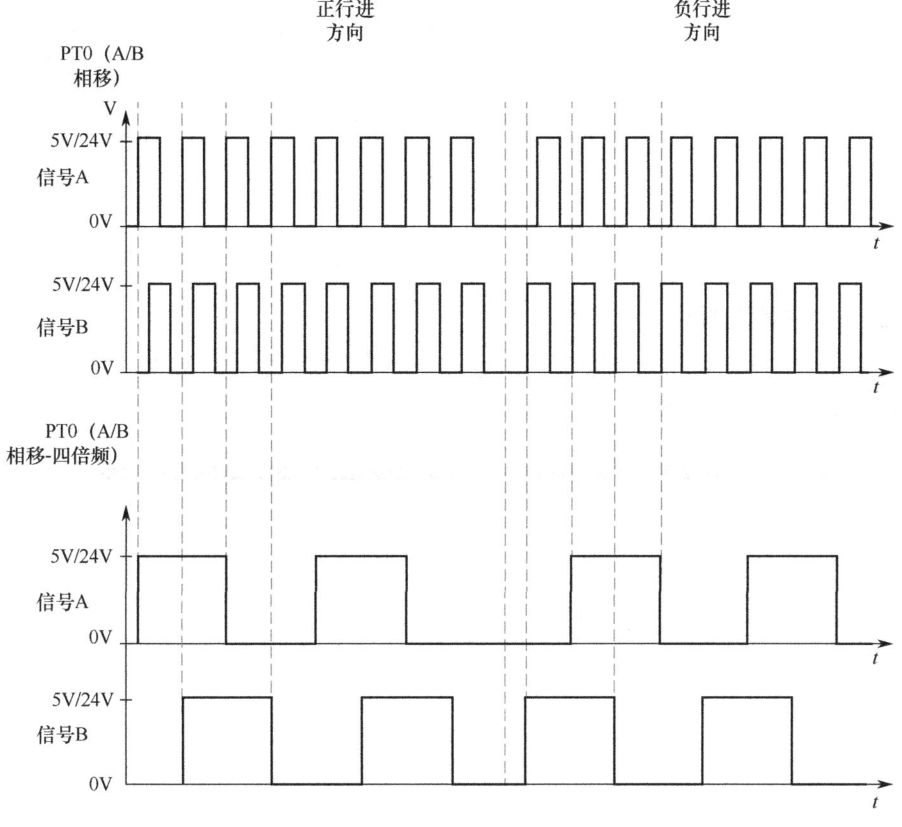

图 9-11

④ **PTO**（**A/B** 相移-四倍频）：检测 **AB** 正交信号两个输出脉冲的上升沿和下降沿。一个脉冲周期有四沿两相（A 和 B）。因此，输出中的脉冲频率会减小到 1/4，如图 9-11 所示。

设置“硬件输出”选项：根据“脉冲选项”的类型，脉冲的硬件输出也不相同，如图 9-12 所示。

❷ 根据上面的例子，将控制方式设置为“脉冲+方向”，则脉冲“硬件输出”的配置如图 9-12 所示。①为“脉冲输出”点，可以根据实际硬件分配情况改成其他 Q 点；②为“方向输出”点，也可以根据实际需要修改成其他 Q 点；③可以取消方向输出，这样修改后该控制方式变成了单脉冲（没有方向控制）。

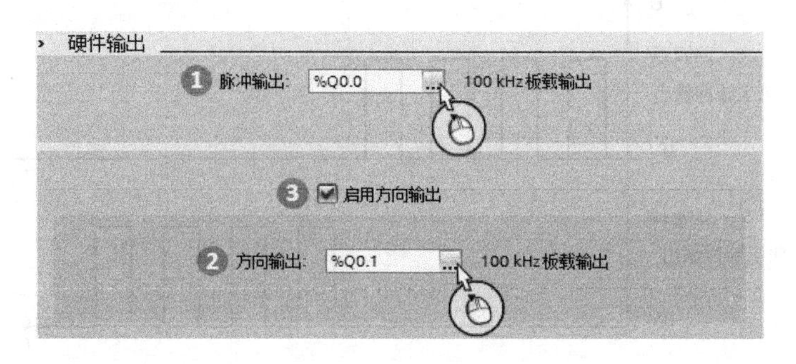

图 9-12

❸ 硬件标识符。该 PTO 通道的硬件标识符是软件自动生成的，不能修改，如图 9-13 所示。

图 9-13

2. 添加工艺对象 TO

无论是开环控制还是闭环控制方式，每一个轴都需要添加一个轴“工艺对象”。添加轴工艺对象的步骤如图 9-14 所示。

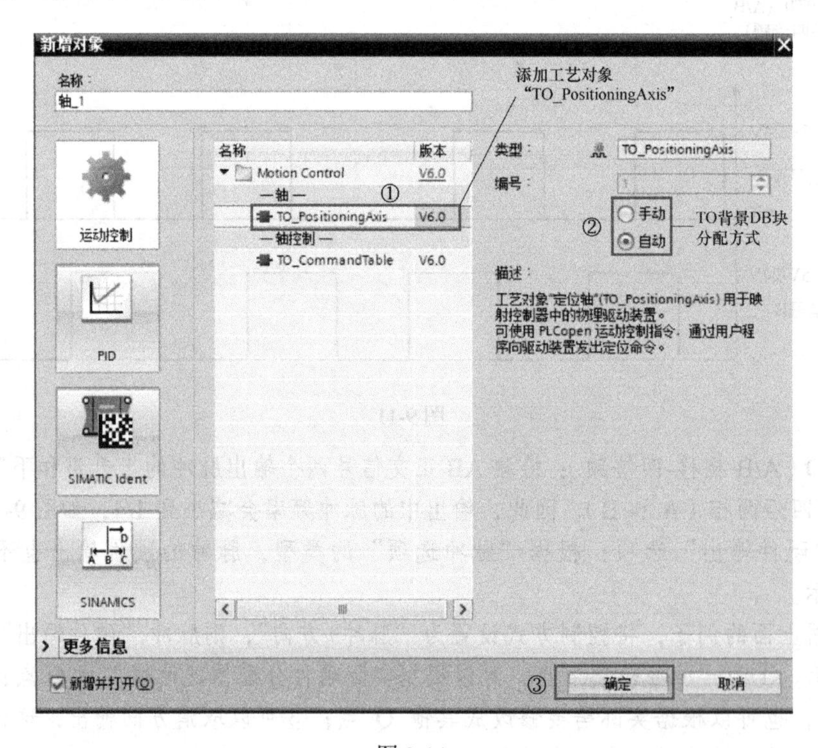

图 9-14

轴工艺对象有两个：TO_Positioning Axis 和 TO_Command Table。每个轴至少需要插入一个工艺对象（工艺对象 TO_Command Table 将在后面进行介绍），如图 9-15 所示。

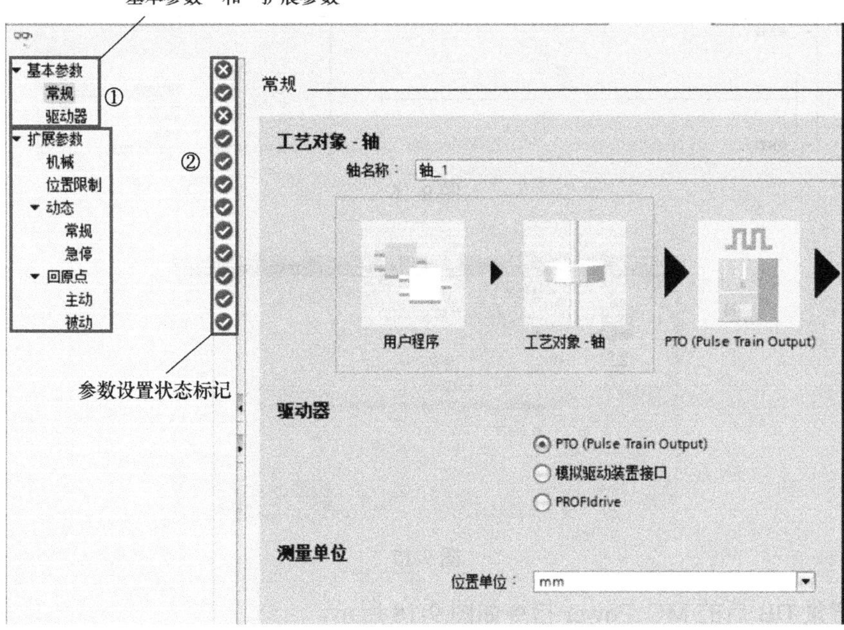

图 9-15

每个轴添加了工艺对象之后都会有 3 个选项：组态、调试和诊断。其中，“组态”用来设置轴的参数，包括“基本参数”和“扩展参数”。每个参数页面都有状态标记，提示用户轴参数设置状态：表示参数配置正确，为系统默认配置，用户没有做修改；表示参数配置正确，不是系统默认配置，用户做过修改；表示参数配置没有完成或有错误；表示参数组态正确，但是有报警，如只组态了一侧的限位开关。

9.1.5　S7-1200 运动控制指令

1. 对指令的说明

用户组态轴的参数，通过控制面板调试成功后，就可以开始根据工艺要求编写控制程序了。关于运动控制指令有以下几点需要说明。

（1）说明 1。打开 OB1 块，在 Portal 软件右侧“指令”中的“工艺”中找到“运动控制”指令文件夹，展开“S7-1200 Motion Control”可以看到所有的 S7-1200 运动控制指令。使用拖曳或双击的方式可以在程序段中插入运动指令，如图 9-16 所示。以 MC_Power 指令为例，用拖曳方式说明如何添加 Motion Control 指令。

Motion Control 指令插入程序中时需要背景数据块，如图 9-17 所示，可以选择手动或自动生成 DB 块的编号。

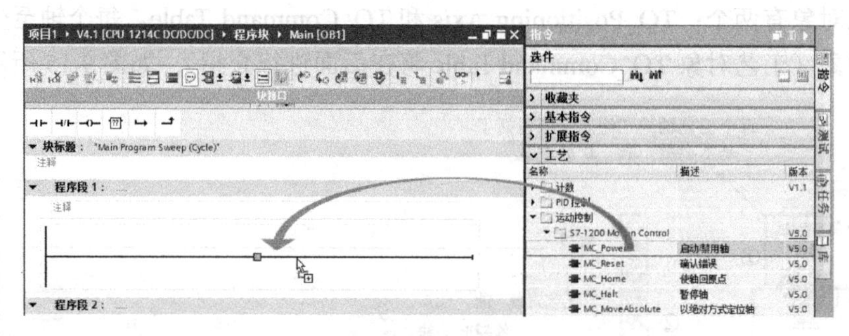

图 9-16

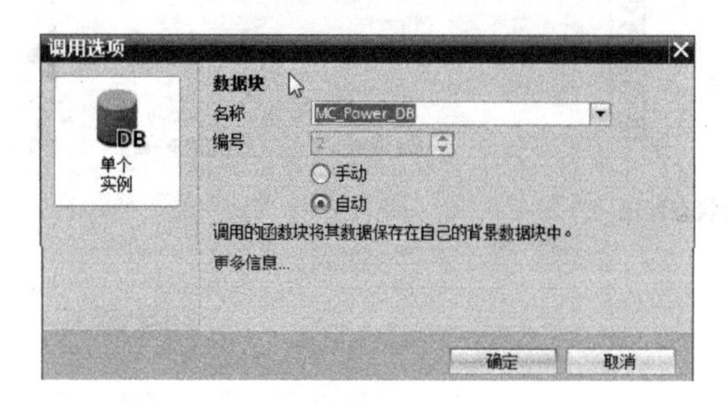

图 9-17

添加背景 DB 后的 MC_Power 指令如图 9-18 所示。

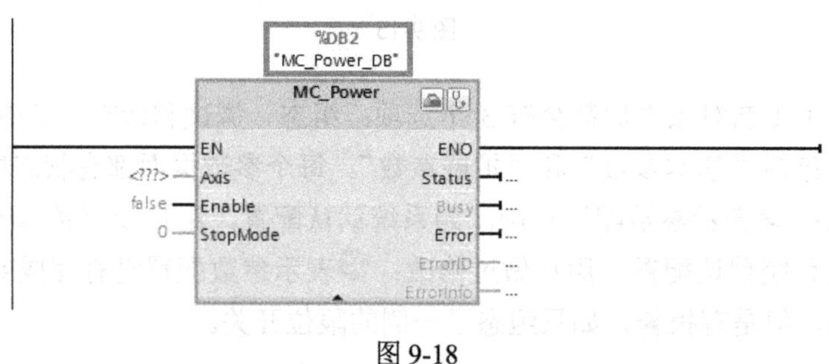

图 9-18

> **注意：**运动控制指令之间不能使用相同的背景 DB 块，最方便的操作方式就是在插入指令时让 Portal 软件自动分配背景 DB 块。

（2）说明 2。运动控制指令的背景 DB 块在“项目树”→“程序块”→“系统块”→“程序资源”中，用户在调试时可以直接监控该 DB 块中的数值，如图 9-19 所示。

（3）说明 3。每个轴的工艺对象都有一个背景 DB 块，用户可以通过如图 9-20 所示的方式打开该背景 DB 块。

可以对背景 DB 块中的数值进行监控或读写。以实时读取“轴_1”的当前位置为例，如图 9-21 所示，轴_1 的 DB 块号为 DB1，用户可以在 OB1 调用 MOVE 指令，在 MOVE 指令的 IN 端输入 DB1.Position，则 Portal 软件会自动把 DB1.Position 更新成“轴_1”.Position。用户可以在人机界面上实时显示该轴的实际位置。

MC_Power_DB

	名称	数据类型	起始值	保持	从 HMI/OPC...	从 H...	在 HMI ...	设定值	注释
1	▼ Input			☐	☐	☐	☐	☐	
2	Axis	TO_Axis		☐	☐	☐	☐	☐	被选用的工艺对象"轴"
3	Enable	Bool	false	☐	☑	☑	☑	☐	启用轴
4	StartMode	Int	1	☐	☑	☑	☑	☐	轴启用时的启动模式
5	StopMode	Int	0	☐	☑	☑	☑	☐	禁用轴时的停止模式
6	▼ Output			☐	☐	☐	☐	☐	
7	Status	Bool	false	☐	☑	☑	☑	☐	轴已启用
8	Busy	Bool	false	☐	☑	☑	☑	☐	MC_Power 已激活
9	Error	Bool	false	☐	☑	☑	☑	☐	MC_Power 或关联的工艺对象出错
10	ErrorID	Word	16#0	☐	☑	☑	☑	☐	参数"Error"的错误 ID
11	ErrorInfo	Word	16#0	☐	☑	☑	☑	☐	参数"ErrorID"的错误信息 ID
12	InOut			☐	☐	☐	☐	☐	
13	▼ Static			☐	☐	☐	☐	☐	
14	FB_ID	DInt	0	☐	☐	☐	☐	☐	内部参数：请不要更改！

图 9-19

轴_1

	名称	数据类型	起始值	保持	从 HMI/OPC...	从 H...	在 HMI ...	设定值	注释
1	▶ Base	TO_SpeedAxis		☐	☑	☑	☑	☑	
2	Input			☐	☐	☐	☐	☐	
3	Output			☐	☐	☐	☐	☐	
4	InOut			☐	☐	☐	☐	☐	
5	▼ Static			☐	☐	☐	☐	☐	
6	Position	Real	0.0	☐	☑	☐	☑	☐	当前轴位置
7	Velocity	Real	0.0	☐	☑	☐	☑	☐	当前轴速度
8	ActualPosition	Real	0.0	☐	☑	☐	☑	☐	轴的当前位置
9	ActualVelocity	Real	0.0	☐	☑	☐	☑	☐	轴的实际速度
10	▶ Actor	TO_Struct_Actor		☐	☑	☑	☑	☑	驱动装置连接的组态数据
11	▶ Sensor	Array[1..1] of TO_S...		☐	☑	☑	☑	☑	编码器的组态数据
12	▶ Units	TO_Struct_Units		☐	☑	☐	☑	☑	组态数据的测量单位
13	▶ Mechanics	TO_Struct_Mechani...		☐	☑	☐	☑	☑	机械的组态数据
14	▶ DynamicLimits	TO_Struct_Dynami...		☐	☑	☐	☑	☑	速度限制的组态数据
15	▶ DynamicDefaults	TO_Struct_Dynami...		☐	☑	☑	☑	☑	动态设置的组态数据
16	▶ Modulo	TO_Struct_Modulo		☐	☑	☐	☑	☑	的组态数据
17	▶ PositionLimits_SW	TO_Struct_Position...		☐	☑	☑	☑	☑	软件限位开关的组态数据
18	▶ PositionLimits_HW	TO_Struct_Position...		☐	☑	☑	☑	☑	硬件限位开关的组态数据
19	▶ Homing	TO_Struct_Homing		☐	☑	☑	☑	☑	回原点的组态数据
20	▶ PositionControl	TO_Struct_Position...		☐	☑	☐	☑	☑	的组态数据
21	▶ FollowingError	TO_Struct_Followin...		☐	☑	☐	☑	☑	的组态数据
22	▶ PositioningMonitoring	TO_Struct_Positioni...		☐	☑	☐	☑	☑	的组态数据
23	▶ StandstillSignal	TO_Struct_Standstil...		☐	☑	☐	☑	☑	的组态数据
24	▶ Simulation	TO_Struct_Simulati...		☐	☑	☐	☑	☑	的组态数据
25	▶ StatusPositioning	TO_Struct_StatusPo...		☐	☑	☐	☑	☑	当前定位状态
26	▶ StatusDrive	TO_Struct_StatusDr...		☐	☑	☐	☑	☑	状态
27	▶ StatusSensor	Array[1..1] of TO_S...		☐	☑	☐	☑	☑	状态
28	▶ StatusBits	TO_Struct_StatusBits		☐	☑	☐	☑	☑	轴的状态信息
29	▶ ErrorBits	TO_Struct_ErrorBits		☐	☑	☐	☑	☑	轴的错误信息

图 9-20

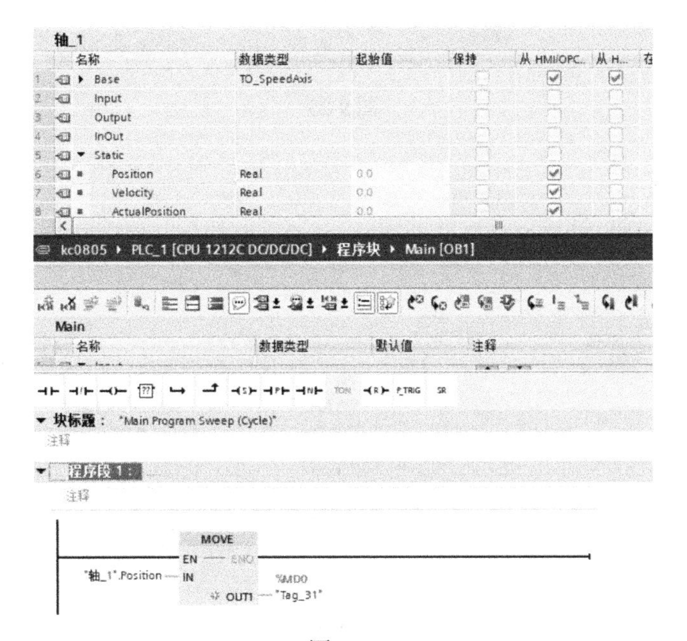

图 9-21

（4）说明 4。每个 Motion Control 指令下方都有一个黑色三角，展开后可以显示该指令的所有输入/输出引脚。展开后的指令引脚有灰色的，表示该引脚是不经常用到的指令引脚，如图 9-22 所示。

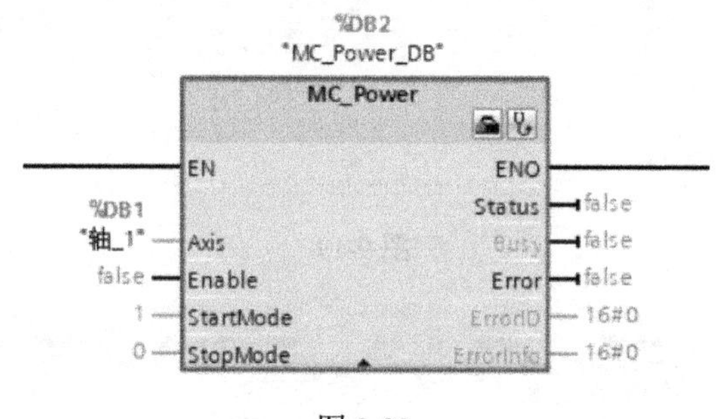

图 9-22

（5）说明 5。指令右上角有两个快捷按钮，可以快速切换到轴的工艺对象参数配置界面和轴的诊断界面，如图 9-23 和图 9-24 所示。

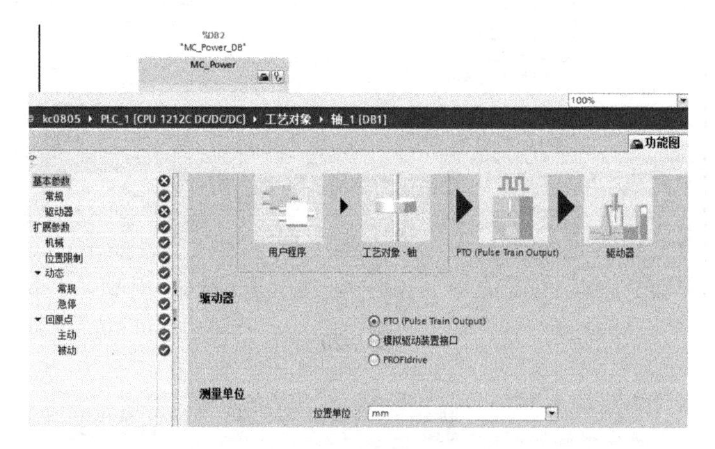

图 9-23

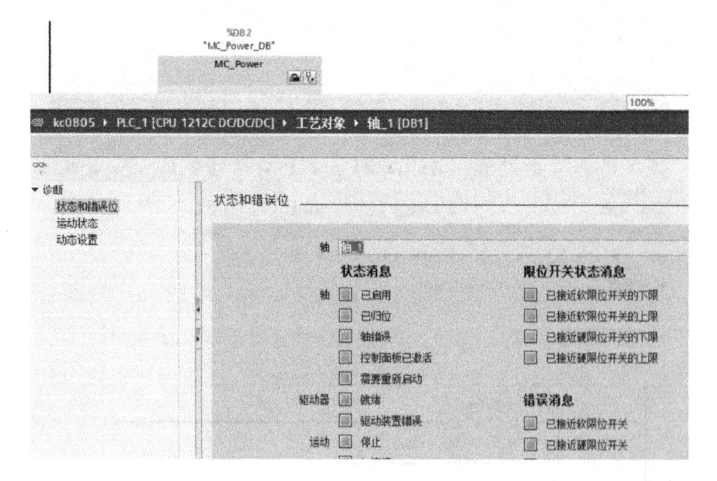

图 9-24

（6）说明 6。部分 S7-1200 运动控制指令有一个 Execute 触发引脚，该引脚需要用上升沿触发。上升沿可以有以下两种方式：

① 用上升沿指令|P|。

② 使用常开点指令，但是该点在实际应用中使其成为一个上升沿信号。例如，用户通过触摸屏的按钮来操作控制，该按钮的有效动作为上升沿触发。

（7）说明 7。运动控制指令输入端 Execute 及输出端 Done 和 Busy 之间的关系如图 9-25 所示。

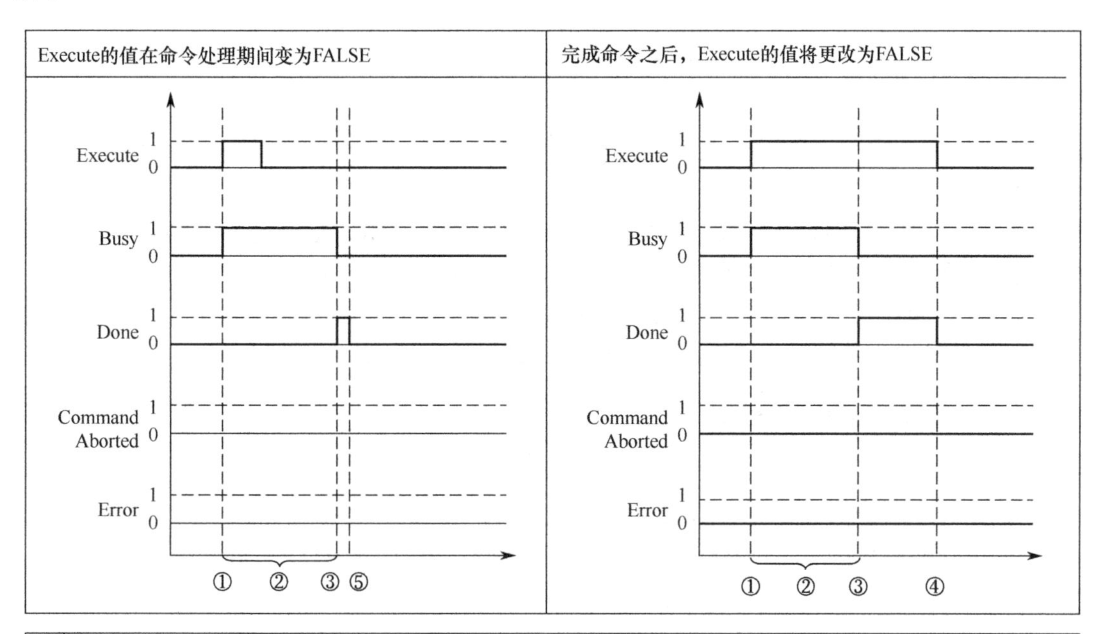

①	输入参数Execute出现上升沿时启动命令。 根据编程情况，Execute在命令的执行过程中仍然可能复位为值FALSE，或者保持为值TURE，直到命令执行完成为止
②	激活命令时，输出参数“Busy”的值降为TRUE
③	命令执行结束后（例如，对于运动控制指令MC_Home：回原点已成功），输出参数Busy变为FALSE，Done变为TRUE
④	如果Execute的值在命令完成之前保持为TRUE，则Done的值也将保持为TRUE并且其值随Execute一起变为FALSE
⑤	如果Execute在命令执行完成之前设置为FALSE，则Done的值权在一个执行周期内为TRUE

图 9-25

因此，如果用户用|P|指令触发带有 Execute 引脚的指令，则该指令的 Done 只在一个扫描周期内为 1，因此在监控程序时看不到 Done 位为 1。

2．MC_Power

指令名称：启动/禁用轴。

功能：使能轴或禁用轴。

使用要点：可在程序中一直调用，并且在其他运动控制指令之前调用并使能，其使用如图 9-26 所示。

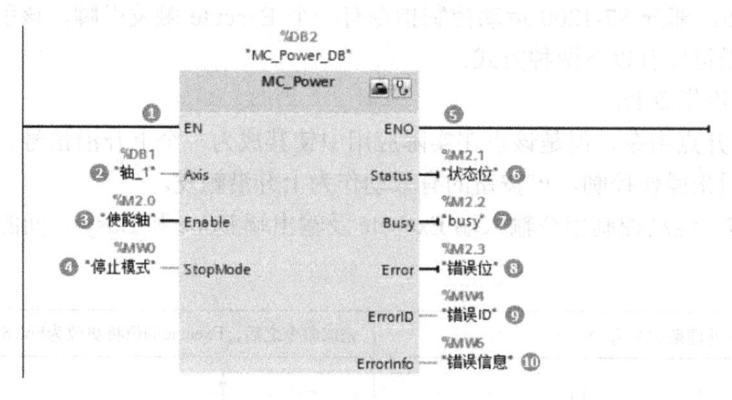

图 9-26

（1）输入端。

① EN：MC_Power 指令的使能端，不是轴的使能端，MC_Power 指令必须在程序中一直调用，并保证 MC_Power 指令在其他 Motion Control 指令的前面调用。

② Axis：轴名称，有以下几种方式输入轴名称。

- 用鼠标直接从 Portal 软件左侧项目树中拖曳轴的工艺对象，如图 9-27 所示。

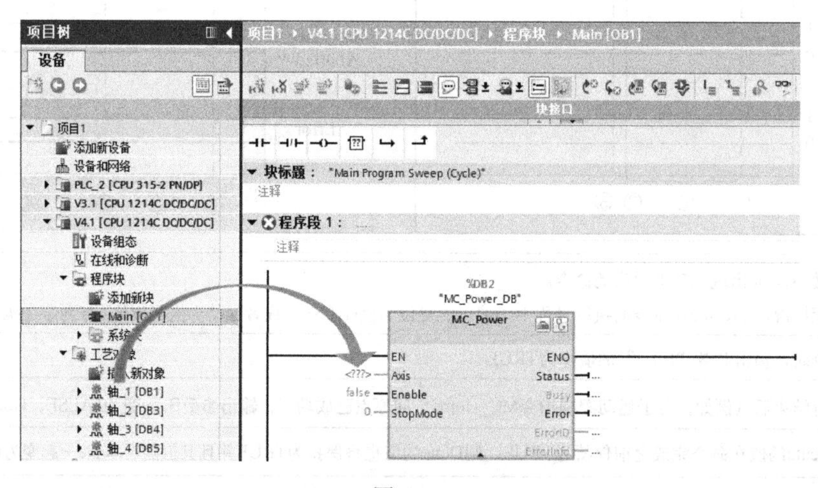

图 9-27

- 用键盘输入字符，则 Portal 软件会自动显示出可以添加的轴对象，如图 9-28 所示。

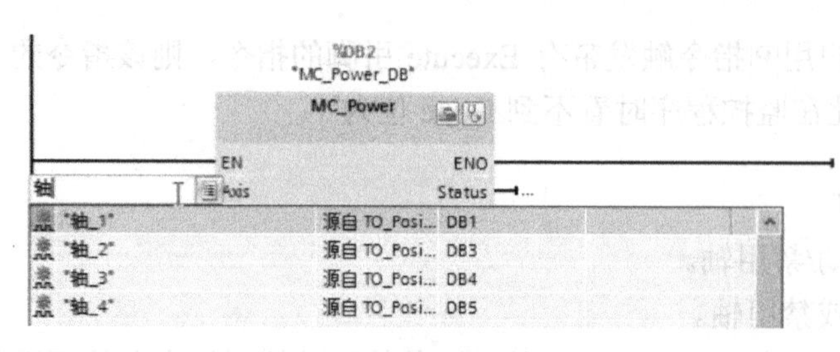

图 9-28

- 用复制的方式把轴的名称复制到指令上，如图 9-29 所示。

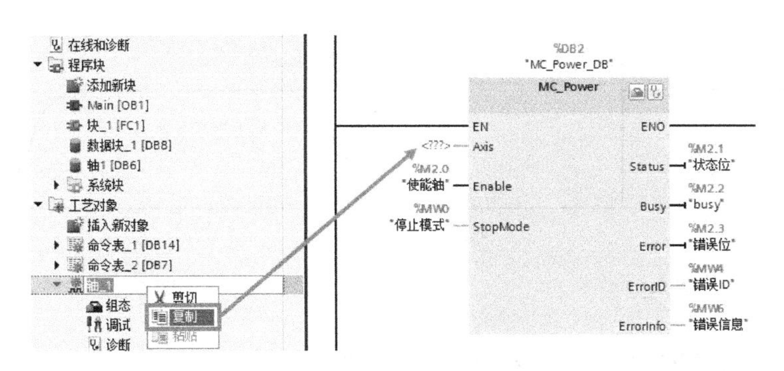

图 9-29

- 用鼠标双击“Axis”，系统会出现右边带可选按钮的白色长条框，此时用鼠标单击“选择”按钮，出现如图 9-30 所示的列表。

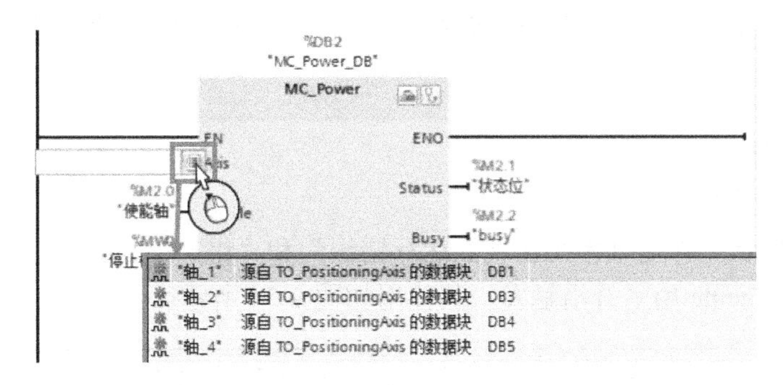

图 9-30

③ Enable：轴使能端。若 Enable=0，则根据 StopMode 设置的模式来停止当前轴的运行；若 Enable=1，如果组态了轴的驱动信号，则 Enable=1 时将接通驱动器的电源。

④ StopMode：轴停止模式。若 StopMode=0（紧急停止），则按照轴工艺对象参数中的“急停”速度或时间来停止轴，如图 9-31 所示；若 StopMode=1（立即停止），则 PLC 立即停止发脉冲，如图 9-32 所示；若 StopMode=2（带有加速度变化率控制的紧急停止），如果用户组态了加速度变化率，则轴在减速时会把加速度变化率考虑在内，减速曲线变得平滑，如图 9-33 所示。

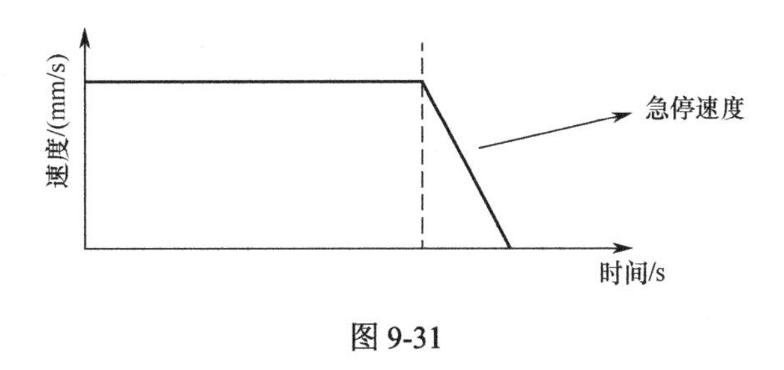

图 9-31

（2）输出端。

① ENO：使能输出。

② Status：轴的使能状态。

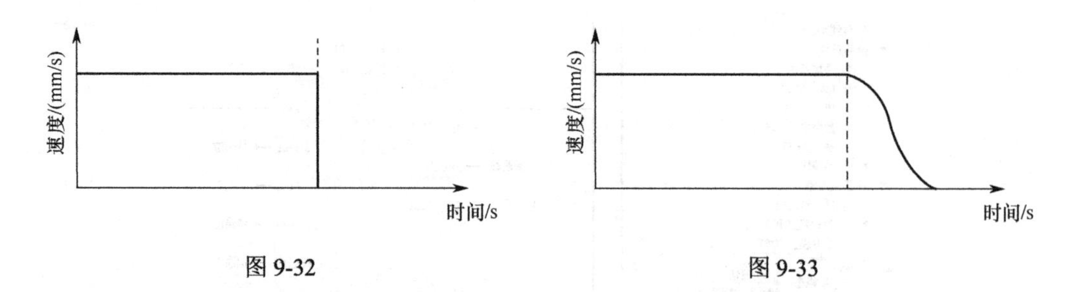

图 9-32　　　　图 9-33

③ Busy：标记 MC_Power 指令是否处于活动状态。

④ Error：标记 MC_Power 指令是否产生错误。

⑤ ErrorID：当 MC_Power 指令产生错误时，用 ErrorID 表示错误号。

⑥ ErrorInfo：当 MC_Power 指令产生错误时，用 ErrorInfo 表示错误信息。

结合 ErrorID 和 ErrorInfo 的数值，查看手册或 Portal 软件的帮助信息中的说明，得到错误原因。

3. MC_Reset

指令名称：确认故障。

功能：用来确认“伴随轴停止出现的运行错误”和“组态错误”。

使用要点：Execute 用上升沿触发，其使用如图 9-34 所示。

注意： 部分输入/输出引脚没有具体介绍，请用户参考 MC_Power 指令中的说明。

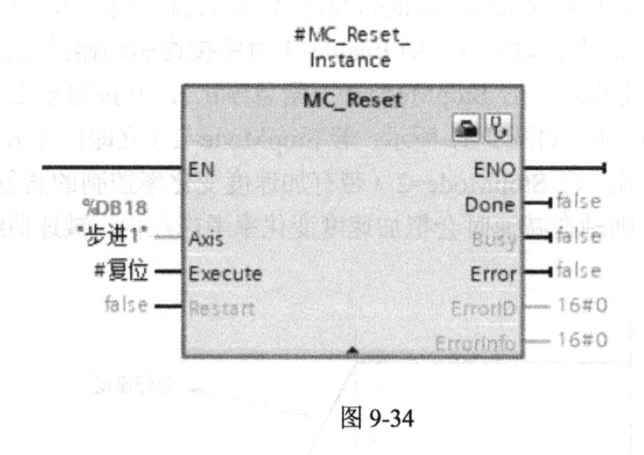

图 9-34

（1）输入端。

① EN：MC_Reset 指令的使能端。

② Axis：轴名称。

③ Execute：MC_Reset 指令的启动位，用上升沿触发。

④ Restart：若 Restart=0，则用来确认错误；若 Restart=1，则将轴的组态从装载存储器下载到工作存储器（只有在禁用轴时才能执行该命令）。

（2）输出端。

Done：表示轴的错误已确认。

除了 Done 指令，其他输出引脚同 MC_Power 指令，这里不再赘述。

4. MC_Home

指令名称：回原点指令。

功能：使轴归位，设置参考点，用来将轴坐标与实际的物理驱动器位置进行匹配。

使用要点：轴做绝对位置定位前一定要触发 MC_Home 指令，其使用如图 9-35 所示。

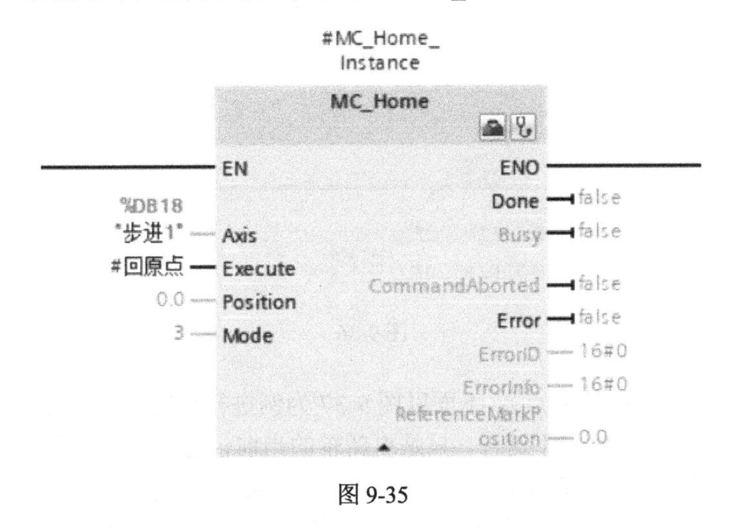

图 9-35

> **注意**：部分输入/输出引脚没有具体介绍，请用户参考 MC_Power 指令中的说明。

（1）Position：位置值。若 Mode=1，则为对当前轴位置的修正值；若 Mode=0、2、3，则为轴的绝对位置值。

（2）Mode：回原点模式值。若 Mode=0（绝对式直接回零点），则轴的位置值为参数 Position 的值；若 Mode=1（相对式直接回零点），则轴的位置值等于当前轴位置 + 参数 Position 的值；若 Mode=2（被动回零点），则轴的位置值为参数 Position 的值；若 Mode=3（主动回零点），则轴的位置值为参数 Position 的值。

下面对 Mode =0 和 Mode =1 时进行详细介绍。

Mode=0（绝对式直接回原点）：下面以图 9-36 为例进行说明。在该模式下，MC_Home 指令触发后轴并不运行，也不会去寻找原打开关。指令执行后的结果是：轴的坐标值直接更新成新的坐标，新的坐标值就是 MC_Home 指令的 Position 引脚的数值。该例中，Position=0.0mm，则轴的当前坐标值也就更新成了 0.0mm。该坐标值属于“绝对”坐标值，也就是相当于轴已经建立了绝对坐标系，可以进行绝对运动。

> **注意**：在该模式下，MC_Home 可以让用户在没有原打开关的情况下，进行绝对运动操作。

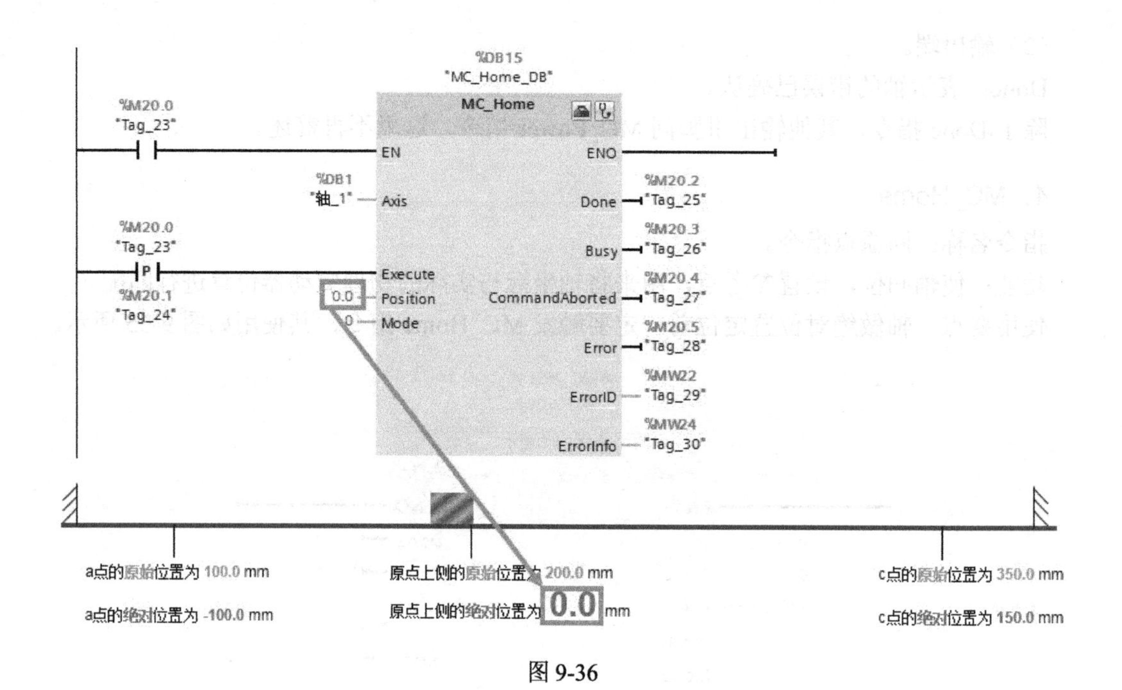

图 9-36

Mode=1（相对式直接回原点）：下面以图 9-37 为例进行说明。与 Mode=0 相同，以该模式触发 MC_Home 指令后轴并不运行，只是更新轴的当前位置值。更新的方式与 Mode=0 不同，而是在轴原来坐标值的基础上加上 Position 数值后得到的坐标值作为轴当前位置的新值。如图 9-37 所示，执行 MC_Home 指令后，轴的位置值变成了 210mm，相应的 a 点和 c 点的坐标位置值也相应更新成新值。

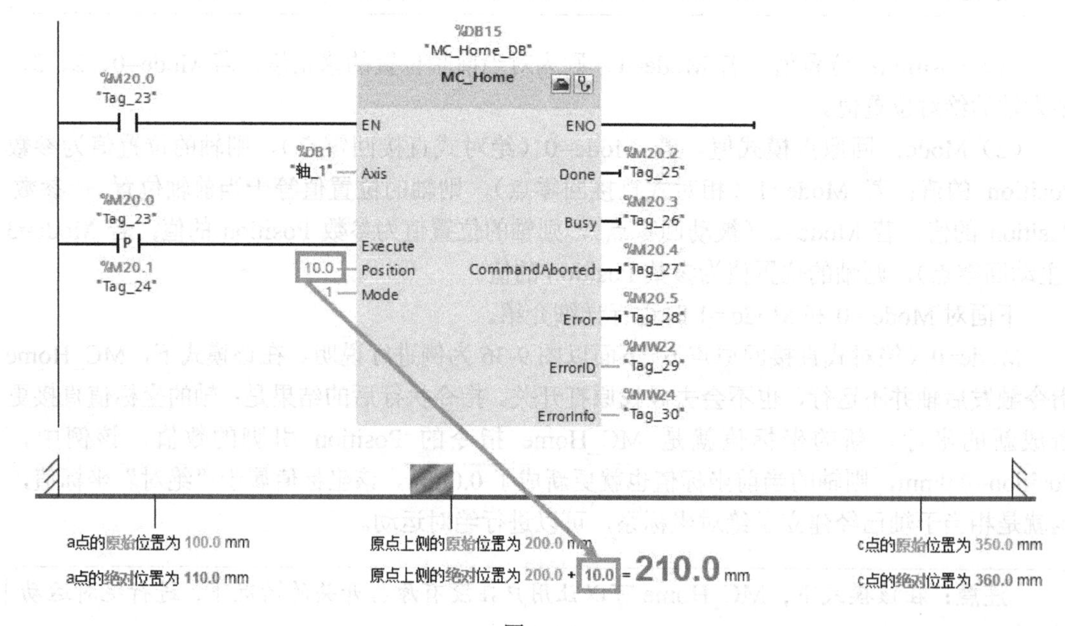

图 9-37

注意：Mode=2 和 Mode=3 的情况已在前面介绍过，这里不再赘述。用户可以通过对变量<轴名称>.StatusBits.HomingDone=TRUE 与运动控制指令 MC_Home 的输出参数 Done=TRUE 进行“与”运算，来检查轴是否已回原点。

5. MC_Halt

指令名称：停止轴运行指令。

功能：停止所有运动并以组态的减速度停止轴。

使用要点：常用 MC_Halt 指令来停止通过 MC_MoveVelocity 指令触发的轴的运行，其使用如图 9-38 所示。

注意：部分输入/输出引脚没有具体介绍，请用户参考 MC_Power 指令中的说明。

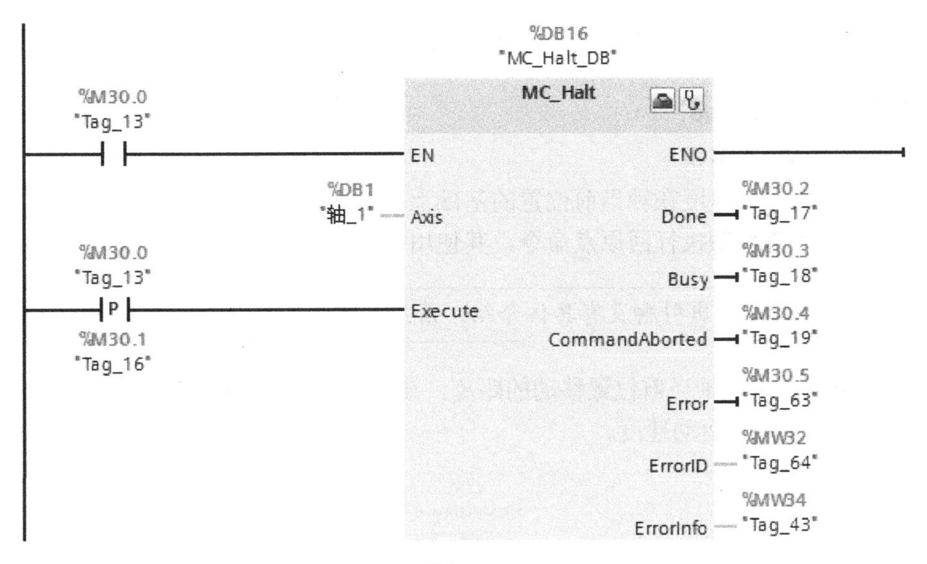

图 9-38

6. MC_MoveAbsolute

指令名称：绝对位置指令。

功能：使轴以某一速度进行绝对位置定位。

使用要点：在使能绝对位置指令之前，轴必须回原点。因此 MC_MoveAbsolute 指令之前必须有 MC_Home 指令，其使用如图 9-39 所示。

注意：部分输入/输出引脚没有具体介绍，请用户参考 MC_Power 指令中的说明。

（1）Position：绝对目标位置值。

（2）Velocity：绝对运动速度。

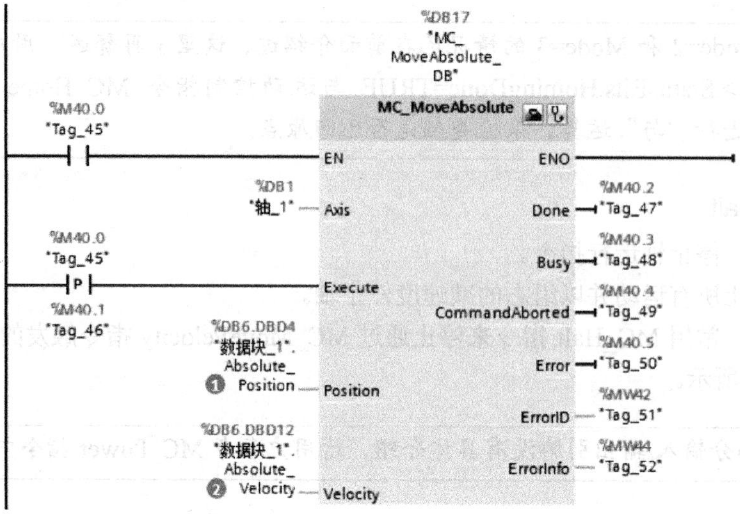

图 9-39

7．MC_MoveRelative

指令名称：相对距离指令。

功能：使轴以某一速度在轴当前位置的基础上移动一个相对距离。

使用要点：不需要轴执行回原点命令，其使用如图 9-40 所示。

> **注意**：部分输入/输出引脚没有具体介绍，请用户参考 MC_Power 指令中的说明。

（1）Distance：相对轴当前位置移动的距离，该值通过正/负数值来表示距离和方向。

（2）Velocity：相对运动速度。

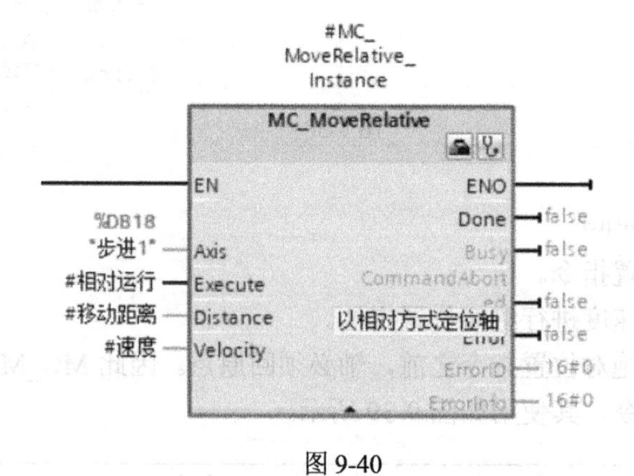

图 9-40

8．MC_MoveJog

指令名称：点动指令。

功能：在点动模式下以指定的速度连续移动轴。

使用要点：正向点动和反向点动不能同时触发，其使用如图 9-41 所示。

> **注意**：部分输入/输出引脚没有具体介绍，请用户参考MC_Power指令中的说明。

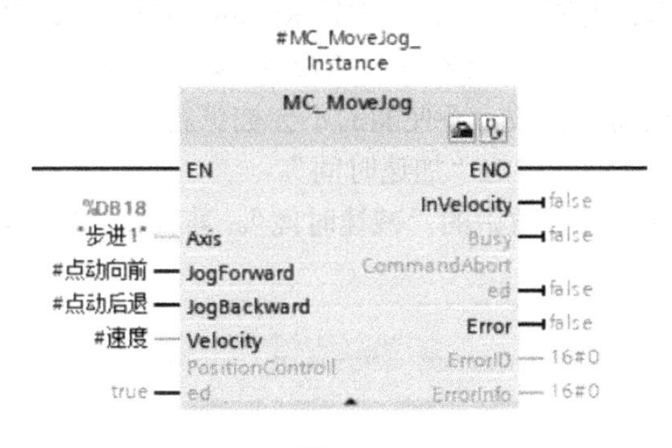

图9-41

（1）JogForward：正向点动，不是用上升沿触发，JogForward=1时，轴运行；JogForward=0时，轴停止。类似于按钮功能，按下按钮，轴运行，松开按钮，轴停止运行。

（2）JogBackward：反向点动，使用方法参考JogForward。

> **注意**：在执行点动指令时，保证JogForward和JogBackward不会同时触发，可以用逻辑进行互锁。

（3）Velocity：点动速度。

> **注意**：Velocity数值可以实时修改，实时生效。

9．MC_ChangeDynamic

指令名称：更改动态参数指令。

功能：更改轴的动态设置参数，包括加速时间（加速度）值、减速时间（减速度）值、急停减速时间（急停减速度）值、平滑时间（冲击）值。其使用如图9-42所示。

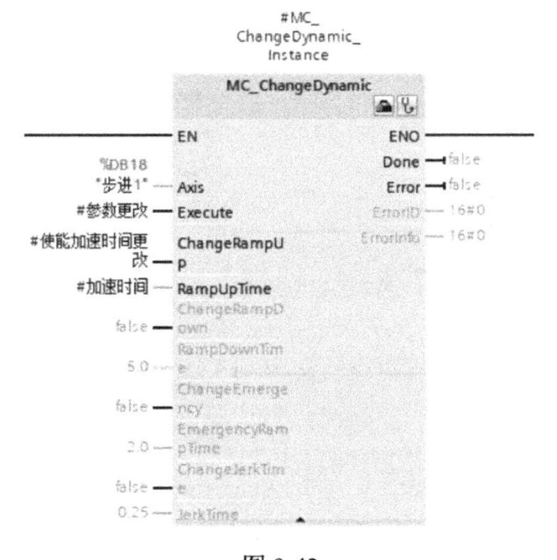

图9-42

（1）ChangeRampUp：更改 RampUpTime 参数值的使能端。当该值为 0 时，不进行 RampUpTime 参数的修改；当该值为 1 时，进行 RampUpTime 参数的修改。每个可修改的参数都有相应的使能设置位，这里只介绍一个。当触发 MC_ChangeDynamic 指令的 Execute 引脚时，使能修改的参数值将被修改，不使能的不会被更新。

（2）RampUpTime：轴参数中的“加速时间”。

（3）RampDownTime：轴参数中的“减速时间”。其设置如图 9-43 所示。

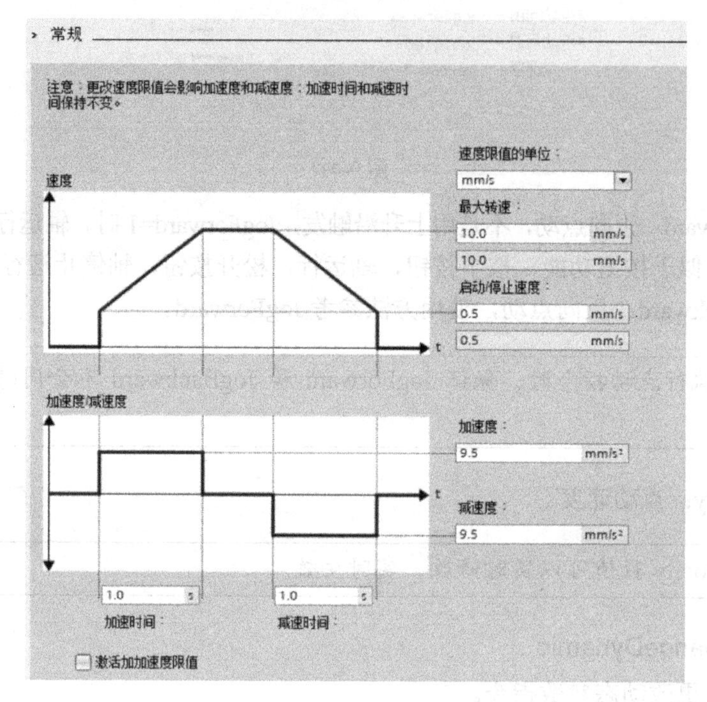

图 9-43

（4）EmergencyRampTime：轴参数中的“急停减速时间”。其设置如图 9-44 所示。

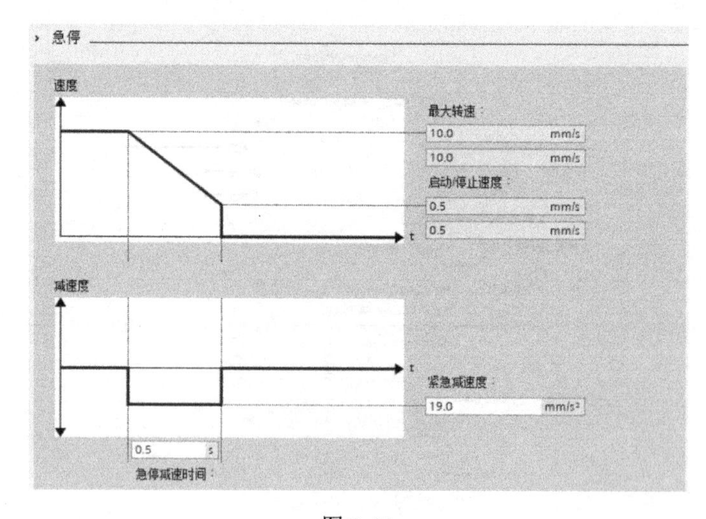

图 9-44

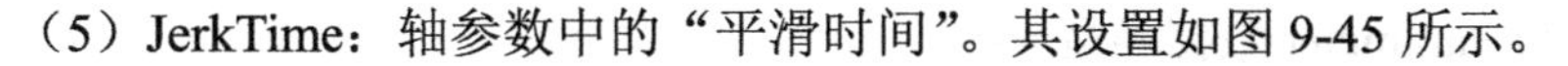

（5）JerkTime：轴参数中的“平滑时间”。其设置如图 9-45 所示。

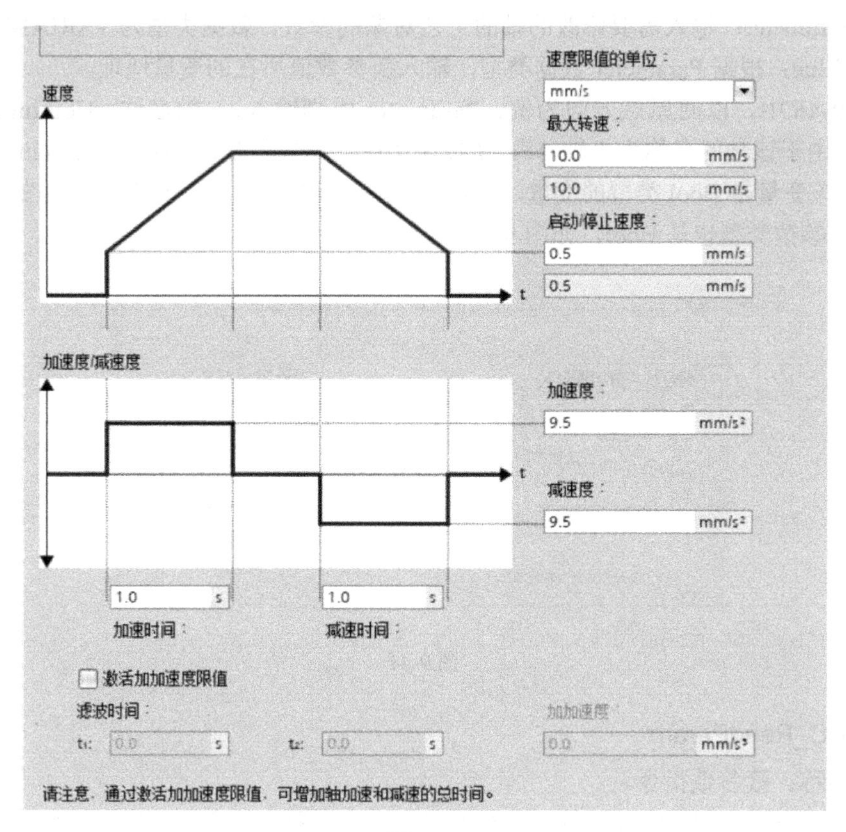

图 9-45

10. MC_WriteParam

指令名称：写参数指令。

功能：可在用户程序中写入或更改轴工艺对象和命令表对象中的变量。其使用如图 9-46 所示。

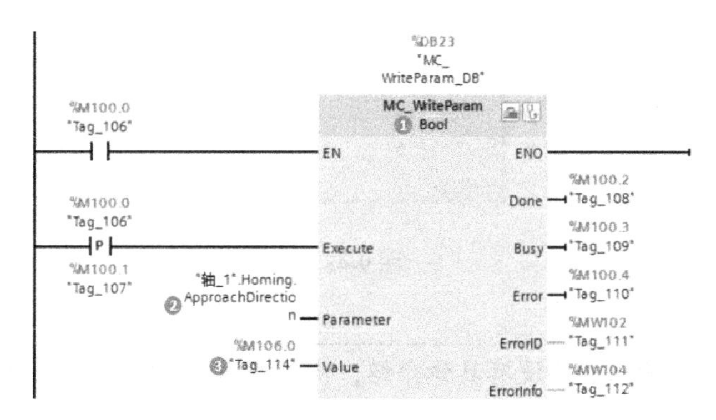

图 9-46

注意： 部分输入/输出引脚没有具体介绍，请用户参考 MC_Power 指令中的说明。

（1）参数类型：与 Parameter 数据类型一致。

（2）Parameter：输入需要修改的轴的工艺对象的参数，数据类型为 VARIANT 指针。

（3）Value：根据 Parameter 数据类型，输入新参数值所在的变量地址。

在图 9-46 中，以回原点方向为例，Parameter 引脚输入：<轴名称>.Homing.Approach Direction，由于该轴的名称为“轴_1”，所以例子中的地址就是：“轴_1”.Homing.Approach Direction。该变量是 Bool 类型的变量，因此在 Value 引脚中输入一个 Bool 类型的变量地址，同时指令的参数类型也是 Bool，如图 9-47 所示。

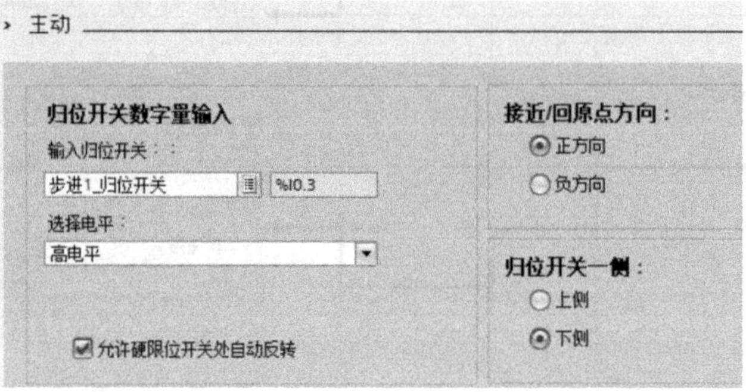

图 9-47

11．MC_ReadParam

指令名称：读参数指令。

功能：可在用户程序中读取轴工艺对象和命令表对象中的变量。其使用如图 9-48 所示。

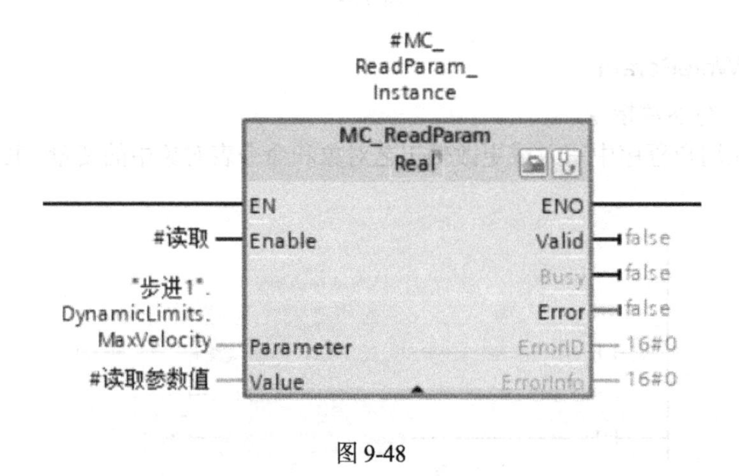

图 9-48

注意：部分输入/输出引脚没有具体介绍，请用户参考 MC_Power 指令中的说明。

Enable：可以一直使能读取指令。

该例子读取的是轴的实际位置值，读到的数值放在 Value 中。

9.2　S7-1200 变频器的 USS 编程

USS 协议（通用串行接口协议）是一种简单的串行数据传输协议，适用于西门子传动产品的运动控制。USS 协议定义了一种基于主站—从站原理通过串行总线进行通信的访问方法。总线可以连接一个主站和最多 16 个变频器（从站）。主站使用消息帧中的地址字符来选择各个变频器。只有通过主站启动的变频器才能发送消息。因此，各个变频器之间无法直接传输数据。以半双工模式进行通信，无法传输此主站功能。要实现 S7-1200 PLC 与变频器的 USS 的通信，需在 PLC 中增加串口通信模块并与变频器的通信接口连接。USS 通信指令有 USS_PORT 指令、USS_DRV 指令。

9.2.1　USS_PORT 指令

USS_PORT 指令用于设置 USS 通信参数。

EN：使能指令快，保持接通。

PORT：端口硬件标识符，1241 模块标识符为 269，单击接口编辑处可以选择相应模块。

BAUD：波特率，输入 9600，保持与变频器波特率一致。

USS_DB：USS 指令使用的数据块 DB1，则输入 DB1。

ERROR：0 表示无错误，1 表示报错。

STATUS：为 0 则指令快执行正确，不为 0 则为出错。

若编译出错，则具体的出错原因可通过 F1 键进行查询。USS_PORT 指令的使用如图 9-49 所示。

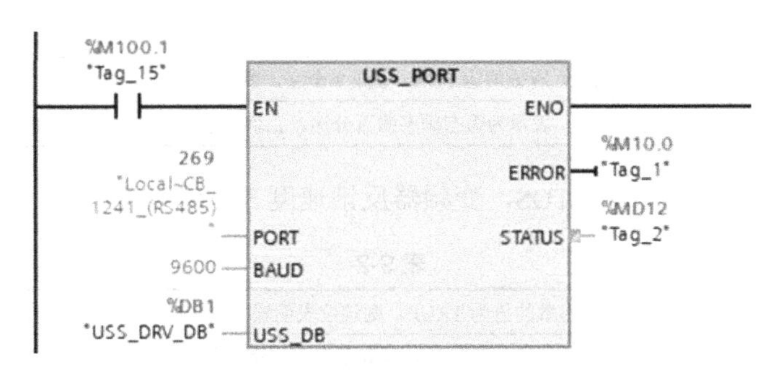

图 9-49

9.2.2　USS_DRV 指令

USS_DRV 指令为驱动器控制与数据交换指令。USS_DRV 指令的使用如图 9-50 所示。

对 USS_DRV 参数的说明如下：当 OFF2、OFF3 为 TRUE，RUN 置为 1 时，变频器启动，速度为 SPEED_SP 设定的值，如表 9-1 所示。

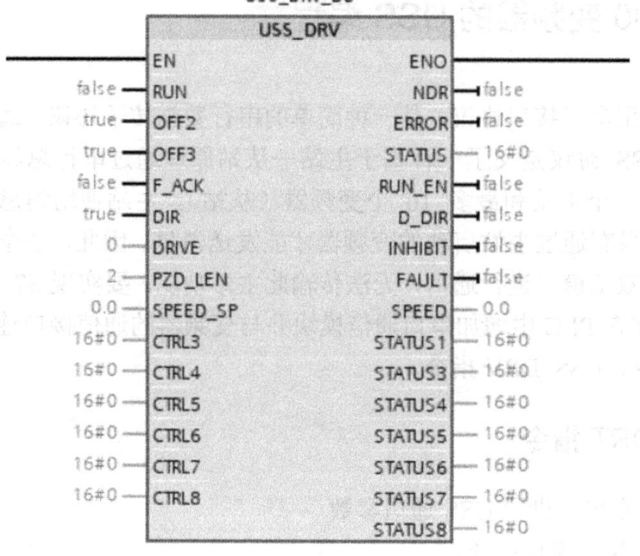

图 9-50

表 9-1

RUN	驱动器起始位：如果该参数的值为 TRUE，则该输入使驱动器能以预设的速度运行
OFF2	电气停止位：如果该参数的值为 FALSE，则该位会导致驱动器逐渐停止而不使用制动装置
OFF3	快速停止位：如果该参数的值为 FALSE，则该位会通过制动驱动器来使其快速停止
F_ACK	故障应答位：该位将复位驱动器上的故障位。故障清除后该位置位，以通知驱动器不必在指示上一个故障
DIR	驱动器方向控制：该位置位以指示方向为正向（当 SPEED_SP 为正数时）
DRIVE	驱动器地址：此输入为 USS 驱动器的地址。有效范围为驱动器 1～16
PDZ_LEN	字长：PZD 数据字的数目，有效值为 2、4、6 或 8 个字，默认值为 2
SPEED_SP	速度设定值：驱动器速度，表示为组态频率的百分比。正值表示为正向（当 DIR 的值为 TRUE 时）

输出显示报错状态代码 STATUS，变频器反馈速度 SPEED，如表 9-2 所示。

表 9-2

NDR	新数据就绪：如果该参数的值为 TRUE，则该位表明输出中包含来自新通信请求的数据
ERROR	发生错误：如果该参数的值为 TRUE ，则表示发生了错误并且 STATUS 输出有效。发生错误时所有其他输出都复位为零。仅在 USS_PORT 指令的 ERROR 和 STATUS 输出中报告通信错误
STATUS	请求的状态值：它指示循环结果。这不是从驱动器返回的状态字
RUN_EN	启用运行：该位指示驱动器是否正在运行
D_DIR	驱动器方向：该位指示驱动器是否正向运行
INHIBIT	禁用驱动器：该位表明驱动器上的禁用位的状态
FAULT	驱动器故障：该位表明驱动器已记录一个故障，用户必须清除该故障并置位 F_ACK 位以清除该位
SPEED	驱动器当前速度（驱动器状态字 2 的标定值）：驱动器的速度值表示为组态速度的百分比

9.2.3　启动变频器

如图 9-51 所示是设置站号为 5，PZD 长度为 4，速度为 20，置位 RUN，启动变频器。

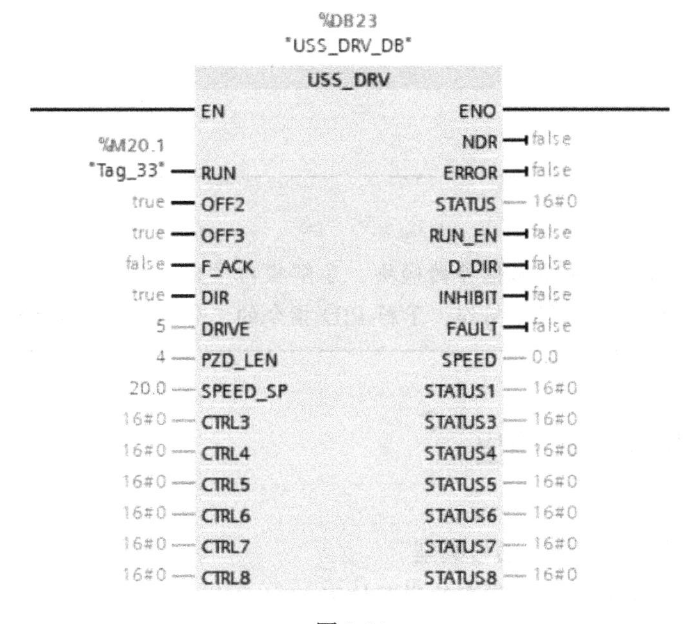

图 9-51

将 DIR 方向设为 FALSE，速度反馈值为−20，把 DIR 改为 true，速度反馈值变为 20。

本章练习

❶ 西门子 S7-1200 PLC 的运动控制有那几种方式？

❷ 西门子 S7-1200 PLC 的运动控制指令有哪些？

❸ 变频器 M440 面板怎样操作？

❹ 变频器 M440 参数怎样设置？

❺ USS 通信指令有哪些？

第10章

S7-1200的模拟量转换与PID功能

学习内容

了解模拟量输入信号和输出信号的模块，了解模拟量输入信号和输出信号类型，理解模拟量信号转换公式和程序制作，了解PID指令的工作原理、选取和使用。

10.1 模拟量输入、输出

1. 模拟量模块、信号板、信号类型

模拟量模块、信号板、信号类型的说明如表10-1所示。

表10-1

模板型号	分辨率	负载信号类型	量程范围
CPU集成模拟量输入	10位	0～10 V	0～27 648
SM 1231 4 x 模拟量输入	12位 + 符号位	±10 V，±5 V，±2.5 V	−27 648～27 648
		0～20 mA，4～20 mA	0～27 648
SM 1231 4 x 模拟量输入	15位 + 符号位	±10 V，±5 V，±2.5 V，±1.25 V	−27 648～27 648
		0～20 mA，4～20 mA	0～27 648
SM 1231 8 x 模拟量输入	12位 + 符号位	±10 V，±5 V，±2.5 V	−27 648～27 648
		0～20 mA，4～20 mA	0～27 648
SM 1234 4 x 模拟量输入/2 x 模拟量输出	12位 + 符号位	±10 V，±5 V，±2.5 V	−27648～27648
		0～20 mA，4～20 mA	0～27648
SB 1231 1 x 模拟量输入	11位 + 符号位	±10V，±5V，±2.5 V	−27 648～27 648
		0～20 mA	0～27 648
CPU集成模拟量输出	10位	0～20 mA	0～27 648
SM 1232 2 x 模拟量输出	14位	±10V	−27 648～27 648
	13位	0～20mA，4～20mA	0～27 648
SM 1232 4 x 模拟量输出	14位	±10 V	−27 648～27 648
	13位	0～20 mA，4～20mA	0～27 648
SM 1234 4 x 模拟量输入/2 x 模拟量输出	14位	±10 V	−27 648～27 648
	13位	0～20mA，4～20mA	0～27 648
SB 1232 1 x 模拟量输出	12位	±10V	−27 648～27 648
	11位	0～20 mA	0～27 648

2. 输入信号精度计算

先明确两个模拟量输入模块参数：模拟量转换的分辨率、模拟量转换的精度（误差）。分辨率是 A/D 模拟量转换芯片的转换精度，即用多少位的数值来表示模拟量。S7-1200 模拟量模块的转换分辨率是 12 位，能够反映模拟量变化的最小单位是满量程的 1/4096。

数字化模拟值的表示方法及示例如表 10-2 所示。

表 10-2

分辨率	模拟值															
位	0	1	0	0	0	1	1	0	0	1	0	1	1	0	0	0
位值																
16 位																
12 位																

在表 10-2 中，当转换精度小于 16 位时，相应的位左侧对齐，最小变化位为 16 位模板分辨率，未使用最低位补“0”；12 位分辨率的模板则是从低字节的第 4 位（16−12=4）3 开始变化，为其最小变化单位 2^3=8，bit 0～bit 2 则补“0”，则 12 位模板 A/D 模拟量转换芯片的转换精度为 23/215=1/4096。

模拟量转换的精度除了取决于 A/D 转换的分辨率，还受到转换芯片的外围电路的影响。在实际应用中，输入的模拟量信号会有波动、噪声和干扰，内部模拟电路也会产生噪声、漂移，这些都会对转换的最后精度造成影响。这些因素造成的误差要大于 A/D 芯片的转换误差。

3. 模拟量量程计算

可以使用 TIA Porta 指令列表“转换指令”中的 NORM_X 和 SCALE_X 可以用来转换模拟量值。计算公式为：

SCALE_X_OUT=[（NORM_X_VALUE-NORM_X_MIN）/（NORM_X_MAX-NORM_X_MIN）] *（SCALE_X_MAX-SCALE_X_MIN）+ SCALE_X_MIN

4. 测量值转换为工程量

如图 10-1 所示为标准 4～20mA 模拟量输入信号对应 0～80MPa 压力的量程换算示例。

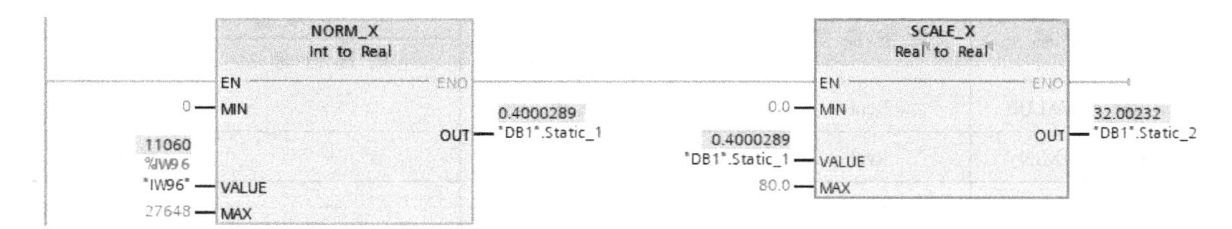

图 10-1

其参数含义如表 10-3 所示。

设置 0～20mA 或 4～20mA 对应不同的量程范围和 NORM_X 通道测量值下限，如表 10-4 所示。

表 10-3

参数名称	数据类型	参数含义	取值范围	
			电压信号	电流信号
NORM_X_VALUE	Int	模拟量通道输入测量值	−27 648～27 648	0～27 648
NORM_X_MIN	Int	测量值下限	−27 648	0
NORM_X_MAX	Int	测量值上限	27 648	27 648
NORM_X_OUT	Real	测量值规格化	−1.0～1.0	0.0～1.0
SCALE_X_MIN	Real	工程量下限	—	—
SCALE_X_MAX	Real	工程量上限	—	—
SCALE_X_OUT	Real	工程量值	—	—

表 10-4

实际电流输入	电流范围	量程范围	NORM_X 通道测量值下限
0～20mA	0～20mA	0～27 648	0
4～20mA	0～20mA	5 530～27 648	5 530
	4～20mA	0～27 648	0

5．工程量转换为测量值

如图 10-2 所示为标准 4～20mA 模拟量输出信号对应 0～50Hz 的变频器频率的量程换算示例。

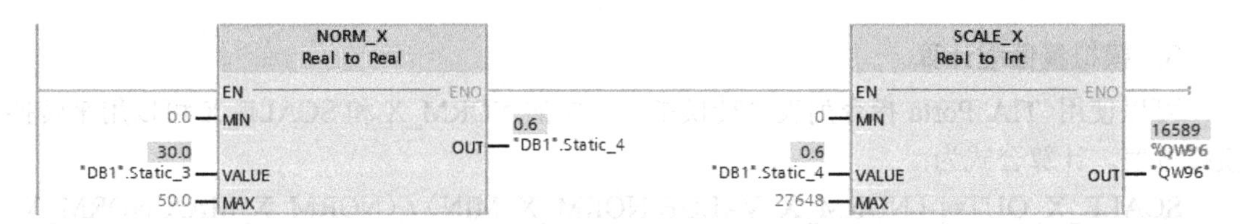

图 10-2

其参数含义如表 10-5 所示。

表 10-5

参数名称	数据类型	参数含义	取值范围	
			电压信号	电流信号
NORM_X_VALUE	Real	工程量给定值	—	—
NORM_X_MIN	Real	工程量下限值	—	—
NORM_X_MAX	Real	工程量上限值	—	—
NORM_X_OUT	Real	工程量给定值规格化	−1.0～1.0	0.0～1.0
SCALE_X_MIN	Int	测量输出值下限	−27 648	0
SCALE_X_MAX	Int	测量输出值上限	27 648	27 648
SCALE_X_OUT	Int	测量输出值	−27 648～27 648	0～27 648

> **注意：** 工程量相关值取决于使用现场，是无法确定有效值的，唯一能确定的是工程量给定值或输出值在工程量的下限值和上限值之间，在此不作过多表述。

6. 热电偶& 热电阻模块负载类型

热电偶模块：B、N、E、R、S、J、K、T、C、TXK/XK（L）、电压（范围：±80mV）

热电阻模块：Pt100、Pt1000、Cu10、Ni100、电阻（范围：150Ω、300Ω、600Ω）等。

7. 模板量程计算

（1）热电偶模块。

电压信号：满量程对应测量值-27 648～27 648。

温度：测量值除以 10.0 得到温度值；如通道测量值为 253，则对应的温度值为 25.3℃。

（2）RTD 模块。

电阻信号：满量程对应测量值 0～27 648。

温度：测量值除以 10.0 得到温度值；如通道测量值为 253，则对应的温度值为 25.3℃。

10.2 PID 功能

10.2.1 S7-1200 PID 功能

S7-1200 PID 功能有 3 条指令可供选择，分别为 PID_Compact、PID_3Step、PID_Temp。用户需要根据实际需求选择 PID 指令，选择方法如图 10-3 所示。

1. S7-1200 PID Compact V2.2 指令介绍

PID 指令块的参数分为两部分：输入参数与输出参数。其指令块的视图分为扩展视图与集成视图，在不同的视图下所能看见的参数是不一样的。在集成视图中可看到的参数为最基本的默认参数，如给定值、反馈值、输出值等，定义这些参数可实现控制器最基本的控制功能；而在扩展视图中可看到更多的相关参数，如手动自动切换、模式切换等，使用这些参数可使控制器具有更丰富的功能，如图 10-4 所示。

2. PID Compact 输入、输出参数介绍

PID_Compact V2 的输入参数包括 PID 的设定值、过程值、手动自动切换、故障确认、模式切换和 PID 重启参数，如表 10-6 所示。

> **注意：** 如果使用 Reset 复位错误会重启 PID 控制器，建议使用 ErrorAck 来复位错误代码。

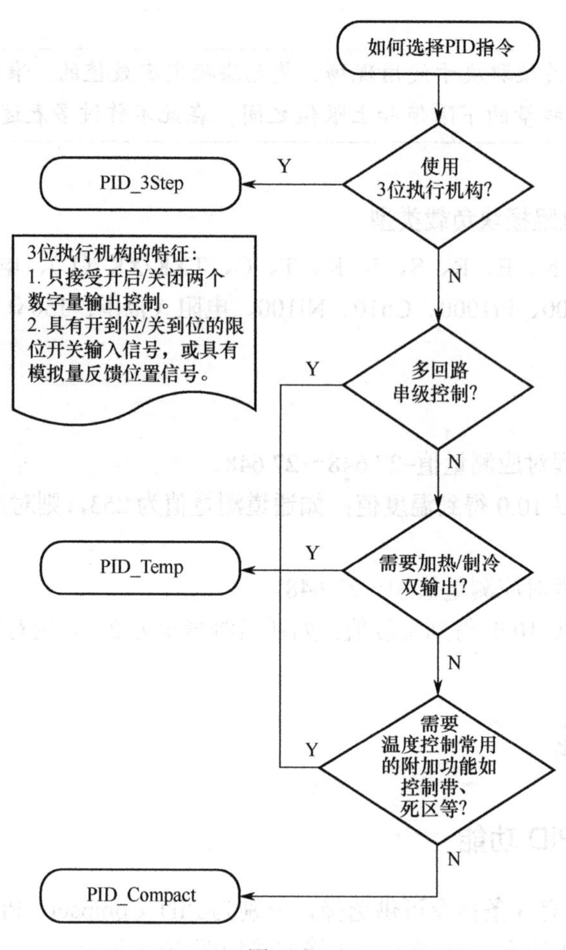
如何选择PID指令
使用
3位执行机构?
Y
PID_3Step
N
3位执行机构的特征:
1. 只接受开启/关闭两个数字量输出控制。
2. 具有开到位/关到位的限位开关输入信号，或具有模拟量反馈位置信号。
多回路
串级控制?
Y
N
需要加热/制冷
双输出?
Y
PID_Temp
N
需要
温度控制常用
的附加功能如
控制带、
死区等?
Y
N
PID_Compact

图 10-3

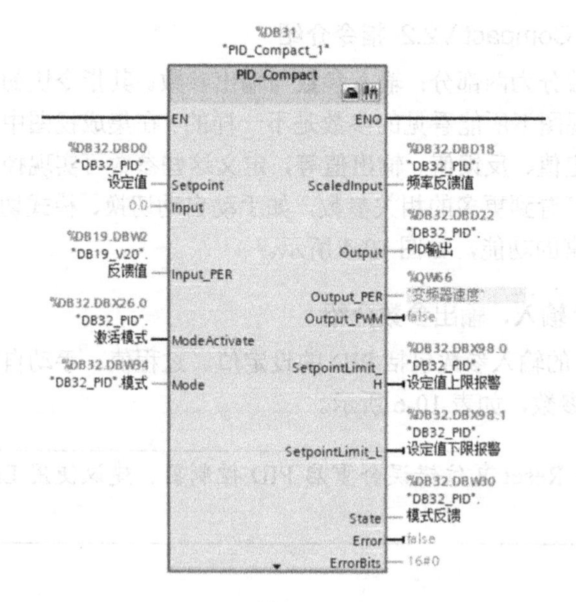
%DB31
"PID_Compact_1"
PID_Compact
EN
ENO
%DB32.DBD0
"DB32_PID".
设定值
Setpoint
ScaledInput
%DB32.DBD18
"DB32_PID".
频率反馈值
0.0
Input
%DB32.DBD22
"DB32_PID".
PID输出
Output
%DB19.DBW2
"DB19_V20".
反馈值
Input_PER
%QW66
"变频器速度"
Output_PER
Output_PWM
false
%DB32.DBX26.0
"DB32_PID".
激活模式
ModeActivate
%DB32.DBX98.0
"DB32_PID".
设定值上限报警
SetpointLimit_H
%DB32.DBW34
"DB32_PID".模式
Mode
%DB32.DBX98.1
"DB32_PID".
设定值下限报警
SetpointLimit_L
%DB32.DBW30
"DB32_PID".
模式反馈
State
Error
false
ErrorBits
16#0

图 10-4

表 10-6

参　数	数据类型	说　明
Setpoint	REAL	PID 控制器在自动模式下的设定值
Input	REAL	PID 控制器的反馈值（工程量）
Input_PER	INT	PID 控制器的反馈值（模拟量）
Disturbance	REAL	扰动变量或预控制值
ManualEnable	BOOL	出现 FALSE→TRUE 上升沿时会激活“手动模式”，与当前 Mode 的数值无关。当 ManualEnable=TRUE，无法通过 ModeActivate 的上升沿或使用“调试”对话框来更改工作模式。在出现 TRUE→FALSE 下降沿时会激活由 Mode 指定的工作模式
ManualValue	REAL	用作手动模式下的 PID 输出值，须满足 Config.OutputLowerLimit<ManualValue <Config.OutputUpperLimit
ErrorAck	BOOL	FALSE→TRUE 上升沿时，错误确认，清除已经离开的错误信息
Reset	BOOL	重新启动控制器：在 FALSE→TRUE 上升沿，切换到“未激活”模式，同时复位 ErrorBits 和 Warnings，清除积分作用（保留 PID 参数），只要 Reset=TRUE，PID_Compact 便会保持在“未激活”模式下（State=0）；在 TRUE→FALSE 下降沿，PID_Compact 将切换到保存在 Mode 参数中的工作模式
ModeActivate	BOOL	在 FALSE→TRUE 上升沿，PID_Compact 将切换到保存在 Mode 参数中的工作模式

PID_Compact V2 的输出参数包括 PID 的输出值（REAL、模拟量、PWM）、标定的过程值、限位报警（设定值、过程值）。PID 的当前工作模式、错误状态及错误代码如表 10-7 所示。

表 10-7

参　数	数据类型	说　明
ScaledInput	REAL	标定的过程值
Output	REAL	PID 的输出值（REAL 形式）
Output_PER	INT	PID 的输出值（模拟量）
Output_PWM	BOOL	PID 的输出值（脉宽调制）
SetpointLimit_H	BOOL	如果 SetpointLimit_H=TRUE，则说明已达到设定值的绝对上限（Setpoint≥ Config.SetpointUpperLimit）
SetpointLimit_L	BOOL	如果 SetpointLimit_L=TRUE，则说明已达到设定值的绝对下限（Setpoint ≤ Config.SetpointLowerLimit）
InputWarning_H	BOOL	如果 InputWarning_H=TRUE，则说明过程值已达到或超出警告上限
InputWarning_L	BOOL	如果 InputWarning_L=TRUE，则说明过程值已达到或低于警告下限
State	INT	State 参数显示了 PID 控制器的当前工作模式，可使用输入参数 Mode 和 ModeActivate 处的上升沿更改工作模式：State=0：未激活；State=1：预调节；State=2：精确调节；State=3：自动模式；State=4：手动模式；State=5：带错误监视的替代输出值
Error	BOOL	如果 Error=TRUE，则此周期内至少有一条错误消息处于未决状态
ErrorBits	DWORD	ErrorBits 参数显示了处于未决状态的错误消息。通过 Reset 或 ErrorAck 的上升沿来保持并复位 ErrorBits

注意：若 PID 控制器未正常工作，先检查 PID 的输出状态 State 来判断 PID 的当前工作模式，并检查错误信息；当错误出现时 Error=1，错误离开后 Error=0，ErrorBits 会保留错误信息，可通过编程清除错误离开后 ErrorBits 保留的错误信息。

PID_Compact V2 的输入、输出参数 Mode 指定了 PID_Compact 将转换到的工作模式，具有断电保持特性，由沿激活切换工作模式，如表 10-8 所示。

表 10-8

参　数	数据类型	说　明
Mode	INT	在 Mode 上，指定 PID_Compact 将转换到的工作模式：State=0（未激活）；State=1（预调节）；State=2（精确调节）；State=3（自动模式）；State=4（手动模式）。工作模式由以下沿激活：ModeActivate 的上升沿；Reset 的下降沿；ManualEnable 的下降沿。如果 RunModeBySTARTUP=TRUE，则冷启动 CPU

注意：当 ManualEnable=TRUE，则无法通过 ModeActivate 的上升沿或使用“调试”对话框来更改工作模式。

当 PID 出现错误时，通过捕捉 Error 的上升沿，将 ErrorBits 传送至全局地址，从而获得 PID 的错误信息，如表 10-9 所示。

表 10-9

错误代码 DW#16#	说　明
0000	没有任何错误
0001	参数 Input 超出了过程值限值的范围，正常范围应为 Config.InputLowerLimit < Input < Config.InputUpperLimit
0002	参数 Input_PER 的值无效。请检查模拟量输入是否有处于未决状态的错误
0004	精确调节期间出错。过程值无法保持振荡状态
0008	预调节启动时出错。过程值过于接近设定值。启动精确调节
0010	调节期间设定值发生更改。可在 CancelTuningLevel 变量中设置允许的设定值波动
0020	精确调节期间不允许预调节
0080	预调节期间出错。输出值限值的组态不正确，请检查输出值的限值是否已正确组态及其是否匹配控制逻辑
0100	精确调节期间的错误导致生成无效参数
0200	参数 Input 的值无效：值的数字格式无效
0400	输出值计算失败。请检查 PID 参数
0800	采样时间错误，循环中断 OB 的采样时间内没有调用 PID_Compact
1000	参数 Setpoint 的值无效，值的数字格式无效
10000	参数 ManualValue 的值无效，值的数字格式无效
20000	变量 SubstituteOutput 的值无效，值的数字格式无效。这时，PID_Compact 使用输出值下限作为输出值
40000	参数 Disturbance 的值无效，值的数字格式无效

注意： 如果多个错误同时处于待决状态，将通过二进制加法显示 ErrorBits 的值。例如，显示 ErrorBits=0003h 表示错误 0001h 和 0002h 同时处于待决状态。

10.2.2　S7-1200 PID Compact V2 组态步骤

在使用 PID 功能之前，必须先添加循环中断，需要在循环中断中添加 PID_Compact 指令。在循环中断的属性中，可以修改其循环时间。因为程序执行的扫描周期不相同，一定要在循环中断里调用 PID 指令，如图 10-5 所示。

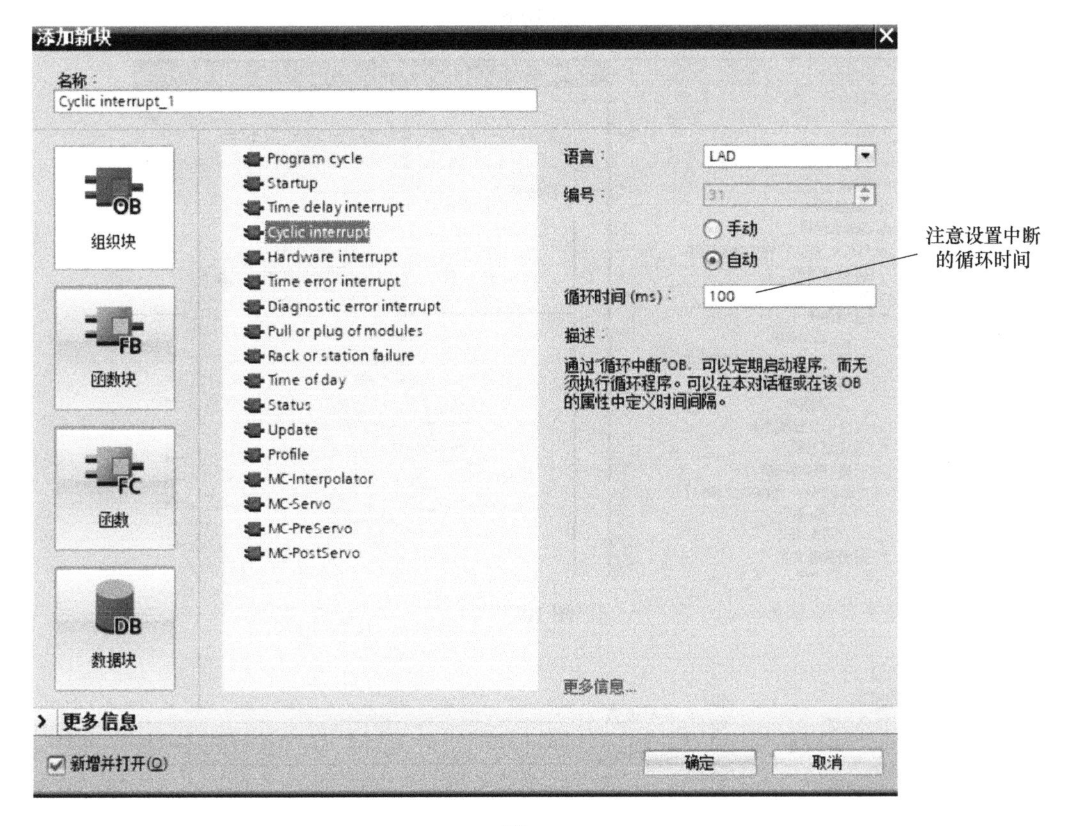

图 10-5

注意： 为保证以恒定的采样时间间隔执行 PID 指令，必须在循环 OB 中调用。

在"指令"→"工艺"→"PID 控制"→"Compact PID（注意版本选择）"→"PID_Compact"下，将 PID_Compact 指令添加至循环中断，如图 10-6 所示。

添加完 PID_Compact 指令后，在项目树的"工艺对象"文件夹中，会自动关联出 PID_Compact_x[DBx]，包含其组态界面和调试功能，如图 10-7 所示。

在使用 PID 控制器前，需要对其进行组态设置，分为基本设置、过程值设置、高级设置等部分，如图 10-8 所示。

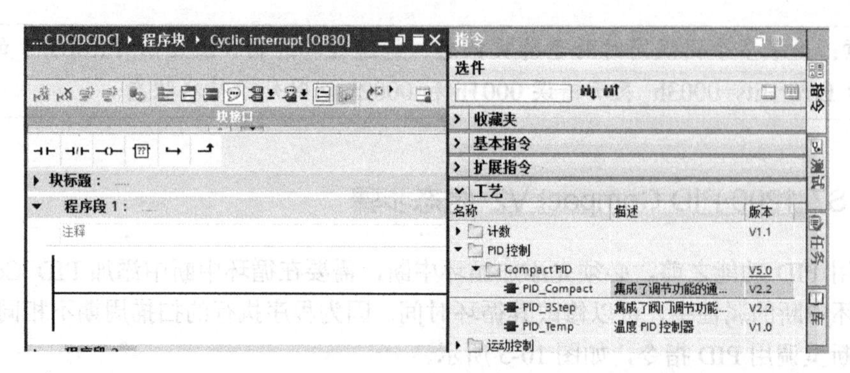

图 10-6

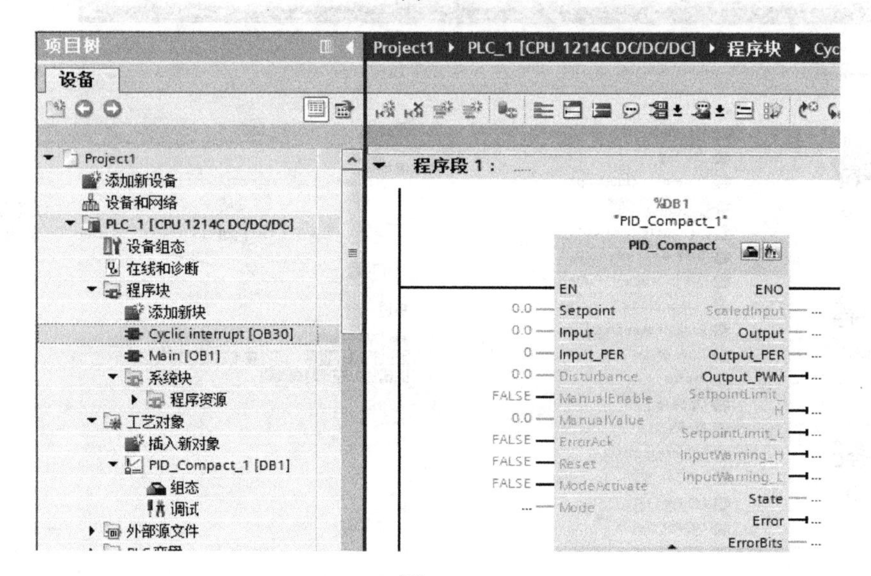

图 10-7

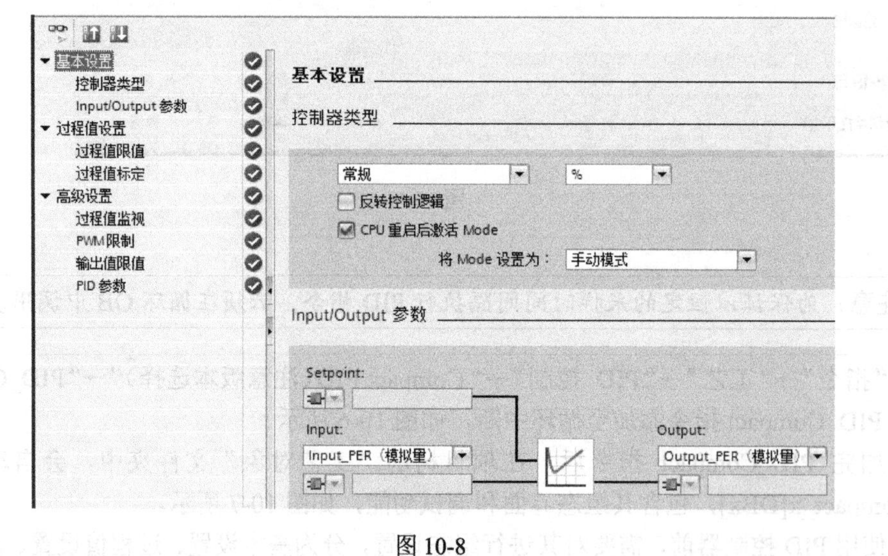

图 10-8

1. 基本设置

❶ 控制器类型。

① 为设定值、过程值和扰动变量选择物理量和测量单位。

② 正作用：随着 PID 控制器的偏差增大，输出值增大。反作用：随着 PID 控制器的偏差增大，输出值减小。PID_Compact 反作用时，可以勾选“反转控制逻辑”；或者用负比例增益。

③ 要在 CPU 重启后切换到“模式”（Mode）参数中保存的工作模式，则勾选“CPU 重启后激活 Mode”复选框，如图 10-9 所示。

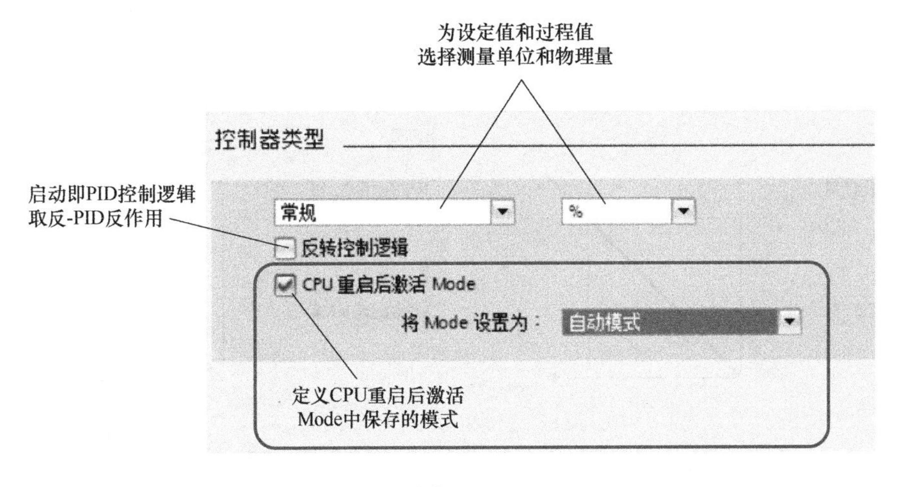

图 10-9

❷ Input/Output 参数。定义 PID 过程值和输出值的内容，选择 PID_Compact 输入、输出变量的引脚和数据类型，如图 10-10 所示。

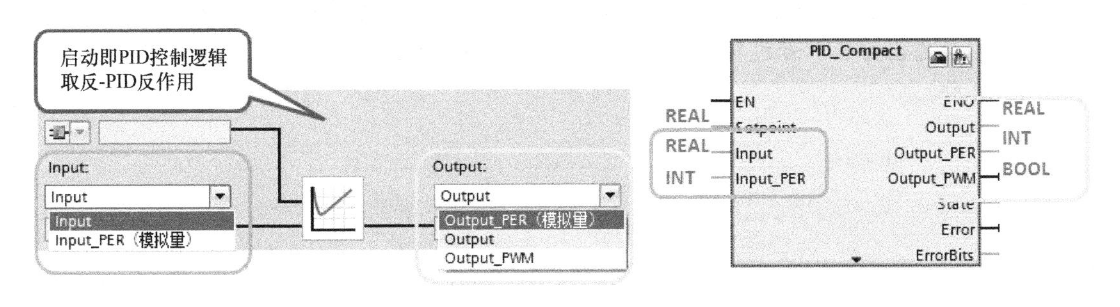

图 10-10

2. 过程值设置

❶ 过程值限值。必须满足过程值下限<过程值上限。如果过程值超出限值，就会出现错误（ErrorBits=0001h），如图 10-11 所示。

❷ 过程值标定。当且仅当在 Input/Output 中输入选择为“Input_PER” 时，才可组态过程值标定。如果过程值与模拟量输入值成正比，则将使用上下限值对来标定 Input_PER，必须满足范围的下限<上限，如图 10-12 所示。

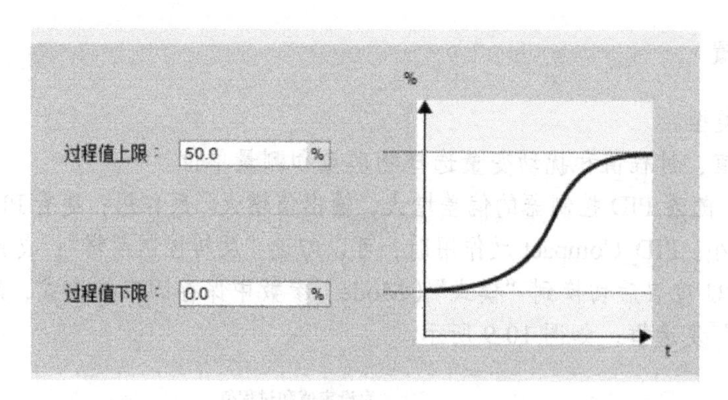

图 10-11

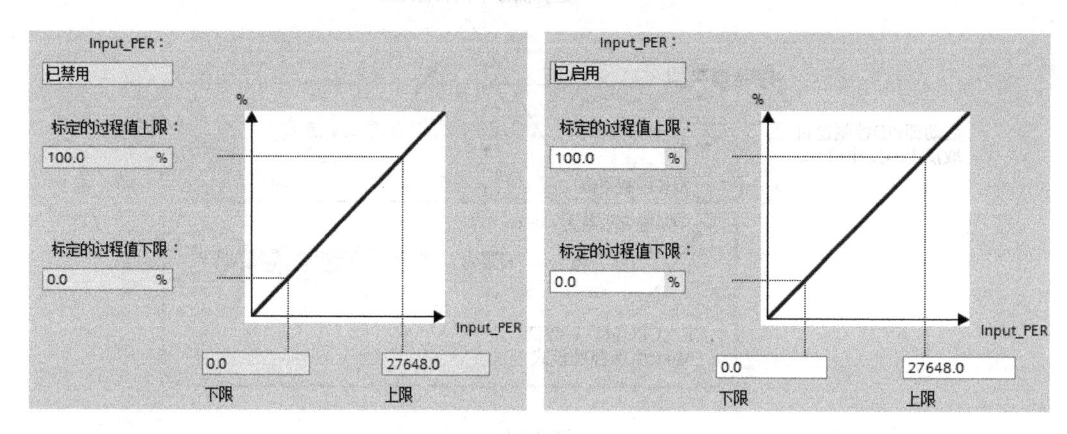

图 10-12

3. 高级设置

❶ 过程值监视。过程值的监视限值范围需要在过程值限值范围之内。若过程值超过监视限值，则会输出警告。若过程值超过过程值限值，则 PID 输出报错，切换工作模式，如图 10-13 所示。

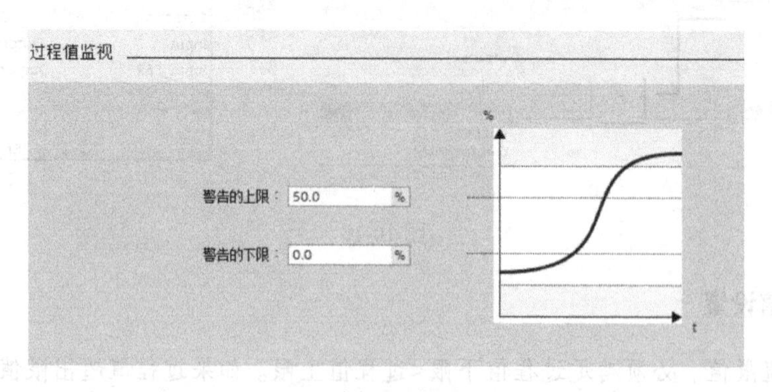

图 10-13

❷ PWM 限制。输出参数 Output 中的值被转换为一个脉冲序列，该序列通过脉宽调制在输出参数 Output_PWM 中输出。在 PID 算法采样时间内计算 Output，在采样时间 PID_Compact 内输出 Output_PWM，如图 10-14 所示。

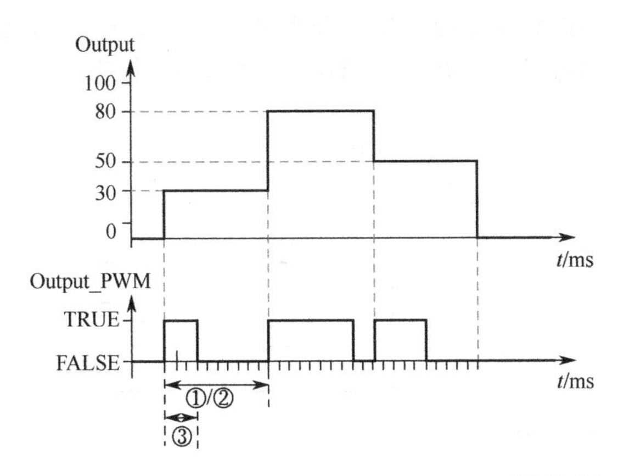

图 10-14

为最大限度地减小工作频率并节省执行器，可延长最短开/关时间。如果要使用 Output 或 Output_PER，则必须分别为最短开/关时间组态值 0.0。脉冲或中断时间永远不会小于最短开/关时间。例如，在当前 PID 算法采样周期中，如果输出小于最短接通时间将不输出脉冲，如果输出大于 PID 算法采样时间—最短关闭时间则整个周期输出高电平。在当前 PID 算法采样周期中，因小于最短接通时间未能输出脉冲的，会在下一个 PID 算法采样周期中累加和补偿由此引起的误差。

> **注意：**最短开/关时间只影响输出参数 Output_PWM，不用于 CPU 中集成的任何脉冲发生器。

示例：PID_Compact 采样时间=100ms；PID 算法采样时间=1000ms；最短开启时间=200ms（即已组态的最小接通脉冲为 PID_Compact 的 20%），若此时 PID 输出恒定为 15%，则在第一个周期内不输出脉冲，在第二个周期内将第一个周期内未输出的脉冲累加到第二个周期的脉冲，依次输出，如图 10-15 所示。

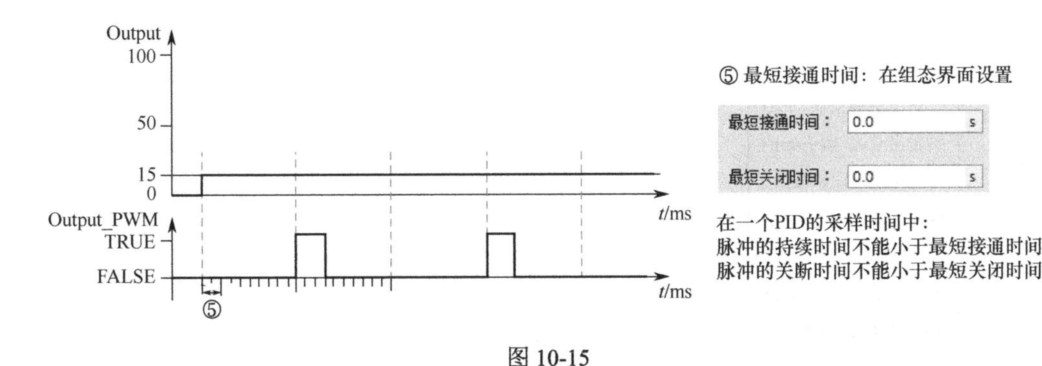

图 10-15

❸ 输出值限值。在“输出值限值”窗口中，以百分比形式组态输出值的限值。无论是在手动模式还是自动模式下，都不要超过输出值的限值。在手动模式下的设定值 ManualValue，必须介于输出值的下限（Config.OutputLowerLimit）与输出值的上限（Config.OutputUpperLimit）之间。如果在手动模式下指定了一个超出限值范围的输出值，则 CPU 会将有效值限制为组态

的限值。PID_Compact 可以通过组态界面中输出值的上限和下限修改限值，最广范围为 −100.0～100.0，如果采用 Output_PWM 输出时限值为 0.0～100.0，如图 10-16 所示。

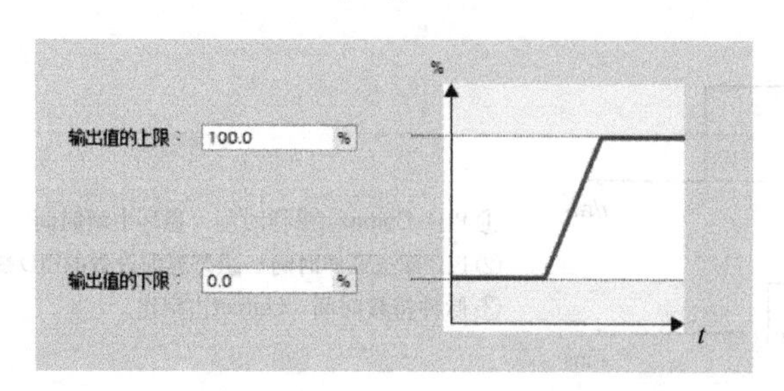

参数设置规则：

1．下限<上限

2．可设置的输出值范围：

Output	−100～100.0
Output_PER	−100～100.0
Output_PWM	0.0～100.0

图 10-16

❹ 对错误的响应。在 PID_Compact V1 时，如果 PID 控制器出现错误，PID 会自动切换到“未激活”模式。在 PID_Compact V2 时，可以预先设置错误响应时 PID 的输出状态，如图 10-17 所示，以便在发生错误时，控制器在大多数情况下均可保持激活状态。如果控制器频繁发生错误，建议检查 ErrorBits 参数并消除错误原因。根据错误代码来分析错误原因。根据组态界面所设置的“对错误的响应”，不同错误的响应状态也不一样，如表 10-10 所示。

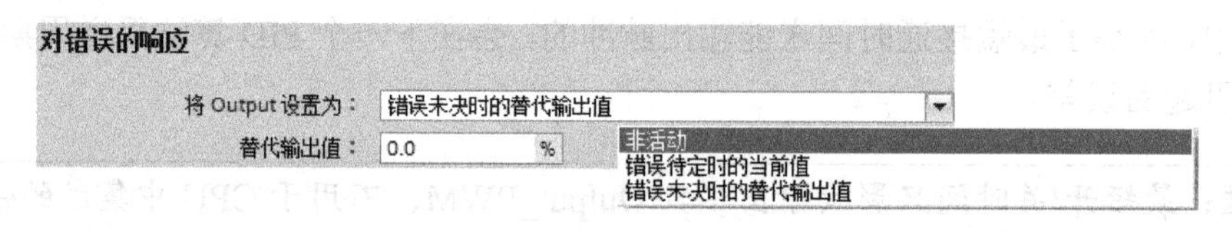

图 10-17

表 10-10

<table>
<tr><th></th><th>非　活　动</th><th>错误待定时的当前值</th><th>错误未决时的替代输出值</th></tr>
<tr><td>0001H
0800H
40000H</td><td rowspan="4">对于所有错误，PID 均输出 0.0，因 Error=1，会切换到“未激活”模式（State=0）。当错误离开后，可通过 Reset 的下降沿或 ModeActive 的上升沿来切换工作模式</td><td>自动模式下出现错误 PID Compact 仍保持自动模式（State=3），Error=1，输出错误发生前的最后一个有效值。错误离开后 Error=0，错误代码保留，PID_Compact 从自动模式开始运行</td><td></td></tr>
<tr><td>0002H
0200H
0400H
1000H</td><td></td><td>自动模式下出现错误 PID_Compact 切换到“带错误监视的替代输出值”模式（State=5），Error=1，输出组态的替换输出值。错误离开后 Error=0，错误代码保留，PID_Compact 从自动模式开始运行</td></tr>
<tr><td>0004H
0008H
0010H
0080H
0100H</td><td>在调节过程中出现错误时，PID_Compact 取消调节模式，直接切换到 Mode 参数中保存的工作模式运行</td><td></td></tr>
<tr><td>0020H</td><td>精确调节期间无法再启动预调节，则 PID_Compact 的 Error=1、State 保持不变，即保持在精确调节模式</td><td></td></tr>
</table>

（续表）

	非　活　动	错误待定时的当前值	错误未决时的替代输出值
10000H	对于所有错误，PID 均输出 0.0，因 Error=1，会切换到“未激活”模式（State=0）。当错误离开后，可通过 Reset 的下降沿或 ModeActive 的上升沿来切换工作模式	手动模式下发生错误则继续使用手动值作为输出，Error=1、State 保持不变	如果手动值无效（10000H）则输出组态的替换输出值。当 ManualValue 中指定有效值后，则 Error=0，PID_Compact 便会将其作为输出值
20000H			自动模式下发生错误需要输出替代值时，如果替代输出值无效则 PID_Compact 切换到“带错误监视的替代输出值”模式（State=5），并输出输出值的下限。错误离开后，PID_Compact 切换回自动模式

❺ PID 参数。在 PID_Compact 组态界面可以修改 PID 参数，通过此处修改的参数对应工艺对象背景数据块→Static→Retain→PID 参数。通过组态界面修改参数需要重新下载组态并重启 PLC，如图 10-18 所示。建议直接对工艺对象背景数据块进行操作。

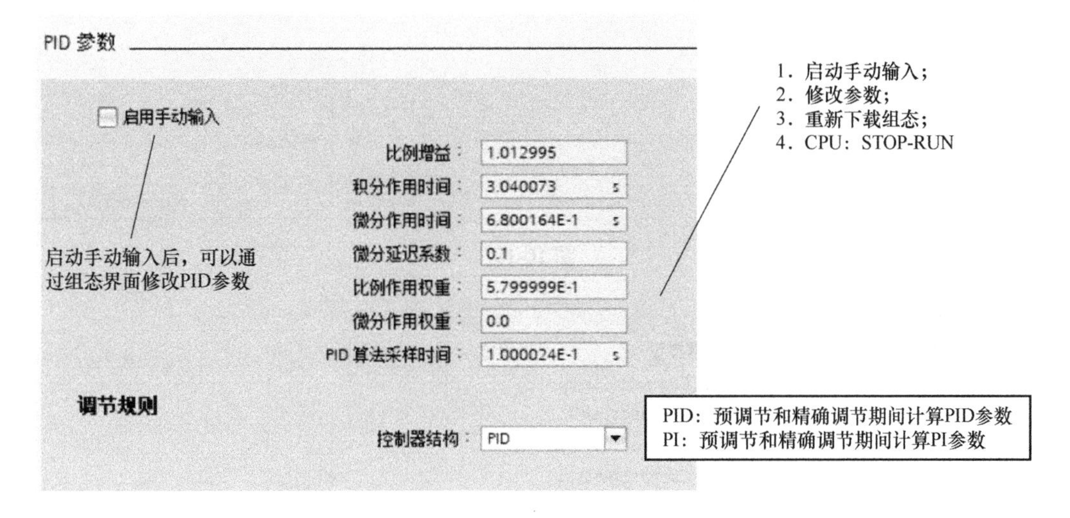

图 10-18

4．工艺对象背景数据块

PID_Compact 指令的背景数据块属于工艺对象数据块，选择“项目树”→“工艺对象”→PID_Compact_x[DBy]，操作步骤如图 10-19 所示。

工艺对象数据块主要分为 10 部分：1-Input，2-Output，3-Inout，4-Static，5-Config，6-CycleTime，7-CtrlParamsBackUp，8-PIDSelfTune，9-PIDCtrl，10-Retain。其中 1、2、3 这部分参数在 PID_Compact 指令中有参数引脚。工艺对象数据块的属性为优化的块访问，即以符号进行寻址。常用的 PID 参数有比例增益、积分时间、微分时间，位于工艺对象数据块→Static→Retain 中，如图 10-20 所示。

kc0805 ▸ PLC0908 [CPU 1215C DC/DC/DC] ▸ 工艺对象 ▸ PID_Compact_1 [DB31]

保持实际值 快照 将快照值复制到起始值中 将起始值加载为实际值

PID_Compact_1

	名称	数据类型	起始值	保持	从 HMI/OPC...	从 H...	在 HMI ...	设定值	注释
1	▼ Input								
2	Setpoint	Real	0.0		✓	✓	✓		controller setpoint ir
3	Input	Real	0.0		✓	✓	✓		current value from p
4	Input_PER	Int	0		✓	✓	✓		current value from p
5	Disturbance	Real	0.0		✓	✓	✓		disturbance intrusio
6	ManualEnable	Bool	false		✓	✓	✓		activate manual val
7	ManualValue	Real	0.0		✓	✓	✓		manual value
8	ErrorAck	Bool	false		✓	✓	✓		reset error message
9	Reset	Bool	false		✓	✓	✓		reset the controller
10	ModeActivate	Bool	false		✓	✓	✓		enable mode
11	▼ Output								
12	ScaledInput	Real	0.0		✓		✓		current value after s
13	Output	Real	0.0		✓		✓		output value in REAL
14	Output_PER	Int	0		✓		✓		analog output value
15	Output_PWM	Bool	false		✓		✓		pulse width modula
16	SetpointLimit_H	Bool	false		✓		✓		setpoint reached up
17	SetpointLimit_L	Bool	false		✓		✓		setpoint reached lo
18	InputWarning_H	Bool	false		✓		✓		current value reache
19	InputWarning_L	Bool	false		✓		✓		current value reache
20	State	Int	0		✓		✓		current mode of ope
21	Error	Bool	false		✓		✓		error flag
22	ErrorBits	DWord	16#0	✓	✓		✓		error message
23	▼ InOut								
24	Mode	Int	3	✓	✓	✓	✓		mode selection
25	▼ Static								
26	InternalDiagnostic	DWord	0						internal diagnostic a
27	InternalVersion	DWord	DW#16#020300C		✓		✓		version of controller
28	InternalRTVersion	DWord	0						version of runtime
29	IntegralResetMode	Int	4		✓	✓	✓	✓	0 smooth, 1 clear, 2

图 10-19

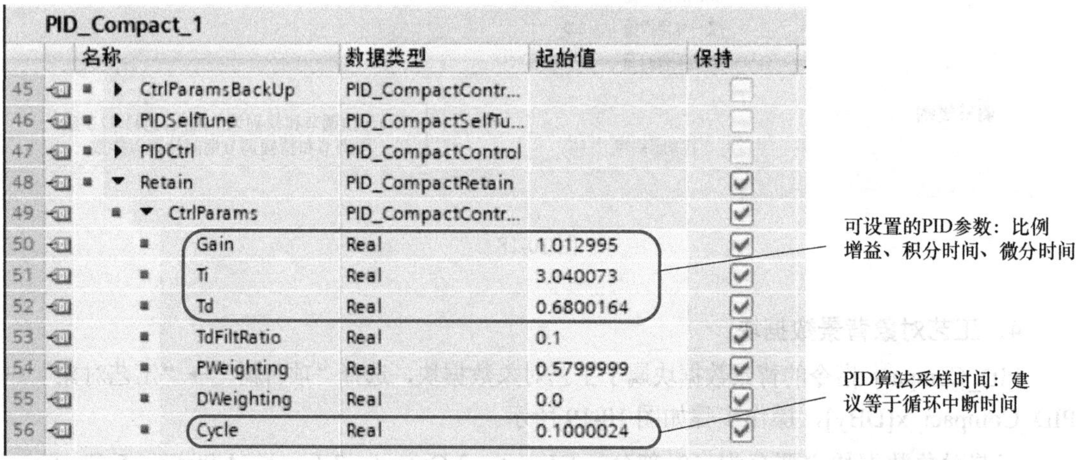

PID_Compact_1

	名称	数据类型	起始值	保持
45	▸ CtrlParamsBackUp	PID_CompactContr...		
46	▸ PIDSelfTune	PID_CompactSelfTu...		
47	▸ PIDCtrl	PID_CompactControl		
48	▼ Retain	PID_CompactRetain		✓
49	▼ CtrlParams	PID_CompactContr...		✓
50	Gain	Real	1.012995	✓
51	Ti	Real	3.040073	✓
52	Td	Real	0.6800164	✓
53	TdFiltRatio	Real	0.1	✓
54	PWeighting	Real	0.5799999	✓
55	DWeighting	Real	0.0	✓
56	Cycle	Real	0.1000024	✓

可设置的PID参数：比例增益、积分时间、微分时间

PID算法采样时间：建议等于循环中断时间

图 10-20

通过触摸屏或第三方设备设置 PID_Compact 的参数（如比例增益、积分时间、微分时间）如下：

第三方上位机或触摸屏，大多数不能直接访问 S7-1200 中符号寻址的变量。这种情况下，可以使用绝对地址的变量与 PID_Compact 工艺对象数据块中的比例增益、积分时间、微分时间的变量之间做数据传送。只需要在第三方设备的用户画面中，访问对应的绝对地址变量即可。PID 参数修改后实时生效，不需要重启 PID 控制器和 PLC，如图 10-21 所示。触摸屏访问的变量是绝对地址寻址，工艺对象背景数据块里对应变量是符号寻址。设置绝对地址变量的保持性，可以实现断电数据保持。通过指令实现绝对地址与符号地址变量的数据传送。

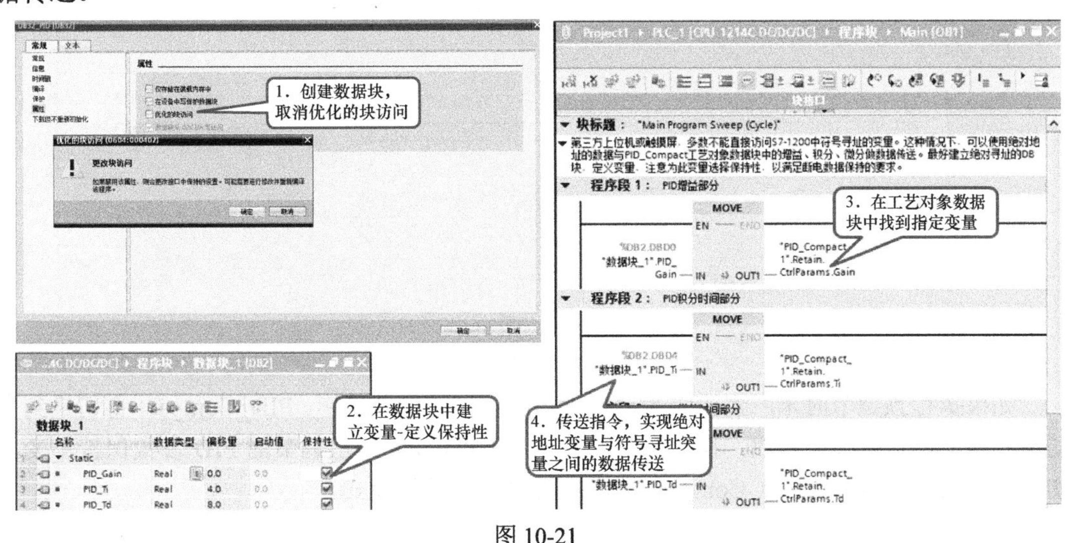

图 10-21

10.2.3　S7-1200 PID Compact V2 自整定功能

PID 控制器能否正常运行，需要符合实际运行系统及工艺要求的参数设置。由于每套系统都不完全一样，所以每套系统的控制参数也不相同。用户可通过参数访问方式手动调试，在调试面板中观察曲线图后修改对应的 PID 参数，也可使用系统提供的参数自整定功能。PID 自整定是按照一定的数学算法，通过外部输入信号激励系统，并根据系统的反应方式来确定 PID 参数。

S7-1200 PID 不支持仿真功能。S7-1200 提供了两种整定方式：预调节、精确调节，可在执行预调节和精确调节时获得最佳 PID 参数。

1. 预调节

预调节功能可确定对输出值跳变的过程响应，并搜索拐点。根据受控系统的最大上升速率与时间计算 PID 参数。过程值越稳定，PID 参数就越容易计算，结果的精度也会越高。只要过程值的上升速率明显高于噪声，就可以容忍过程值的噪声。最可能的情况是处于工作模式“未激活”和“手动模式”下。重新计算前会备份 PID 参数。

启动预调节的必要条件如下：

（1）已在循环中断 OB 中调用 PID_Compact 指令。

（2）ManualEnable=FALSE 且 Reset=FALSE。

（3）PID_Compact 处于下列模式之一：未激活、手动模式或自动模式。

（4）设定值和过程值均处于组态的限值范围内。

（5）设定值－过程值|>0.3*|过程值上限－过程值下限|。

（6）设定值－反馈值|>0.5*|设定值|。

利用输出值的跳变启动预调节过程，如图 10-22 所示。

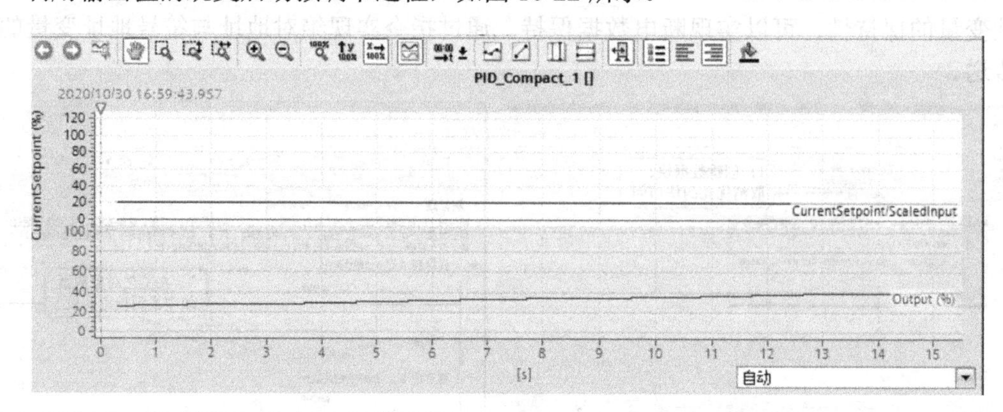

图 10-22

如果执行预调节时未产生错误消息，则 PID 参数已调节完毕。PID_Compact 将切换到自动模式并使用已调节的参数。在电源关闭及重启 CPU 期间，已调节的 PID 参数保持不变。如果无法实现预调节，PID_Compact 将切换到“未激活”模式。

2. 精确调节

精确调节将使过程值出现恒定受限的振荡。将根据此振荡的幅度和频率为操作点调节 PID 参数。所有 PID 参数都根据结果重新计算。精确调节得出的 PID 参数通常比预调节得出的 PID 参数具有更好的主控和扰动特性。PID_Compact 将自动尝试生成大于过程值噪声的振荡。过程值的稳定性对精确调节的影响非常小。重新计算前会备份 PID 参数。

启动精确调节的必要条件如下：

（1）已在循环中断 OB 中调用 PID_Compact 指令。

（2）ManualEnable=FALSE 且 Reset=FALSE。

（3）PID_Compact 处于下列模式之一：未激活、手动模式或自动模式。

（4）设定值和过程值均处于组态的限值范围内。

（5）设定值-过程值|<0.3*|过程值上限－过程值下限|。

在稳定状态下，将围绕过程值的操作点生成恒定受限的振荡，如图 10-23 所示。

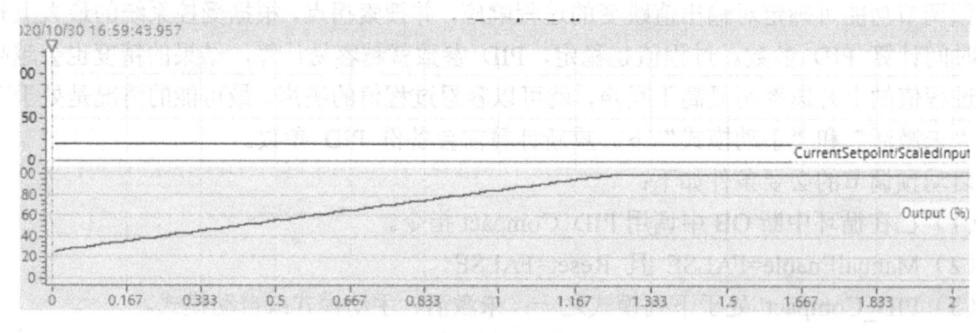

图 10-23

精确调节可以在“未激活”、“自动模式”或“手动模式”下启动。如果希望通过控制器调节来改进现有 PID 参数，建议“自动模式”下启动精确调节。如果已执行精确调节且没有错误，则 PID 参数已得到优化，PID_Compact 切换到“自动模式”，并使用优化的参数。在电源关闭及重启 CPU 期间，优化的 PID 参数保持不变。如果精确调节期间出错，PID_Compact 将切换到“未激活”模式。

10.2.4　PID Compact V2 调试面板

通过路径：“项目树”→“PLC 项目”→“工艺对象”→PID_Compact→“调试”打开整定界面，如图 10-24 所示。

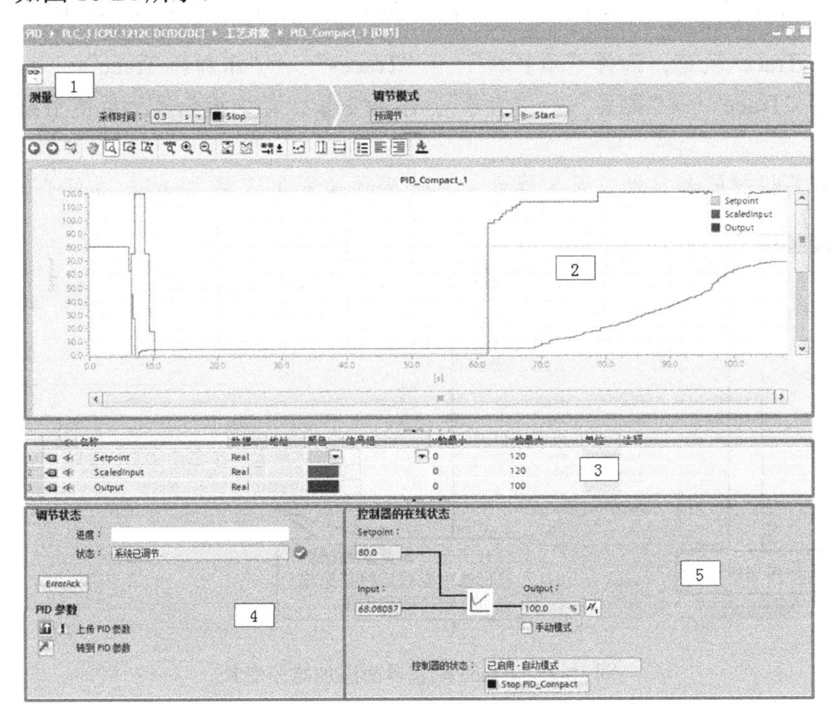

图 10-24

（1）采样时间：选择调试面板测量功能的采样时间；启动：激活 PID_Compact 趋势采集功能。

（2）调节模式：选择整定方式；启动：激活调节模式。

（3）实时趋势图显示：以曲线方式显示 Setpoint（给定值）、Input（反馈值）、Output（输出值）。

（4）标尺：更改趋势中曲线颜色和标尺中的最大/最小值。

（5）调节状态：显示进度条与调节状态。当调节完成后，整定出的参数会实时更新至工艺对象背景数据块→Retain→PID 参数中。

① ErrorAck：确认警告和错误，单击时 ErrorAck=True，释放时 ErrorAck=False。

② 上传 PID 参数：将调节出的参数更新至初始值。

③ 转到 PID 参数：转换到组态界面→高级设置→PID 参数。

④ 若当进度条达或控制器调节功能看似受阻时，请单击“调节模式”中的“Stop”图标，检查工艺对象的组态，必要时请重新启动控制器调节功能。可监视给定值、反馈值、输出值的在线状态，并可手动强制输出值。

⑤ Stop PID_Compact：禁用 PID 控制器至非活动状态。

在上传参数时要保证软件与 CPU 之间的在线连接，并且调试模板要在测量模式，即能实时监控状态值，单击“上传”按钮后，PID 工艺对象数据块会显示与 CPU 中的值不一致，因为此时项目中工艺对象数据块的初始值与 CPU 中的不一致，可将此块重新下载。

1. PID Compact V2 调试的常见问题

使用博途软件的 Traces 功能观察 PID 控制器运行趋势的操作步骤如图 10-25 所示。

❶ 建立 Trace 轨迹，选择“项目树”→“Traces”→“添加新 Trace”。

❷ 通过“Trace”→“配置”→“信号”，添加变量，窗口拆分显示后使用拖放操作添加“信号”。

❸ 设置采样时间和触发记录的模式，具体操作请参见本书 Traces 功能介绍。

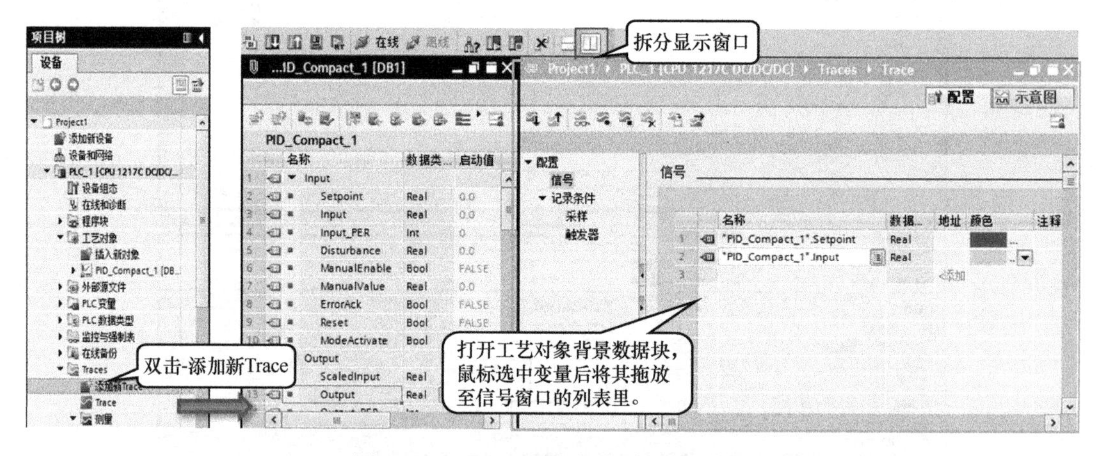

图 10-25 Trace 配置界面添加监控变量

使用 PID 调试面板观察 PID 控制器运行趋势的操作步骤如下：

❶ 调试面板可以启动预调节和精确调节，并观察 PID 控制器参数的运行曲线。

❷ 若不启动调节功能，仅启用在线测量功能，仍然可以观察运行曲线，但不可以直接记录导出测量曲线。

❸ 在实时趋势图显示界面，单击鼠标右键，在弹出的快捷菜单中选择“添加曲线至轨迹”→“测量”，即 Traces 功能。

除了以上方法，还可以连接给定值、反馈值、输出值的变量至上位机等软件，采用上位机的趋势功能进行采集。

2. S7-1200 PID Compact V2 常见问题

❓ S7-1200 的 PID 功能支持仿真吗？

答：S7-1200 固件版本 V4.0 以上，TIA V13 SP1 以上，使用 S7-PLCSIM V13 SP1 可以仿

真 PLC 的程序，但不支持工艺功能（高速计数器、运动控制、PID 调节）的仿真。

❓ S7-1200 系列 PLC 最多能实现多少 PID 回路的控制？

答：严格上说并没有具体数量的限制，实际应用中由以下因素决定数量：CPU 的存储区的占用情况及支持 DB 块数量的限制；在循环中断中调用 PID 指令，需要保证中断中执行指令的时间远小于该中断的循环时间。

❓ 当出现过程值超限错误时，如何使 PID 控制器不停止运行？

答：在 PID Compact V1 版本中，当过程值超限，PID 会自动切换到“未激活”模式，Error 报错。通过错误位上升沿捕捉错误代码是 0001H（参数 Input 超出了过程值限值的范围），可以通过以下途径避免：① 在工艺对象 PID 的组态界面，修改过程值的限值，进行适当放大；② 程序中对反馈值进行比较，必须满足限值范围再传送给 Input。我们可以在比较的过程中做个超限后的报警。在“PID_Compact V2”→“组态”→“高级设置”→“对错误的响应”中，可以预先设置发生错误时 PID 的输出状态，以便在发生错误时，控制器在大多数情况下均可保持激活状态。以“反馈值超限”的错误为例，设置“对错误的响应”的不同模式，查看 PID 控制器的状态变化：① 如图 10-26 所示：“对错误的响应”中的“将 Output 设置为”选择“非活动”，错误发生时，PID 会自动切换到“未激活”模式，Error 报错，错误离开后，工作模式仍处于“未激活”模式；② 如图 10-27 所示：“对错误的响应”中的“将 Output 设置为”选择“错误待定时的当前值”或“错误未决时的替代输出值”，错误发生时，PID 仍处于“自动”模式，Error 报错，输出为 0.0，错误离开后，切换到“自动”模式正常运行。

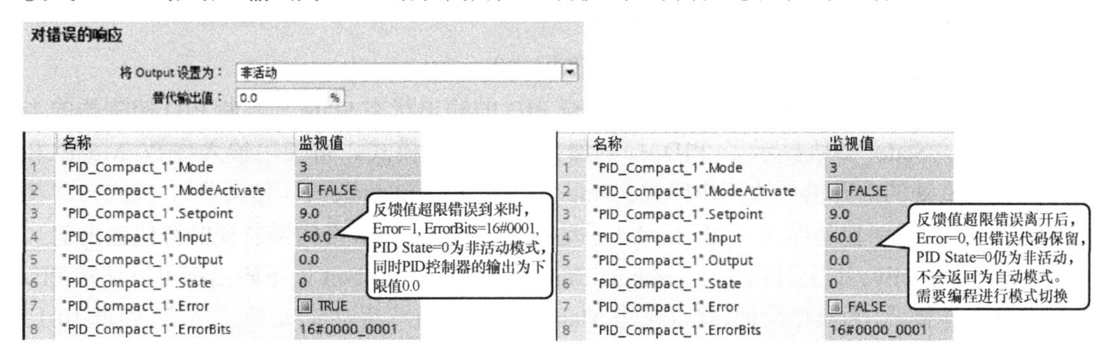

图 10-26

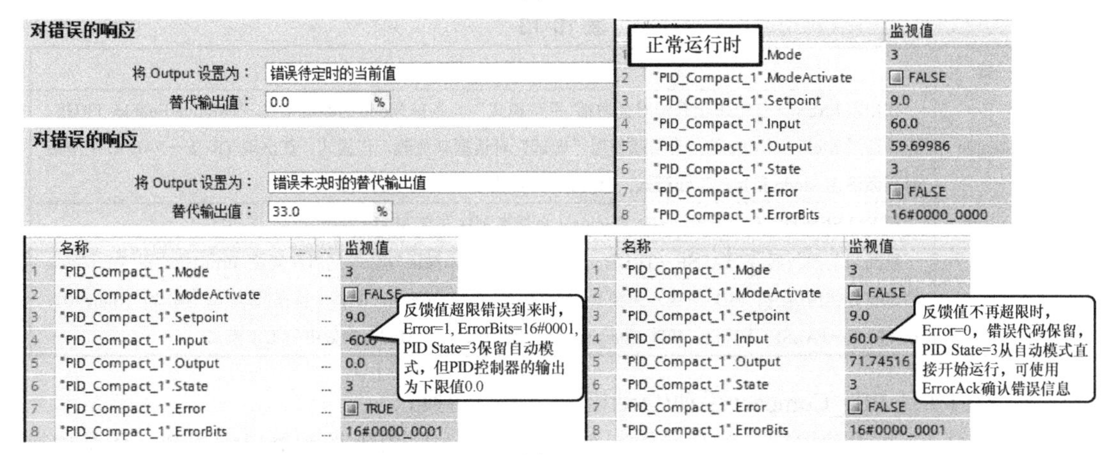

图 10-27

如何进行 PID_Compact 的故障复位？

答：当 PID_Compact 发生错误时，Error=1 且 ErrorBits 显示错误信息；当错误离开后，Error=0 且 ErrorBits 会保留错误信息。其说明如表 10-11 所示。

表 10-11

参　数	说　明
Error	如果 Error=TRUE，则此周期内至少有一条错误消息处于未决状态
ErrorBits	ErrorBits 参数显示错误消息。通过 Reset 或 ErrorAck 的上升沿来复位 ErrorBits

如果错误一直存在无法消除时，建议检查错误信息排除故障，如表 10-12 所示。Reset 沿变化能够重启控制器，因此不建议使用 Reset 来清除错误信息。通过 ErrorAck 的上升沿可以清除已经离开的错误信息，包括 ErrorBits 和 Warning。

表 10-12

参　数	说　明
ErrorAck	FALSE→TRUE 上升沿时，错误确认，清除已经离开的错误信息
Reset	重新启动控制器：在 FALSE→TRUE 上升沿，切换到“未激活”模式，同时将复位 ErrorBits 和 Warnings，清除积分作用（保留 PID 参数），只要 Reset=TRUE，PID_Compact 便会保持在“未激活”模式下（State=0）；在 TRUE→FALSE 下降沿，PID_Compact 将切换到保存在 Mode 参数中的工作模式

如何切换 PID_Compact 控制器的工作模式？

答：若 PID 控制器未正常工作，请先检查 PID 的输出状态 State 来判断 PID 控制器的当前工作模式。State 参数显示了 PID 控制器的当前工作模式。可使用输入参数 Mode 和 ModeActivate 处的上升沿更改工作模式：State=0（未激活）、State=1（预调节）、State=2（精确调节）、State=3（自动模式）、State=4（手动模式）、State=5（带错误监视的替代输出值）。Mode 和 ModeActive 的上升沿组合、ManualEnable 的下降沿、Reset 的下降沿都可以切换 PID 控制器的工作模式，为操作简便，建议采用 ManualEnable 进行手动/自动模式切换，如表 10-13 所示。切换 PID_Compact 手动/自动状态的流程如图 10-28 所示。

表 10-13

参　数	说　明
ManualEnable	在出现 FALSE→TRUE 上升沿时会激活“手动模式”，与当前 Mode 的数值无关。当 ManualEnable=TRUE，无法通过 ModeActivate 的上升沿或使用“调试”对话框来更改工作模式；在出现 TRUE→FALSE 下降沿时会激活由 Mode 指定的工作模式，ManualValue 为手动模式下的 PID 输出值
ModeActivate	在 FALSE→TRUE 上升沿，PID_Compact 将切换到保存在 Mode 参数中的工作模式
Reset	重新启动控制器：在 FALSE→TRUE 上升沿，切换到“未激活”模式，同时将复位 ErrorBits 和 Warnings，清除积分作用（保留 PID 参数），只要 Reset=TRUE，PID_Compact 便会保持在“未激活”模式下（State=0）；在 TRUE→FALSE 下降沿，PID_Compact 将切换到保存在 Mode 参数中的工作模式

如何实现 PID_Compact 手动/自动模式的无扰切换？

答：PID 自动/手动控制，就是看控制系统的输出是由 PID 控制器自动控制，还是由操作人员手动控制。在进行 PID 自动/手动切换时，如果要求保持控制输出的无扰动切换，需要在编程时注意：PID_Compact 手动到自动的模式切换就是无扰的；PID_Compact 自动到手动的模式切换，需要保证切换至手动模式前，PID 回路的输出仍然是切换前的输出值。切换完成后，操作人员可以修改手动设定值，如图 10-29 所示。

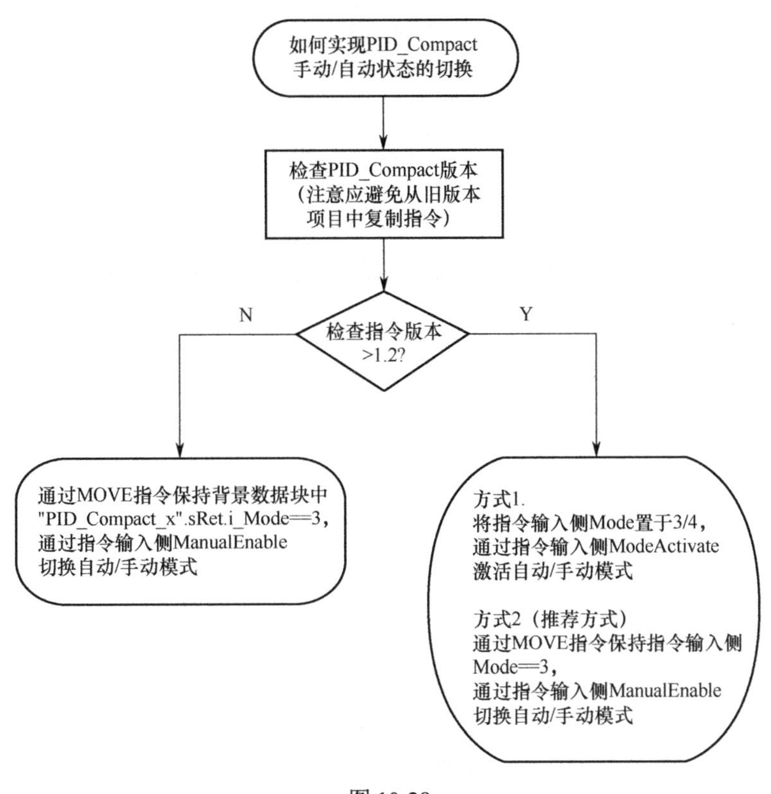

图 10-28

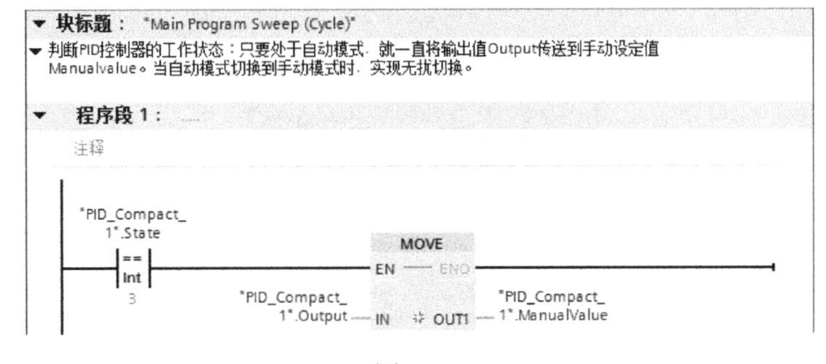

图 10-29

在 PID_Compact 组态界面里手动输入 PID 参数，为什么重新下载后新的参数不起作用？

答：在激活“手动输入”后可以在如图 10-30 所示的对话框中修改 PID 参数，必须重新下载 PID 组态。因为工艺对象背景数据块的数据结构未发生变化，需要 CPU 从 STOP 到 RUN 后才生效。

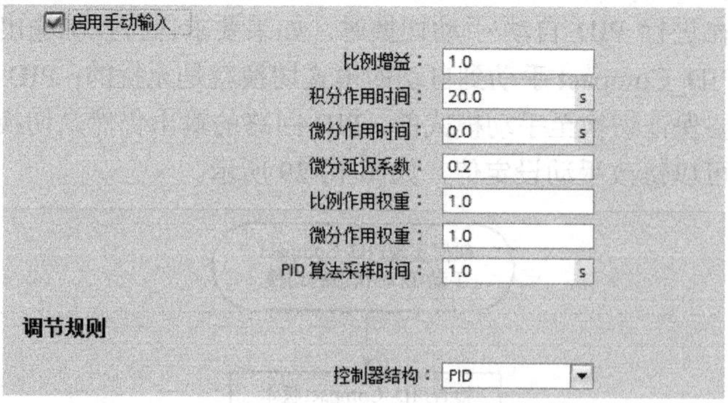

启用手动输入

比例增益：1.0
积分作用时间：20.0 s
微分作用时间：0.0 s
微分延迟系数：0.2
比例作用权重：1.0
微分作用权重：1.0
PID 算法采样时间：1.0 s

调节规则

控制器结构：PID

图 10-30

❓ 在 PID Compact 组态界面设置了 CPU 重启后的工作模式（见图 10-31），为什么重新启动 PLC 后不起作用？

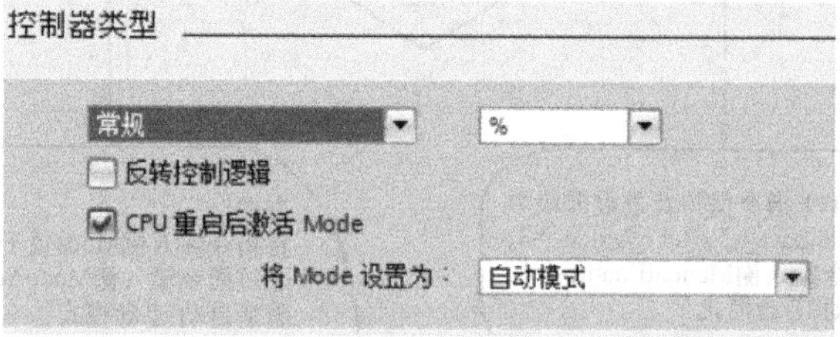

控制器类型

常规 %
反转控制逻辑
CPU 重启后激活 Mode
将 Mode 设置为：自动模式

图 10-31

答：组态界面设置的 CPU 重启后激活的工作模式，属于组态功能直接作用于工艺对象的背景数据块。这要求 PID_Compact 指令中的 Mode 参数不使用其他变量控制，如图 10-32 所示。当 CPU 从 STOP 到 RUN 后，系统根据组态界面的设置会自动往工艺对象数据块里的 Mode 参数赋值，使得 PID 控制器切换至设置的重启模式。

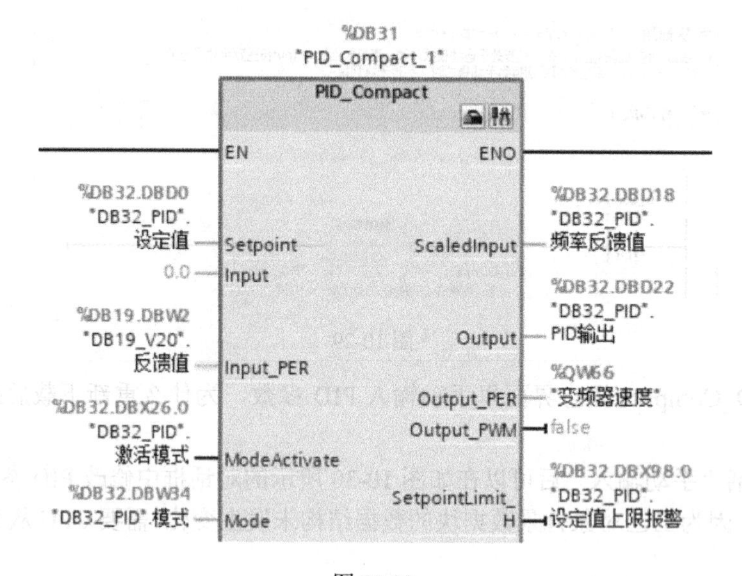

图 10-32

已经在循环中断 OB30 中调用 PID_Compact，为什么运行时 PID 控制器报错“16#0800H”（循环中断 OB 的采样时间内没有调用 PID_Compact）？

答：在循环中断里调用 PID_Compact 的 EN 参数中使用控制变量，若当 PID 控制器已经在自动运行模式后，禁用 EN 处控制变量，则会报错“16#0800H”，表示循环中断 OB 的采样时间内没有调用 PID_Compact。在循环中断里恒调用 PID 指令，EN 参数不允许串接任何条件。通过程序来控制参数，从而改变 PID 的运行模式。

PID Compact V1：使用 PID 工艺对象背景 DB 中 sRet 里的 i_Mode 参数来控制 PID 的工作模式。

PID Compact V2：使用 Mode 和 ModeActive 来控制 PID 的工作模式（如 Mode=0，PID 未激活）。

如何修改 PID_Compact 的 Output 值的限值范围？ManualValue 的范围是多少？

答：在“输出值的限值”窗口中，以百分比形式组态输出值的限值，无论是在手动模式还是自动模式下，PID 的输出 Output 都不允许超过限值范围，如图 10-33 所示；在手动模式下的设定值 ManualValue，必须介于输出值的下限（Config.OutputLowerLimit 默认值 0.0）与输出值的上限（Config.OutputUpperLimit 默认值 100.0）之间；“错误未决时的输出替代值”也须在设置限值的范围内。如果修改了输出值的限值范围，未修改错误响应里的输出替代值，若替代值在限值范围外，则组态错误。

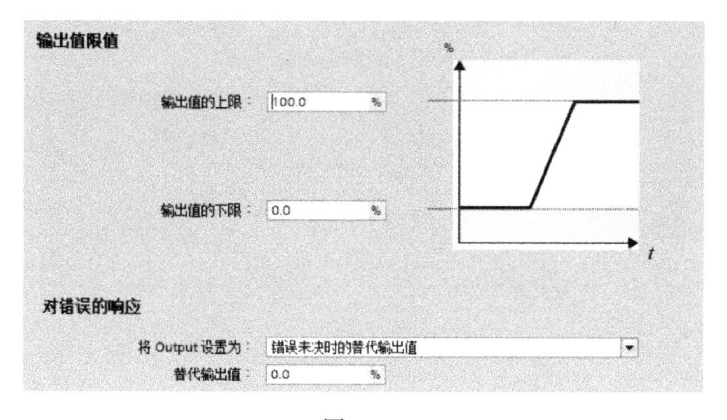

图 10-33

如何通过第三方设备实现 PID 的预调节/精确调节功能？

答：在第三方设备上启动 PID 调节模式且可恢复参数，如图 10-34 所示。

32	▸ Config	PID_CompactConfig		☐	☑	☑	☑	☑	configuration data s
33	▸ CycleTime	PID_CycleTime		☐	☑	☑	☑	☑	data set for cycle tin
34	▾ CtrlParamsBackUp	PID_CompactContr...		☐	☑	☑	☑	☑	saved parameter se
35	Gain	Real	1.0	☐	☑	☑	☑	☑	proportional gain
36	Ti	Real	20.0	☐	☑	☑	☑	☑	reset time
37	Td	Real	0.0	☐	☑	☑	☑	☑	derivative time
38	TdFiltRatio	Real	0.2	☐	☑	☑	☑	☑	filter coefficient for d
39	PWeighting	Real	1.0	☐	☑	☑	☑	☑	weigthing of propor
40	DWeighting	Real	1.0	☐	☑	☑	☑	☑	weigthing of derivat
41	Cycle	Real	1.0	☐	☑	☑	☑	☑	PID Controller cycle t
42	▸ PIDSelfTune	PID_CompactSelfTu...		☐	☑	☑	☑	☑	data set for selftuni
43	▸ PIDCtrl	PID_CompactControl		☐	☑	☑	☑	☑	data for controling p
44	▸ Retain	PID_CompactRetain		☑	☑	☑	☑	☑	retain data

图 10-34

（1）在第三方设备上设置 Mode、ModeActive、State、ErrorBits、LoadBackUp 等变量（绝对地址）访问 PID 背景 DB 变量。

（2）通过控制模式=1、2 来启动预调节或精确调节，沿指令触发 ModeActive，PID 控制器进入调节模式。

（3）可以查看输出参数 State 来判断 PID 控制器的当前工作状态。调节成功后，控制器将切换到自动模式。如果精确调节未成功，则工作模式的切换取决于 ActivateRecoverMode。

（4）PID 调节成功后自动将调节前的参数备份至 CtrlParamsBackUp，调节出的参数更新至 CtrlParams。如果需要恢复整定前的参数，将 LoadBackUp=1，参数恢复后该参数自动变回 0。

本章练习

❶ 模拟量输入、输出有哪些类型？

❷ 模拟量输入、输出怎样设置？

❸ PID 指令怎样使用？

❹ PID 组态面板怎样设置？

PART

案 例 篇

第 11 章

数控加工智能制造工作站

学习内容

学习智能制造生产线的整体系统架构，掌握 MES、机器人、PLC、触摸屏之间的通信和程序设计规范。

11.1 项目架构

项目效果如图 11-1 所示。项目设计满足以下特点：

（1）高度集成。系统建立在工业工程、柔性制造、自动控制、物流工程、质量管理、生产管理及先进制造等技术基础之上，将各个加工执行单元、物流系统、机器人、RFID、仓储系统和数字信息管理系统进行有机集成。

（2）适度柔性。系统能方便地调整工艺路线，重设加工流程，能够适应小批量、多品种的柔性制造要求，能体现夹具、组装、工艺路线等柔性生产。

（3）多层网络结构。系统由多层网络结构（管理层<应用层级>、监控层级和设备层级）构成，体现现代柔性制造系统中的物流及生产信息流的交汇关联、数字化设计与生产的紧密关联。

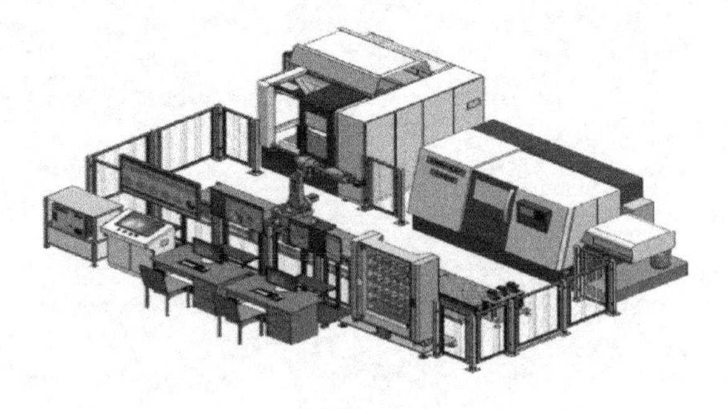

图 11-1

11.2 设备组成

数控加工智能制造工作站主要设备清单如表 11-1 所示。

表 11-1

序号	设备名称	数　量	单　位	备　注
1	数控车床	1	台	参考具体技术参数
2	加工中心（三轴）	1	台	参考具体技术参数
3	在线测量装置（用于加工中心）	1	套	参考具体技术参数
4	气动精密平口钳（用于加工中心）	1	台	参考具体技术参数
5	工业机器人及夹具	1	台	参考具体技术参数
6	零点快换装置	1	套	参考具体技术参数
7	工业机器人导轨	1	套	参考具体技术参数
8	工业机器人快换夹具工作台	1	套	参考具体技术参数
9	立体仓库	1	套	参考具体技术参数
10	可视化系统及显示终端	3	台	参考具体技术参数
11	中央电气控制系统	1	套	参考具体技术参数
12	MES 系统（含计算机）	1	套	参考具体技术参数
13	安全防护系统	1	套	参考具体技术参数
14	RFID 读写器及 RFID 标签	1	套	参考具体技术参数
15	智能制造仿真软件	1	套	参考具体技术参数
16	CAD/CAM 软件	1	套	参考具体技术参数
17	编程和设计工位计算机	2	台	参考具体技术参数

11.3　数控车床及数控系统

1．数控车床技术参数

（1）最大回转直径：360～460mm。

（2）顶尖距：350～450mm。

（3）主轴转速：3000～5000rpm。

（4）主轴头形式：A2-4、A2-5、A2-6。

（5）液压三爪卡盘：5 吋、6 吋、8 吋，均配软爪。

（6）主轴通孔直径：Φ55～Φ63mm。

（7）交流伺服主电动机：3.7～5.5kW。

（8）进给轴快移速度：12～24m/min。

（9）刀架：卧式，8～12 工位，液压或电动。

（10）刀柄：方 20～25mm，圆 Φ25～Φ40mm。

（12）斜床身结构。

（13）正面气动门。

（14）自动冷却、集中润滑、链板排屑（或者水箱式直排）。

（15）外形尺寸：长×宽×高≤4350mm（含排屑器）×1800mm×2000mm。

2. 数控车床通信配置

（1）数控车床有以太网接口。

（2）数控车床的内存容量大于 5KB，且有数据磁盘。

（3）提供自动化接口，能实现数控车床的远程启动、程序可上传到车床内存，能获取机床的状态信息、机床的模式、主轴的位置信息。

（4）数控车床自动化夹具和自动门的控制与反馈信号可以直接接入机床自身的 I/O 模块，并且由机床自身来控制，其状态可以通过网络反馈给工控机。

（5）数控车床能够停在原点位置并把原点状态通过网络传输给工控机。

（6）机床内置摄像头，镜头前装有气动清洁喷嘴（由集成厂家安装、调试）。

3. 车床数控系统

数控系统国内企业常用数控系统，其主轴、进给均为交流伺服电动机。

11.4 加工中心及数控系统

1. 加工中心技术参数

（1）工作台尺寸：长×宽≥650mm×400mm。

（2）三轴行程：*XYZ*≥ 600mm×400mm×450mm。

（3）T 形槽：18mm×3。

（4）工作台最大负载：大于或等于 500kg。

（5）主轴转速：8 000～10 000rpm。

（6）刀柄形式：BT40。

（7）交流伺服主电动机：额定功率 5.5～7.5kW。

（8）进给轴快移速度：12～48m/min。

（9）刀库：凸轮机械手（刀臂式），24 工位。

（10）最大刀具重量：8kg。

（11）最大刀具尺寸：Φ80mm×250mm。

（12）气源流量：250L/min。

（13）气源压力：0.5～0.7MPa。

（14）正面气动门。

（15）留有安装在线测头的接口。

（16）留有气动平口钳和零点快换装置的气源和控制接口。

（17）自动冷却、集中润滑、螺杆（或链板）排屑。

（18）外形尺寸：长×宽×高≤3300mm（含排屑器）×2400mm×2700mm。

数控系统型号为凯恩帝 K2000TC1i，其主轴、进给均为交流伺服电动机。

2. 加工中心通信配置

（1）加工中心有以太网接口。

（2）加工中心的内存容量大于 5KB，且有数据磁盘。

（3）提供自动化接口，能实现加工中心的远程启动、程序可上传到机床内存，能获取机床的状态信息、机床的模式、主轴的位置信息。

（4）加工中心自动化夹具和自动门的控制与反馈信号可以直接接入机床自身的 I/O 模块，并且由机床自身来控制，其状态可以通过网络反馈给工控机。

（5）加工中心能够停在原点位置并把原点状态通过网络传输给工控机。

（6）机床内置摄像头，镜头前装有气动清洁喷嘴（由集成厂家安装、调试）。

（7）安装品牌厂商的零点快换装置，要求定位精度高，可靠性好。

3．加工中心数控系统

国内企业常用数控系统，主轴、进给均为交流伺服电动机。为了与 MES 实现数据融合，通过在线检测数据进行尺寸修正，要求开放动态链接库。

4．在线测量装置

其集成在加工中心上，然后直接通过以太网获取检测数据。基本技术参数如下：

（1）测针触发方向：$\pm X$，$\pm Y$，$+Z$。

（2）测针各向触发保护行程：$XY\pm15°$，Z+5mm。

（3）测针各向触发力（出厂设置）：XY=1.0N，Z=8.0N。

（4）测针任意单向触发重复（2σ）精度：小于或等于 1μm。

（5）无线电信号传输范围：小于或等于 10m。

（6）新电池（单班 5%使用率）的工作天数：150 天。

（7）防护等级：IP67。

5．气动精密平口钳

（1）规格：5 吋或 6 吋。

（2）工作原理：气液增压。

（3）气源压力：0.7MPa。

（4）最大夹紧力：5 000kgf（可调）。

（5）兼容ϕ35 和ϕ68 两款产品。

（6）钳口形式：V 形，夹持直径范围 Φ55～Φ70mm。

11.5　机器人系统

1．机器人配置

（1）机器人负载 10～20kg 以上，臂展 1700mm 左右。

（2）机器人支持以太网接口。

（3）机器人控制系统具有不小于 16 个 I/O 点。

2. 机器人导轨

（1）结构配备以下组成部分：

伺服动力源：伺服驱动器和伺服电动机。

齿轮-齿条：高强度传动，为机器人的滑动提供更精密的定位。

直线导轨组：重载型导轨副，可使行走精度得到更有效的控制。

坦克链：将机器人动力线、编码器线、信号线等集中保护。

防护罩：机器人安装滑板或风琴罩等，保护导轨。

（2）导轨总长度：小于或等于 5m。

（3）最快行走速度：大于 1.5m/m。

（4）机器人滑板承重：大于 500kg。

（5）重复定位精度：高于±0.2mm。

（6）导轨有效行程：约 3800mm。

3. 机器人手爪及快换

棒料机器人快换侧手抓示意图如图 11-2 所示。

（1）手爪采用机器人工具快换夹持系统，由 1 套机器人侧快换装置和 3 套工具侧快换手爪组成，实现 3 种机器人手爪的快速更换。

（2）机器人侧快换装置具备握紧、松开、有/无料检测功能，并具备良好的气密性。

（3）每套工具侧快换手爪配置有料/无料传感器。

4. 机器人快换夹具工作台

机器人快换夹具工作台示意图如图 11-3 所示。

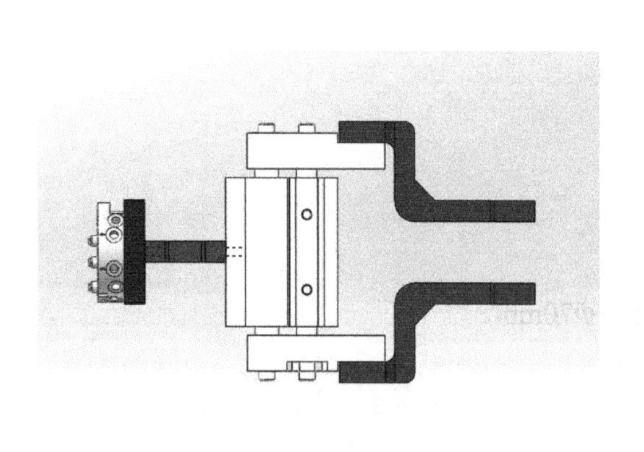

图 11-2

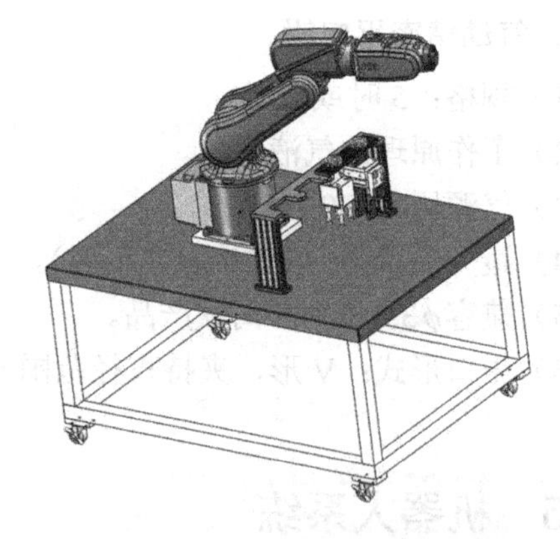

图 11-3

（1）机器人快换手爪放置台置于机器人第七轴侧面端。

（2）快换夹具工作台安装在靠近料仓侧并与行走轴本体端固定。

（3）快换夹具工作台满足 3 款手爪的放置功能，每个位置配置手爪放置到位检测传感器。

（4）快换夹具工作台配置大底板和支撑腿立于地面上，不与地面固定。机器人快换夹具工作台示意图如图 11-4 所示。

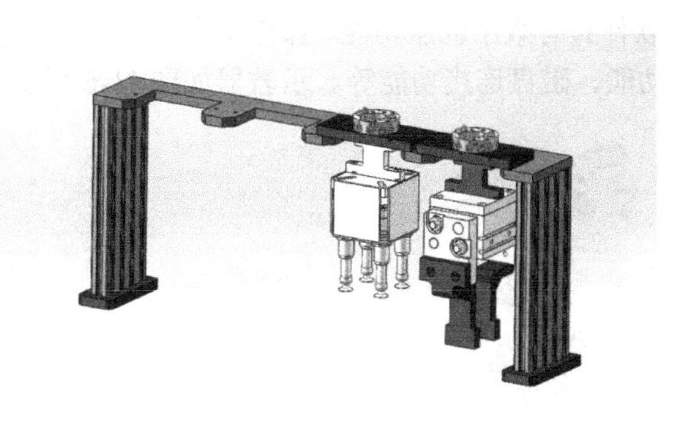

图 11-4

5. 机器人系统选型

工业机器人具有速度快、精度高、防护性好、操作方便等优点，是工厂实现自动化不可缺少的部分。在机器人工作范围有限的情况下，可以增加一个伺服控制的导轨作为机器人的第七轴，带动机器人到达车床位置、加工中心位置、料仓位置 3 个工作位，可以选用西门子 V90 伺服控制机器人在导轨上移动。

西门子 V90 支持内部设定值位置控制、外部脉冲位置控制、速度控制和扭矩控制，整合了脉冲输入、模拟量输入/输出、数字量输入/输出及编码器脉冲输出接口。通过实时自动优化和自动谐振抑制功能，其可以自动优化为一个兼顾高动态性能和平滑运行的系统。此外，脉冲输入最高支持 1MHz，充分保证了高精度定位，功率覆盖范围为 0.05～100mW。1FL6 电动机配合 SINAMICS V90 驱动系统，形成功能强大的伺服系统。电动机支持 3 倍过载，可根据实际应用选配增量式或绝对值编码器，能够充分满足动态性能、速度设定范围、输出轴和法兰精度的高要求。

西门子 S7-1200 PLC 可以通过 PROF Idrive 和脉冲方式，模拟量输出对伺服进行定位控制。根据项目要求，六轴机器人搬运质量为 10～20kg，活动半径需大于 1700mm，以发那科发那科 M-20iA 机器人为例进行说明，机器人本体图片如图 11-5 所示。

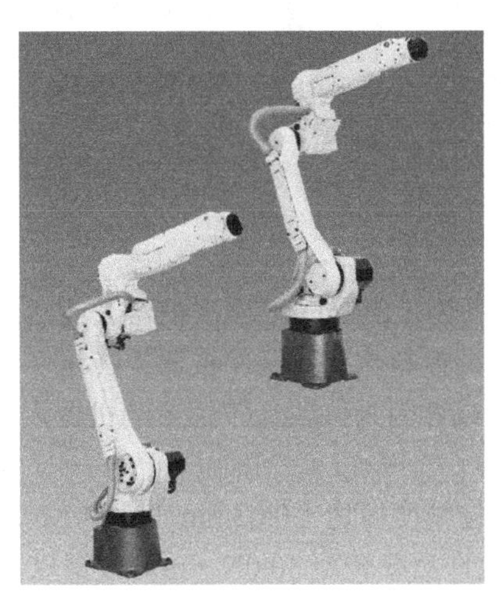

图 11-5

M-0iA 的机器人软件具有数字伺服功能、操作指令功能、位置寄存器功能、时间计数器功能、外部程序选择功能、磁盘连接功能等。示教器如图 11-6 所示。

示教器型 号　iPendant-new

质　量　1.0kg

支　持　4D图形显示功能
各个角度确认安全领域

图 11-6

控制器（见图 11-7）的配置参数如下：

（1）电源输入：380V/3 相。

（2）Flash ROM 模块容量：32MB。

（3）DRAM 模块容量：32MB。

（4）CMOS RAM 模块容量：3MB。

（5）机器人连接电缆（标准）：10m。

（6）示教盘连接电缆：10m。

（7）外围设备连接电缆：10m。

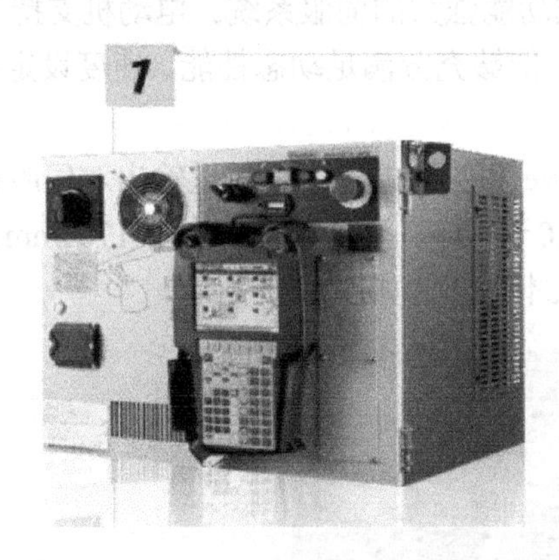

控制器型号：
R-30iB
电源输入：
3P，AC380-415V，+10%/-15%，50-60Hz +/-1%
尺寸：
A箱体：600（W）×510（H）×557（D）
B箱体：740（W）×1100（H）×550（D）
重量：
A箱体：120～140kg
B箱体：180～200kg
防护等级（标准）：
IP54
控制硬件：/
软件功能：/

图 11-7

M-20iA 机器人的活动半径为 1 813mm，根据机器人的活动覆盖范围，确定好机器人在料仓位、加工中心位、车床位的取料位置，确保机器人在这 3 个位置时能快速取料放料，不会因为到达不了位置而报错，或者因为位置点较远影响机器人取料放料的效率。机器人运动范围示意图如图 11-8 所示。

M-20iA 机器人的重复定位精度可达±0.03mm，其中 M-20iA/20M 的 J6 轴手腕负载允许转动惯量为 1.01kg · m^2，允许负载转矩 30.0N · m。根据以下公式进行计算：

$$J=MR^2/2$$

式中，J：转动惯量；M：质量，R：半径。

$$M=J\beta$$

式中，M：转矩，J：转动惯量，β：叫加速度。

	结　构	垂直多关节形（6自由度）
单轴最大动作范围	轴1（回旋）	340°
	轴2（上臂）	260°
	轴3（下臂）	458°
	轴4（手腕回旋）	400°
	轴5（手腕摆动）	360°
	轴6（手腕回转）	900°
单轴最大运动速度	轴1	195°/s
	轴2	175°/s
	轴3	180°/s
	轴4	360°/s
	轴5	360°/s
	轴6	550°/s
外侧最大工作半径		1 811mm
内侧最小工作半径		317mm
重复定位精度		±0.08mm
负载质量		轴6最大荷载20kg
重量		250kg
安装方式		直立/悬挂

图 11-8

根据机器人夹爪的质量、尺寸及运行过程中最大加速度估算 $J<1.01\text{kgm}^2$，$M<30\text{N}\cdot\text{m}$。对安装方式和搬运质量等参数的说明如图 11-9 所示。

项目		规格	
		M-20iA/20M	M-20iA/35M
控制轴数		6轴（J1、J2、J3、J4、J5、J6）	
可达半径		1813 mm	
安装方式		地面安装、顶吊安装、倾斜角安装	
动作范围（最高速度）（注释1），（注释2）	J1轴旋转	340°/370°（选项） （195°/s） 5.93rad/6.45rad（选项） （3.40rad/s）	340°/370°（选项） （180°/s） 5.93rad/6.45rad（选项） （3.14rad/s）
	J2轴旋转	260°（175°/s） 4.54rad（3.05rad/s）	260°（180°/s） 4.54rad（3.14rad/s）
	J3轴旋转	458°（180°/s） 8.00rad（3.14rad/s）	458°（200°/s） 8.00rad（3.49rad/s）
	J4轴手腕旋转	400°（405°/s） 6.98rad（7.07rad/s）	400°（350°/s） 6.98rad（6.11rad/s）
	J5轴手腕摆动	280°（405°/s） 4.89rad（7.07rad/s）	280°（350°/s） 4.89rad（6.11rad/s）
	J6轴手腕旋转	900°（615°/s） 15.71rad（10.73rad/s）	900°（400°/s） 15.71rad（6.98rad/s）
手腕部可搬运质量		20kg	35kg
手腕允许负载转矩	J4轴	45.1N·m	110N·m
	J5轴	45.1N·m	110N·m
	J6轴	30.0N·m	60N·m
手腕允许负载转动惯量	J4轴	2.01kg·m^2	4.00kg·m^2
	J5轴	2.01kg·m^2	4.00kg·m^2
	J6轴	1.01kg·m^2	1.50kg·m^2
重复定位精度（注释3）		±0.03mm	
机器人质量（注释4）		250kg	252kg
安装条件		环境温度：0～45℃ 环境湿度：通常在75%RH以下（无结露现象）短期95%RH以下（1个月内） 振动加速度：4.9m/s^2（0.5G）以下	

图 11-9

6．机器人系统编程

机器人程序：机器人所有程序在主程序中调用，按在主程序中的顺序依次执行。机器人程序块包括主程序 RSR001（调用各个子程序）、料仓取料程序 pick1、料仓放料程序 put1、车床取料程序 pick2、车床放料程序 put2、加工中心取料程序 pick3、加工中心放料程序 put3、机器人更换夹爪程序 change、回原点程序 home、复位程序 reset、报警程序 alarm。

下面以料仓取料程序为例进行路径规划和程序说明。机器人在导轨上有 3 个位置：料仓位、车床位、加工中心位。这 3 个位置通过伺服电动机控制，以料仓位为伺服的原点位置。机器人料仓取料的路径位置点有 PR1（料仓取料起始位）、PR2（料仓读码位）、PR3（料仓取料接近位）、PR4（料仓取料位）。

信号如下：

（1）DI1（料仓取料信号）：PLC 给机器人的去料仓取料信号。

（2）DO1（读码信号）：机器人给 PLC 的读码信号。

（3）DI2（读码 OK 信号）：PLC 给机器人的读码 OK 信号。

（4）DI3（读码 NG 信号）：PLC 给机器人的读码 NG 信号。

（5）DO2（夹爪闭合输出）：机器人输出信号控制夹爪闭合。

（6）DI4（夹爪闭合反馈）：输入机器人的夹爪闭合传感器信号。

料仓取料子程序 pick1 如下：

```
1：DO[1]=OFF ;      初始化输出
2：DO[2]=OFF ;      初始化输出
3：R[10]=10    ;
4：J PR[1] 100% CNT100      ;    至料仓取料起始位
5：R[10]=20    ;
6：J PR[2] 100% CNT100      ;     至读码位
7：R[10]=30     ;
8：DO[1]=ON      ;                          机器人给 PLC 的读码信号
9：R[10]=40   ;
WAIT 0.30（sec）;
10：IF DI2=ON AND DI3=OFF，JMP LBL[10] ;        读码 OK
11：IF DI2=OFF AND DI3=ON，JMP LBL[20] ;        读码 NG
12：LBL 10;
13：R[10]=50   ;
14：DO[1]=OFF       ;                          关闭读码信号
15：R[10]=60   ;
16：J PR[3] 100% CNT100       ;     至料仓取料接近位
17：R[10]=70   ;
18：L PR[4] 1500mm/sec FINE   ;    至料仓取料位
19：R[10]=80   ;
20：WAIT    0 .30（sec）;
```

```
21：DO[2]=ON；                                    夹爪闭合
22：WAIT   0 .50（sec）；
23：IF DI4=ON，JMP LBL[30]；              夹爪反馈信号 ON
24：IF DI4=OFF，JMP LBL[40]；             夹爪反馈信号 OFF
25：LBL 30;
26：R[10]=90   ；
27：L PR[3] 1500mm/sec FINE      ；     至料仓取料接近位
28：R[10]=100   ；
29：L PR[1] 100% CNT100      ；       至料仓取料起始位
30：LBL 20;
31：R[20]=10   ；                              读码 NG 报警
32：LBL 40;
33：R[30]=10   ；                                夹爪闭合报警
```

11.6 立体仓库

对立体仓库（如图 11-10 所示）的说明如下：

（1）带有安全防护外罩及安全门，安全门设置工业标准的安全电磁锁。

（2）立体仓库的操作面板配备急停开关、解锁许可（绿色灯）、门锁解除（绿色按钮）、运行（绿色按钮灯）。

（3）立体仓库工位设置 30 个，每层 6 个仓位，共 5 层，每个仓位或标准托盘配置 RFID 标签，其中 RFID 读写头安装在工业机器人夹具上。

（4）立体仓库每个仓位需要设置传感器和状态指示灯，传感器用于检测该位置是否有工件，状态指示灯分别用不同的颜色指示毛坯、车床加工完成、加工中心加工完成、合格、不合格 5 种状态；与主控采用通信。

（5）底层放置方料，中间两层放置ϕ68 圆料，上面两层放置ϕ35 圆料。

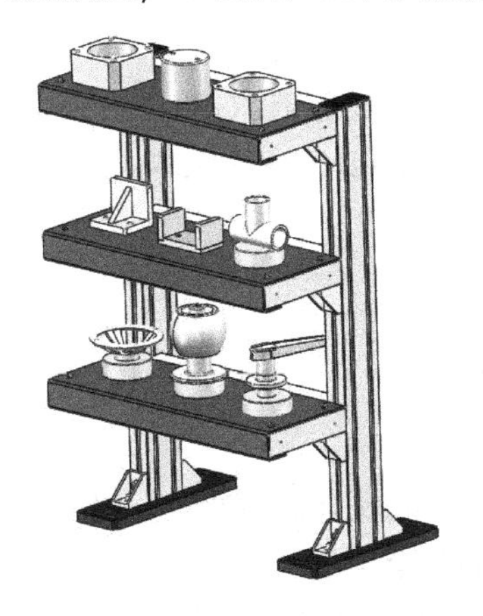

图 11-10

11.7 可视化系统及显示终端

可视化系统及显示终端的功能要求：实时呈现加工中心、数控车床的运行状态，工件加工情况（加工前、加工中、加工后）、加工效果（合格、不合格），加工日志，数据统计等。显示终端的参数要求如下：

（1）总终端显示采用 1 台 55 英寸的显示器。

（2）库位终端、加工过程显示终端采用两台 40 英寸的显示器。

显示终端为国产知名品牌。

11.8 MES 软件系统

MES 软件系统具有以下功能：

（1）加工任务的创建和管理。

（2）立体仓库管理和监控。

（3）机床启停、初始化和管理。

（4）加工程序管理和上传。

（5）在线检测实时显示和刀具补偿修正。

（6）智能看板功能：实时监控设备、立体仓库信息及机床刀具监控等。

（7）工单下达、排程、生产数据管理、报表管理等。

> **注意**：*MES 系统功能及表现模式详见管控软件技术规范要求。*

MES 系统部署计算机要求如下：

（1）处理器：Intel i7 等以上处理器。

（2）内存：大于或等于 8GB。

（3）硬盘：大于或等于 500GB 可用空间。

（4）显卡：独立显卡，显存大于或等于 2GB。

（5）系统为 Windows7 或 Windows10 64 位版本。

11.9 安全防护系统

对安全防护系统的说明如下：

（1）配置安全围栏及带工业标准安全插销的安全门，防止出现工业机器人在自动运动过程中由于人员意外闯入而造成的安全事故。

（2）自动线外围防护设计参赛选手出入的安全门，配备安全开关，安全门打开时，除

CNC 外的所有设备处于下电状态。

（3）防护栏高度为 1.2m，颜色为黄色。

（4）防护栏两端均应设置活动门，活动门应设置门安全开关。

11.10　RFID 读写器及 RFID 标签

RFID 读写器及 RFID 标签满足以下要求：

（1）适应于恶劣环境使用。

（2）数据性能稳定。

（3）对离散型制造业而言，要求 RFID TAG 具备高安全性。

（4）高寿命和高可靠性，寿命长达 10 年以上。

（5）RFID 标签共 30 个，其中放置在仓位上 24 个（4×6），6 个放置在方料托盘上便于信息跟踪及追溯。

11.11　PLC 控制系统

1．PLC 系统配置

中央控制系统包含 PLC 电气控制及 I/O 通信系统，主要负责周边设备及机器人控制，实现智能制造单元的流程和逻辑总控，如图 11-11 所示。

元件配置要求如下：

（1）主控 PLC 采用西门子 S7-1200 的 CPU1215C/DC/DC/DC，自带以太网模块，配有 Modbus TC/IP 通信模块，并配置 16 路输入和 16 路输出模块。

（2）配有 16 口工业交换机。

（3）外部配线接口必须采用航空插头，方便设备拆装移动。

SIMATIC S7-1200，CPU 1215C，紧凑型CPU，DC/DC/DC，2个PROFINET端口，机载I/O：14个24VDC数字输入；10个24VDC数字输出；0.5A；2 AI 0-10V DC，2 AO 0-20mA DC，电源：直流20.4-28.8V DC，程序存储器/数据存储器125KB

图 11-11

2．PLC 系统组态

打开西门子博途编程软件，在项目树中添加新设备，选择 1215 DC/DC/DCCPUV4.2 版本。在硬件目录中打开 DI 文件夹，添加 4 个 DI16*24VDC 数量输入模块。在通信模块的点到点目录下选择添加 CM1241（RS422/485）模块。

添加模块后的设备视图如图 11-12 所示。

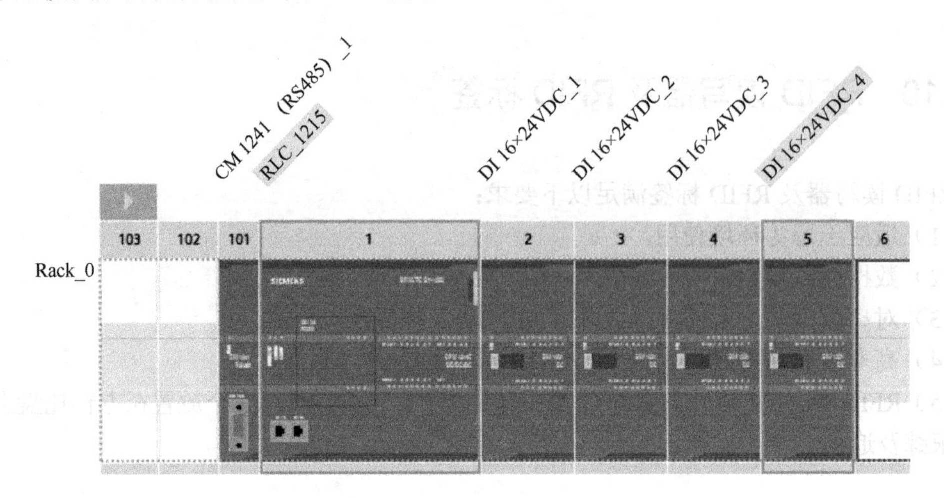

图 11-12

在设备视图中，打开 CPU 属性，在常规选项中设置 PLC 的 IP 地址。添加子网 PN/IE_1，设置 IP 地址，子网掩码，如图 11-13 所示。

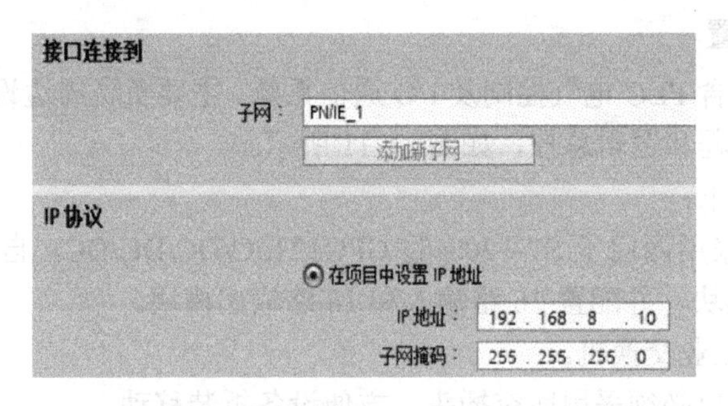

图 11-13

3. PLC 与机器人通信

西门子 PLC-S7-1200 指令系统中的通信指令集成了多种通信协议，而实训平台需要使用的通信协议为 MODBUS TCP/IP，对应的是 MODBUS TCP 指令。本平台中主控 PLC 与 MES 系统、主控 PLC 和机器人之间的通信协议均采用 MODBUS TCP/IP 协议，以进行数据交换。Modbus TCP 通信概述 MODBUS/TCP 是简单的、中立厂商的用于管理和控制自动化设备的 MODBUS 系列通信协议的派生产品，显而易见，它覆盖了使用 TCP/IP 协议的“Intranet”和“Internet”环境中 MODBUS 报文的用途。协议的最通用用途是为诸如 PLC、I/O 模块，以及连接其他简单域总线或 I/O 模块的网关服务的。

通信所使用的以太网参考模型：Modbus TCP 传输过程中使用了 TCP/IP 以太网参考模型的 5 层。

（1）第一层：物理层，提供设备物理接口，与市售介质/网络适配器相兼容。

（2）第二层：数据链路层，格式化信号到源/目硬件址数据帧。

（3）第三层：网络层，实现带有 32 位 IP 地址的 IP 报文包。

（4）第四层：传输层，实现可靠性连接、传输、查错、重发、端口服务、传输调度。

（5）第五层：应用层，Modbus 协议报文。

Modbus TCP 数据帧：Modbus 数据在 TCP/IP 以太网上传输，支持 Ethernet II 和 802.3 两种帧格式，Modbus TCP 数据帧包含报文头、功能代码和数据 3 部分，MBAP 报文（MBAP、Modbus Application Protocol、Modbus 应用协议）分为 4 个域，共 7 个字节。

Modbus TCP 使用的通信资源端口号：在 Modbus 服务器中按默认协议使用 Port 502 通信端口，在 Modus 客户器程序中设置任意通信端口，为避免与其他通信协议的冲突一般建议 2000 开始可以使用。

Modbus TCP 使用的功能代码按照使用的通途区分有以下 3 种类型。

（1）公共功能代码：已定义好功能码，保证其唯一性，由 Modbus.org 认可。

（2）用户自定义功能代码有两组，分别为 65～72 和 100～110，无须认可，但不保证代码使用唯一性，如变为公共代码，需交 RFC 认可。

（3）保留功能代码，由某些公司使用某些传统设备代码，不可作为公共用途。

Modbus TCP 使用的功能代码按照应用深浅可分为以下 3 个类别。

（1）类别 0，客户机/服务器最小可用子集：读多个保持寄存器（fc.3）；写多个保 持寄存器（fc.16）。

（2）类别 1，可实现基本互易操作常用代码：读线圈（fc.1）；读开关量输入（fc.2）；读输入寄存器（fc.4）；写线圈（fc.5）；写单一寄存器（fc.6）。

（3）类别 2，用于人机界面、监控系统例行操作和数据传送功能：强制多个线圈（fc.15）；读通用寄存器（fc.20）；写通用寄存器（fc.21）；屏蔽写寄存器（fc.22）；读写寄存器（fc.23）。

S7-1200CPU 从 Firmware V1.0.2、STEP7 V11 SP1 版本开始，可以直接调用 Modbus TCP 的库指令“MB_CLIENT”和“MB_SERVER”实现 Modbus TCP 的通信功能，如图 11-14 所示。

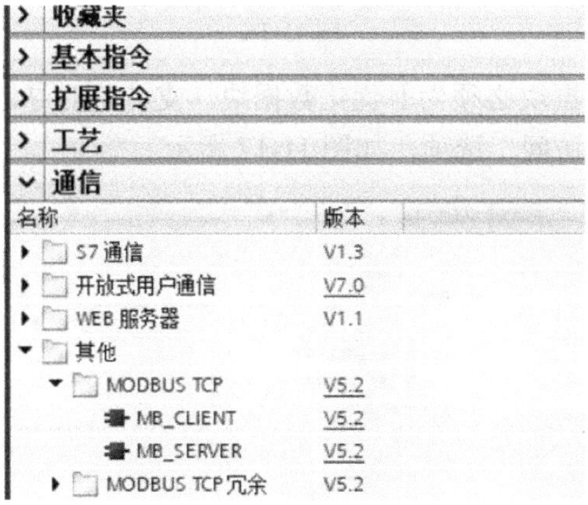

图 11-14

在 CPU1215C 程序块 OB 组织块中添加 Modbus TCP Client 功能块，软件将提示会为该

FB 块增加一个背景数据块，如图 11-15 所示。

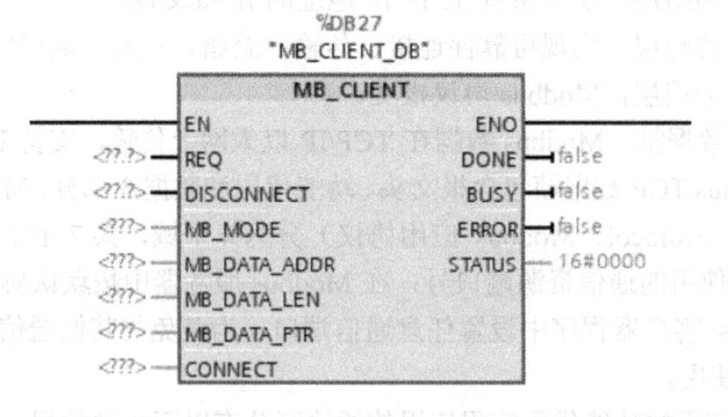

图 11-15

创建一个全局数据块用于匹配功能块“MB_CLIENT”的引脚参数 MB_DATA_PTR，用于存储 Modbus 通信的数据，如图 11-16 所示。

ROB与PLC交互表

名称	数据类型	偏移量	起始值	保持	可从 HMI/...	从 H...	在 HMI ...	设定值
▼ Static								
▼ READ	Array[1..16] ...	0.0		☐	☑	☑	☑	☐
READ[1]	Word	0.0	16#0	☐	☑	☑	☑	☐
READ[2]	Word	2.0	16#0	☐	☑	☑	☑	☐
READ[3]	Word	4.0	16#0	☐	☑	☑	☑	☐
READ[4]	Word	6.0	16#0	☐	☑	☑	☑	☐
READ[5]	Word	8.0	16#0	☐	☑	☑	☑	☐
READ[6]	Word	10.0	16#0	☐	☑	☑	☑	☐
READ[7]	Word	12.0	16#0	☐	☑	☑	☑	☐
READ[8]	Word	14.0	16#0	☐	☑	☑	☑	☐
READ[9]	Word	16.0	16#0	☐	☑	☑	☑	☐
READ[10]	Word	18.0	16#0	☐	☑	☑	☑	☐
READ[11]	Word	20.0	16#0	☐	☑	☑	☑	☐
READ[12]	Word	22.0	16#0	☐	☑	☑	☑	☐
READ[13]	Word	24.0	16#0	☐	☑	☑	☑	☐
READ[14]	Word	26.0	16#0	☐	☑	☑	☑	☐
READ[15]	Word	28.0	16#0	☐	☑	☑	☑	☐
READ[16]	Word	30.0	16#0	☐	☑	☑	☑	☐
▼ WRITE	Array[1..16] of Word	32.0		☐	☑	☑	☑	☐
WRITE[1]	Word	32.0	16#0	☐	☑	☑	☑	☐
WRITE[2]	Word	34.0	16#0	☐	☑	☑	☑	☐

图 11-16

需要注意的是，该数据块必须为非优化数据块（支持绝对寻址），在该数据块的“属性栏”中不勾选“优化的块访问”选项，如图 11-17 所示。

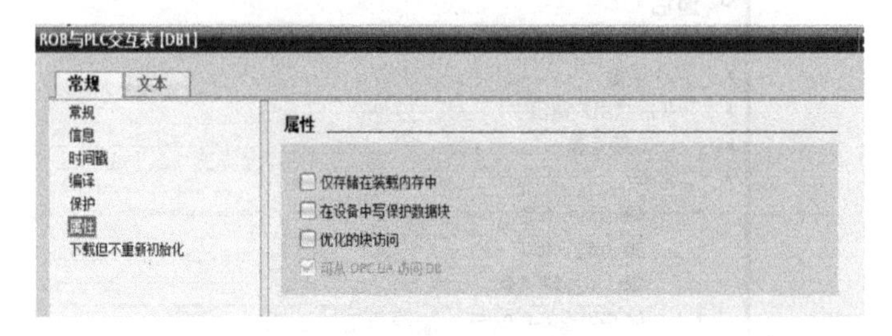

图 11-17

MB_CLIENT 指令作为 Modbus TCP 客户端通过 S7-1200 CPU 的 PROFINET 连接进行通信。该指令在使用时无须其他任何硬件模块。通过 MB_CLIENT 指令，可以在客户端和服务器之间建立连接、发送请求、接收响应并控制 Modbus TCP 服务器的连接终端。功能块 MB_CLIENT 的其他参数引脚含义如表 11-2 所示。

表 11-2

MB_DATA_ADDR	输入	UDINT	分配 MB_CLIENT 访问的数据的起始地址
MB_DATA_LEN	输入	UINT	数据长度：数据访问的位数或字数
MB_DATA_PTR	输入/输出	Variant	指向 Modbus 数据寄存器的指针：寄存器缓冲数据进入 Modbus 服务器或来自 Modbus 服务器。该指针必须分配一个标准全局 DB 或一个 M 存储器地址。
DONE	输出	BOOL	上一请求已完成且没有出错后，DONE 位将保持为 TRUE 一个扫描周期时间
BUSY	输出	BOOL	0：无 MB_CLIENT 操作正在进行 1：MB_ CLIENT 操作正在进行
ERROR	输出	BOOL	0：无错误 1：出错。出错原因由参数 STATUS 指示
STATUS	输出	WORD	指令的详细状态信息

对于 MB_MODE、MB_DATA_ADDR 和 MB_DATA_LEN 参数，其对应关系如表 11-3 所示。

表 11-3

0	40001～49999	1～125	03	在远程地址 0～9998 处，读取 1～125 个保持性寄存器
0	30001～39999	1～125	04	在远程地址 0～9998 处，读取 1～125 个输入字
1	1～9999	1	05	在远程地址 0～9998 处，写入 1 个输出位
1	40001～49999	1	06	在远程地址 0～9998 处，写入 1 个保持性寄存器
1	1～9999	2～1968	15	在远程地址 0～9998 处，写入 2～1968 个输出位
1	40001～49999	2～123	16	在远程地址 0～9998 处。写入 2～123 个保持性寄存器
2	1～9999	1～1968	15	在远程地址 0～9998 处， 写入 1～1968 个输出位
2	40001～49999	1～123	16	在远程地址 0～9998 处，写入 1～123 个保持性寄存器
11	执行该功能时，不会评估 MB_DATA_ADDR 和 DATA_LEN 参数。		11	读取服务器的状态字和事件计数器： • 状态字反映了处理的状态（0-未处理。0xFFFF-正在处理） • Modbus 请求成功执行时，事件计数器将递增。如果执行 Modbus 功能时出错，则服务器将发送消息，但不会递增事件计数器
80	—	1	08	通过诊断代码 0x000 检查服务器状态(返回循环测试-服务器发回请求)： • 每次调用 1 个 WORD
81	—	1	08	通过诊断代码 0x000A 复位服务器的事件计数器： • 每次调用 1 个 WORD

打开 PLC 文件夹，进入“程序块”→“系统块”→“系统资源”，打开上述功能块 MB_CLIENT 的背景数据块 MB_CLIENT_DB，在该块中找到 MB_UNIT_ID 参数，该参数表示通信服务器伙伴的从站地址，该地址与通信伙伴一致，如图 11-18 所示。

IEC_Timer_0_DB_4 [DB18]	45	SAVED_START_ADDR	Word	16#0
MB_CLIENT_DB [DB4]	46	MB_TRANSACTION_ID	Word	1
MB_SERVER_DB [DB3]	47	MB_UNIT_ID	Word	16#00FF
Modbus_Comm_Load_DB [DB2]	48	RETRIES	Word	0
Modbus_Master_DB [DB10]	49	INIT_OK	Bool	false
工艺对象	50	ACTIVE	Bool	false
外部源文件	51	CONNECTED	Bool	false
PLC变量	52	SAVED_MA_REQ	Bool	false
PLC数据类型				

图 11-18

再建立一个 Modbus TCP Client 功能块，如图 11-19 所示，MODE 为 1，PLC 把数据写入机器人。功能块的背景数据块必须一致。另外，多个块必须先后顺序执行，不能并列执行，即满足轮循通信。

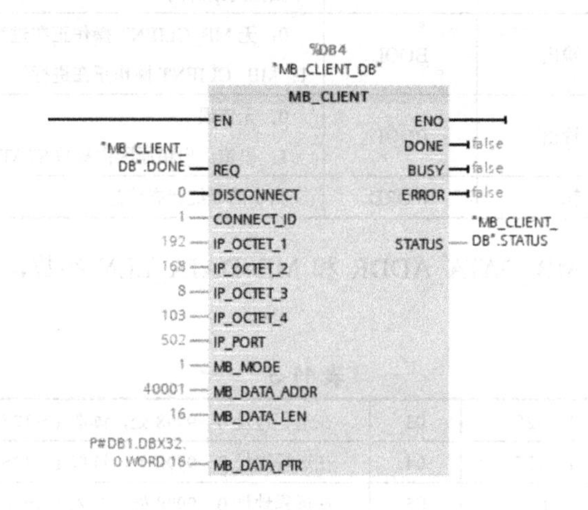

图 11-19

通过脉冲且通信空闲时可触发通信指令，如图 11-20 所示。REQ 参数受到等级控制，这意味着只要设置了输入（REQ=true），指令就会发送通信请求。其他客户端背景数据块的通信请求被阻止。在服务器进行响应或输出错误消息之前，对输入参数的更改不会生效。如果在 Modbus 请求期间再次设置了参数 REQ，此后将不会进行任何其他传输。

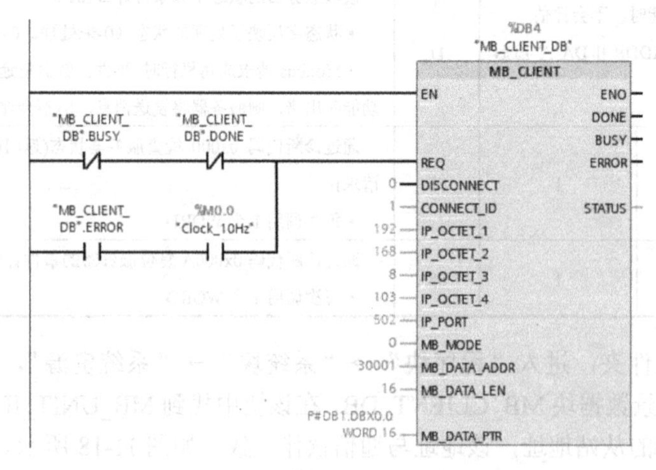

图 11-20

4. PLC 与 MES 系统通信

S7-1200CPU 的集成 PN 口可以同时作为 Modbus TCP 的 Server 及 Client。配置 S7-1200 作为 Modbus TCP Server 与通信伙伴建立通信。MB_SERVER 指令作为 Modbus TCP 服务器通过 S7-1200CPU 的 PROFINET 连接进行通信。使用该指令，无须其他任何硬件模块。MB_SERVER 指令将处理 Modbus TCP 客户端的连接请求、接收 Modbus 功能的请求并发送响应。

在 CPU1215C 的 PLC 功能块中添加 Modbus TCP Server 功能块 MB_SERVER，软件将提示会为该 FB 块生成一个背景数据块，本例中为 DB7 MB_SERVER_DB，如图 11-21 所示。

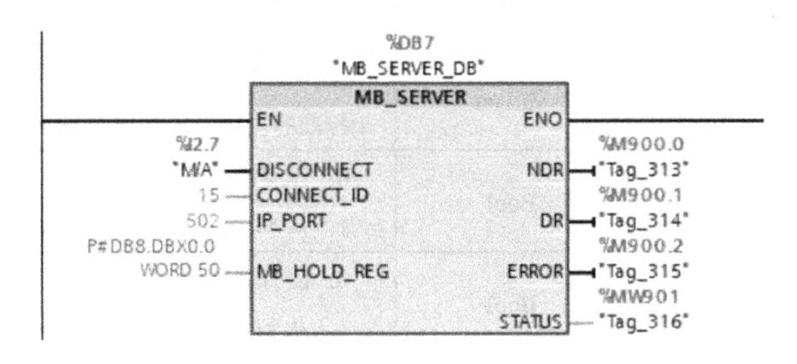

图 11-21

创建一个全局数据块用于匹配功能块 MB_SERVER 的引脚参数 MB_HOLD_REG，本例中创建的数据块 DB8 用于存储保持寄存器的通信数据，如图 11-22 所示。

	名称	数据类型	偏移量	起始值	保持	可从 HMI/...	从 H...	在 HMI ...
1	▼ Static				☐	☐	☐	☐
2	▼ 通信	Array[0..99] ...	0.0		☐	☑	☑	☑
3	通信[0]	Word	0.0	16#0	☐	☑	☑	☑
4	通信[1]	Word	2.0	16#0	☐	☑	☑	☑
5	通信[2]	Word	4.0	16#0	☐	☑	☑	☑
6	通信[3]	Word	6.0	16#0	☐	☑	☑	☑
7	通信[4]	Word	8.0	16#0	☐	☑	☑	☑
8	通信[5]	Word	10.0	16#0	☐	☑	☑	☑
9	通信[6]	Word	12.0	16#0	☐	☑	☑	☑
10	通信[7]	Word	14.0	16#0	☐	☑	☑	☑
11	通信[8]	Word	16.0	16#0	☐	☑	☑	☑
12	通信[9]	Word	18.0	16#0	☐	☑	☑	☑
13	通信[10]	Word	20.0	16#0	☐	☑	☑	☑

图 11-22

需要注意的是，该数据块必须为非优化数据块（支持绝对寻址），在该数据块的“属性”中不勾选“优化的块访问”选项，如图 11-23 所示。

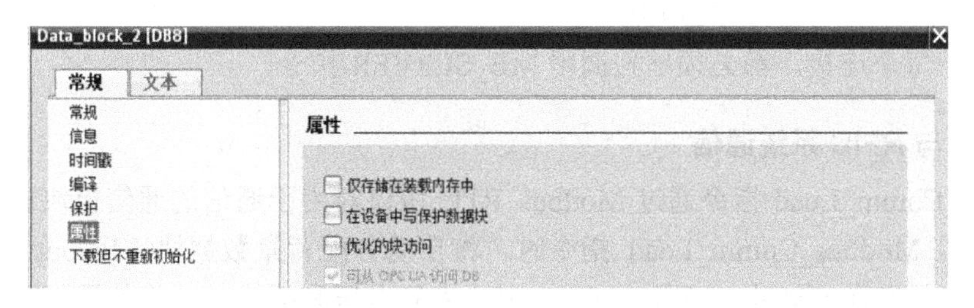

图 11-23

功能块 MB_SERVER 的引脚参数如表 11-4 所示。指令 MB_SERVER 建立与一个伙伴模块的被动连接，即服务器会对来自每个请求 IP 地址的 TCP 连接请求进行响应。接受一个连接请求后，可以用 DISCONECT 进行控制：0（在无通信连接时建立被动连接）；1（终止连接初始化）。如果已置位该输入，那么不会执行其他操作。成功终止连接后，STATUS 参数将输出值 7003。

表 11-4

DISCONNECT	输入	BOOL	0：且连接不存在时，则可启动建立被动连接 1：且连接存在时，则断开连接
CONNECT_ID	输入	Uint	唯一标识 PLC 中的每个连接
IP_PORT	输入	Uint	默认值=502：IP 端口号，将监视该端口是否有来自 Modbus 客户端的连接请求
MB_HOLD_REG	输入/输出	Variant	指向 MB_SERVERModbus 保持寄存器的指针：必须是一个标准的全局 DB 或 M 存储区地址
NDR	输出	Bool	0：没有新数据 1：从 Modbus 客户端写入的新数据
DR	输出	Bool	0：没有读取数据 1：从 Modbus 客户端读取的数据
ERROR	输出	Bool	MB_SERVER 执行因错误而终止后，ERROR 位将保持为 TRUE 一个扫描周期时间
STATUS	输出	Word	通信状态信息，用于诊断；STATUS 参数中的错误代码值仅在 ERROR=TRUE 的一个循环周期内有效

将 Modbus 地址映射到过程映像 MB_SERVER 指令允许到达的 Modbus 功能（1、2、4、5 和 15）直接读取和写入访问 S7-1200 CPU 的过程映像输入和输出（使用数据类型 BOOL 和 WORD）。对于功能代码 3、6 和 16 的数据传输，保持性寄存器的大小（MB_HOLD_REG 参数）必须大于 1 个字节。

连接服务器时，请记住以下规则：

（1）每个 MB_SERVER 连接都必须使用唯一的背景数据块。

（2）每个 MB_SERVER 连接在创建时必须使用唯一的 IP 端口号。每个端口只支持一个连接。

（3）每个 MB_SERVER 连接都必须使用唯一的连接 ID。

（4）该指令的各背景数据块都必须使用各自相应的连接 ID。连接 ID 与背景数据块组合成对，对每个连接，组合对都必须唯一。

（5）对于每个连接，都必须单独调用 MB_SERVER 指令。

5. PLC 与 RFID 系统通信

Modbus_Comm_Load 指令通过 Modbus RTU 协议对用于通信的通信模块进行组态。当在程序中添加 Modbus_Comm_Load 指令时，将自动分配背景数据块 Modbus_Comm_Load 的组态更改将保存在 CM 中，而不是 CPU 中。恢复电压和插拔时，将使用保存在设备配置中的数据组态 CM。必须在这些情况下调用 Modbus_Comm_Load 指令（从模块的固件版本 V2.1 起，才能通过 CM1241 使用该指令）。指令如图 11-24 所示。

Modbus_Comm_Load 指令不建议在启动组织块 OB100 中调用，建议在 OB1 中调用。

Modbus_Comm_Load 指令在 OB1 中调用时，其输入位 REQ 需使用上升沿触发，本例中该输入位采用 FirstScan 系统存储器位。MB_DB 是对 Modbus_Master 或 Modbus_Slave 指令的背景数据块的引用。MB_DB 参数必须与 Modbus_Master 或 Modbus_Slave 指令中的静态变量 MB_DB 参数相连，如表 11-5 所示。

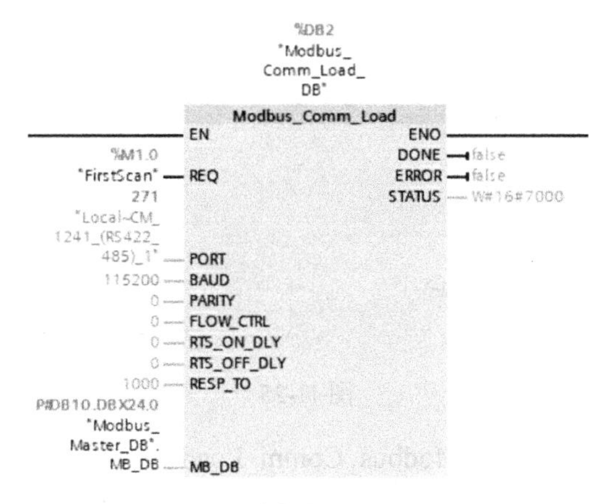

图 11-24

表 11-5

引　脚	说　明
REQ	上升沿触发
PORT	通信端口的硬件标识符
BAUD	波特率选择：3600，6000，12000，2400，4800，9600，19200，38400，57600，76800，115200
PARITY	奇偶检验选择：0-无；1-奇校验；2-偶校验
FLOW_CTRL	流控制选择：0-(默认值)无流控制
RTS_ON_DLY	RTS 延时选择：0-(默认值)
RTS_OFF_DLY	RTS 关断延时选择：0-(默认值)
RESP_TO	响应超时：默认值=1000ms。MB.MASTER 允许用于从站响应的时间（以毫秒为单位）
MB_DB	对 Modbus_Master 或 Modbus_Slave 指令的背景数据块的引用。 MB_DB 参数必须与 Modbus_Master 或 Modbus_Slave 指令中的静态变量 MB_DB 参数相连
DONE	如果上一个请求完成并且没有错误，DONE 位将变为 TRUE 并保持一个周期
ERROR	如果上一个请求完成出错，则 ERROR 位将变为 TRUE 并保持一个周期。STATUS 参数中的错误代码仅在 ERROR=TRUE 的周期内有效
STATUS	端口组态错误代码，请参考 TIA 软件在线帮助或 S7-1200 系统手册

Modbus_Comm_Load 指令背景数据块中的静态变量 MODE 用于描述 PTP 模块的工作模式，有效的工作模式包括：0=全双工（RS232）；1=全双工（RS422）四线制模式（点对点）；2=全全双工（RS 422）四线制模式（多点主站，CM PtP（ET 200SP））；3=全全双工（RS 422）四线制模式（多点从站，CM PtP（ET 200SP））；4=半双工（RS485）二线制模式。

该静态变量 MODE 默认数据为 0（RS232 全双工模式），需要根据 CM PTP 模块实际组态修改该数值，本例中 CM PTP 模块工作在 RS485 半双工模式需要将该数值修改为 4，如图 11-25 所示。

Modbus_Comm_Load_DB		
名称	数据类型	起始值
▼ Input		
REQ	Bool	false
PORT	PORT	0
BAUD	UDInt	9600
PARITY	UInt	0
FLOW_CTRL	UInt	0
RTS_ON_DLY	UInt	0
RTS_OFF_DLY	UInt	0
RESP_TO	UInt	1000
▼ Output		
DONE	Bool	false
ERROR	Bool	false
STATUS	Word	W#16#7000
▼ InOut		
MB_DB	P2P_MB_BASE	
▼ Static		
ICHAR_GAP	Word	16#0
RETRIES	Word	16#0
MODE	USInt	16#04

图 11-25

Modbus_Master 指令可通过由 Modbus_Comm_Load 指令组态的端口作为 Modbus 主站进行通信。当在程序中添加 Modbus_Master 指令时，将自动分配背景数据块。Modbus_Comm_Load 指令的 MB_DB 参数必须连接到 Modbus_Master 指令的（静态）MB_DB 参数。指令如图 11-26 所示。

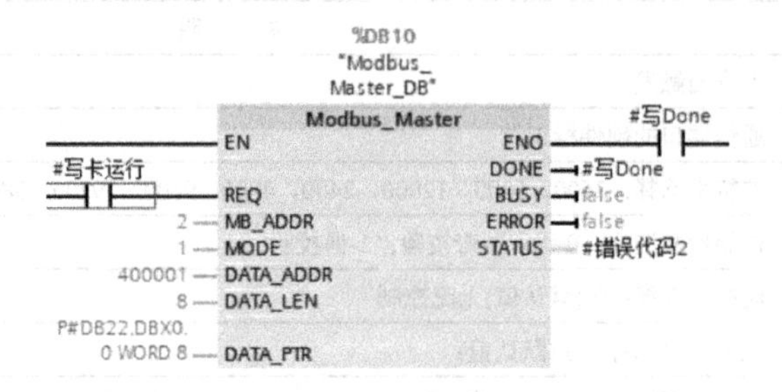

图 11-26

Modbus_Master 指令的 DATA_PTR 参数用于指向要进行数据写入或数据读取的数据区域地址，该数据区域支持优化访问的数据块或者非优化（标准的）数据块，建议采用非优化访问的数据块。当 Modbus_Master 指令的 DATA_PTR 指向非优化访问的数据块时，该输入参数需要使用指针方式填写，如 P#DB22.DBX0.0 WORD 8 方式填写。对引脚及其说明如表 11-6 所示。

表 11-6

引　脚	说　明
EN	使能端
REQ	TRUE=请求向 Modbus 从站发送数据，建议采用上升沿触发
MB_ADDR	ModbusRTU 从站地址。默认地址范围：0～247；扩展地址范围：0～65535。值 0 被保留用于将消息广播到所有 Modbus 从站
MODE	模式选择：指定请求类型（读取或写入）
DATA_ADDR	从站中的起始地址：指定 Modbus 从站中将供访问的数据的起始地址

（续表）

引　　脚	说　　明
DATA_LEN	数据长度：指定要在该请求中访问的位数或字数
DATA_PTR	数据指针：指向要进行数据写入或数据读取的标记或数据块地址

本例中使用的数据区为非优化访问的数据块，在数据块的属性中取消“优化的块访问”即可将数据块修改为非优化访问的数据块（鼠标右键数据块，选择“属性”，取消“优化的块访问”），如图 11-27 所示。

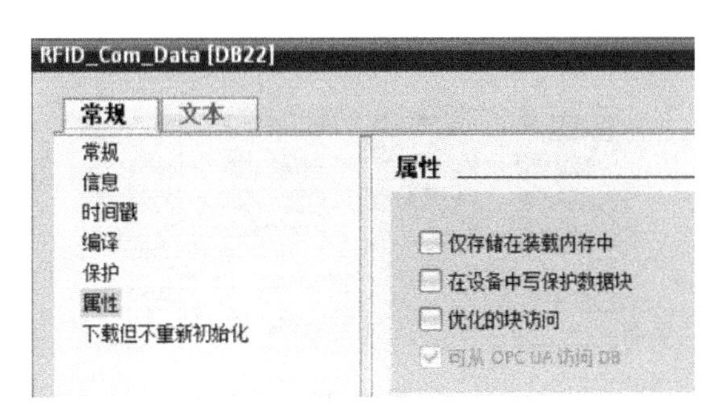

图 11-27

当 Modbus RTU 网络中存在多个 modbus RTU 从站或一个 modbus RTU 从站同时需要读操作和写操作，则需要调用多个 Modbus_Master 指令，Modbus_Master 指令之间需要采用轮询方式调用。

6. 触摸屏画面设计

添加触摸屏设备 TP700，在网络视图中选择 HMI 连接，通过拖动方式把触摸屏网口连接至 PLC 以太网网口，并在触摸屏中设置 IP 地址，与 PLC 的 IP 地址在同一网段，如图 11-28 所示。

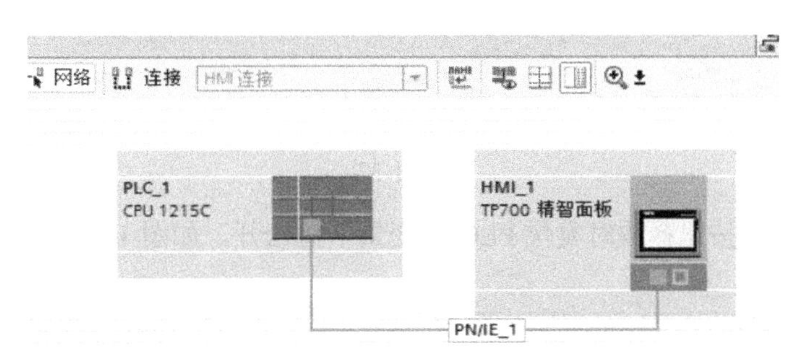

图 11-28

如果已经在设备和网络编辑器中组态了 HMI 设备的集成连接，这些连接也会显示在“连接”编辑器中，如图 11-29 所示。

编写西门子触摸屏程序，触摸屏画面程序包括机床控制与监控画面，机器人画面，MES 系统画面，料仓画面 RFID 画面。车床，铣床控制界面如图 11-30 所示。

以车床卡盘松开按钮为例，举例说明按钮的添加与设置方法，在工具箱的元素中添加按钮，拖动到画面中，如图 11-31 所示。

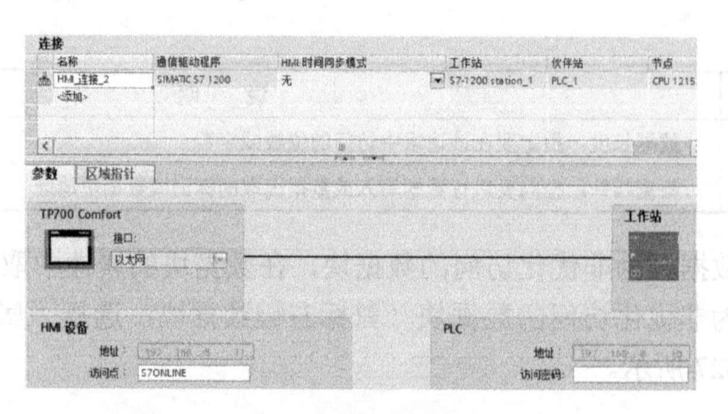

图 11-29

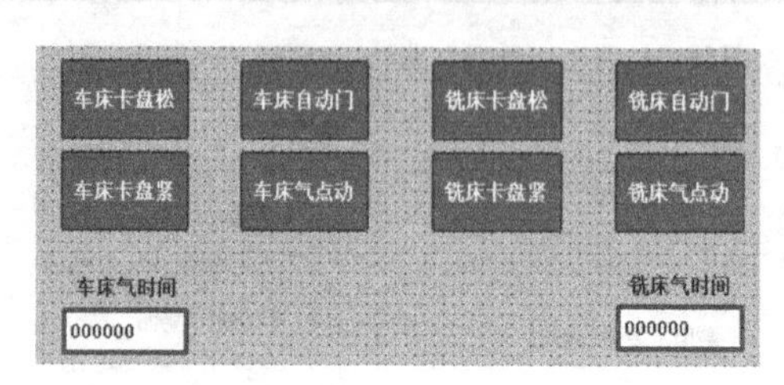

图 11-30

图 11-31

右键打开按钮设置，打开事件选项，设置按下按钮时置位 PLC 中变量卡盘松开，如图 11-32 所示。

图 11-32

添加释放事件，按钮释放时复位 PLC 中变量卡盘松开，如图 11-33 所示。

图 11-33

设置后在触摸屏按动车床卡盘松开按钮就会改变 PLC 中此变量的值。